建筑与市政工程施工现场专业人员职业标准培训教材

施工员岗位知识与专业技能
（土建方向）
（第2版）

建筑与市政工程施工现场专业人员职业标准培训教材编审委员会　编

主　编　赵　山

副主编　魏　杰

主　审　徐大勇　姬程飞

U0268905

黄河水利出版社

·郑州·

内 容 提 要

本书依据中华人民共和国住房和城乡建设部颁布的《建筑与市政工程施工现场专业人员职业标准》（JGJ/T 250—2011）的要求编写,内容重点体现科学性、实用性和先进性。本书共有十一章,主要内容包括施工员岗位相关管理规定和标准、分部分项工程施工方案、施工组织设计、建筑工程进度管理、建筑工程质量管理、建筑工程成本管理、施工现场技术管理、施工项目安全管理、常用施工机械机具的性能、施工资料及有关施工管理规定和标准。

本书主要作为土建施工员岗位考试培训教材,也可作为施工企业施工技术人员、管理人员,以及相关高、中等职业院校师生学习参考用书。

图书在版编目（CIP）数据

施工员岗位知识与专业技能.土建方向/赵山主编;建筑与市政工程施工现场专业人员职业标准培训教材编审委员会编.—2版.—郑州:黄河水利出版社,2018.10
建筑与市政工程施工现场专业人员职业标准培训教材
ISBN 978 - 7 - 5509 - 2198 - 6

Ⅰ.①施… Ⅱ.①赵… ②建… Ⅲ.①建筑工程 - 工程施工 - 职业培训 - 教材②土木工程 - 工程施工 - 职业培训 - 教材 Ⅳ.①TU7②TU74

中国版本图书馆 CIP 数据核字（2018）第 243288 号

出 版 社:黄河水利出版社　　　　　　　　　　网址:www.yrcp.com
　　地址:河南省郑州市顺河路黄委会综合楼 14 层　　邮政编码:450003
发行单位:黄河水利出版社
　　发行部电话:0371 - 66026940、66020550、66028024、66022620(传真)
　　E-mail:hhslcbs@ 126. com
承印单位:河南承创印务有限公司
开本:787 mm×1 092 mm　1/16
印张:17.25
字数:400 千字　　　　　　　　　　　　　印数:1—3 000
版次:2018 年 10 月第 2 版　　　　　　　　印次:2018 年 10 月第 1 次印刷

定价:56.00 元

建筑与市政工程施工现场专业人员职业标准培训教材
编审委员会

序

　　为了加强建筑工程施工现场专业人员队伍的建设,规范专业人员的职业能力评价方法,指导专业人员的使用与教育培训,提高其职业素质、专业知识和专业技能水平,住房和城乡建设部颁布了《建筑与市政工程施工现场专业人员职业标准》(JGJ/T 250—2011),并自2012年1月1日起颁布实施。我们根据《建筑与市政工程施工现场专业人员职业标准》(JGJ/T 250—2011)配套的考核评价大纲,组织建设类专业高等院校资深教授、一线教师,以及建筑施工企业的专家共同编写了《建筑与市政工程施工现场专业人员职业标准培训教材》,为2014年全面启动《建筑与市政工程施工现场专业人员职业标准》的贯彻实施工作奠定了一个坚实的基础。

　　本系列培训教材包括《建筑与市政工程施工现场专业人员职业标准》涉及的土建、装饰、市政、设备4个专业的施工员、质量员、安全员、材料员、资料员5个岗位的内容,教材内容覆盖了考核评价大纲中的各个知识点和能力点。我们在编写过程中始终紧扣《建筑与市政工程施工现场专业人员职业标准》(JGJ/T 250—2011)和考核评价大纲,坚持与施工现场专业人员的定位相结合、与现行的国家标准和行业标准相结合、与建设类职业院校的专业设置相结合、与当前建设行业关键岗位管理人员培训工作现状相结合,力求体现当前建筑与市政行业技术发展水平,注重科学性、针对性、实用性和创新性,避免内容偏深、偏难,理论知识以满足使用为度。对每个专业、岗位,根据其职业工作的需要,注意精选教学内容、优化知识结构,突出能力要求,对知识和技能经过归纳,编写了《通用与基础知识》和《岗位知识与专业技能》,其中施工员和质量员按专业分类,安全员、资料员和材料员为通用专业。本系列教材第一批编写完成19本,以后将根据住房和城乡建设部颁布的其他岗位职业标准和施工现场专业人员的工作需要进行补充完善。

　　本系列培训教材的使用对象为职业院校建设类相关专业的学生、相关岗位的在职人员和转入相关岗位的从业人员,既可作为建筑与市政工程现场施工人员的考试学习用书,也可供建筑与市政工程的从业人员自学使用,还可供建设类专业职业院校的相关专业师生参考。

　　本系列培训教材的编撰者大多为建设类专业高等院校、行业协会和施工企业的专家和教师,在此,谨向他们表示衷心的感谢。

　　在本系列培训教材的编写过程中,虽经反复推敲,仍难免有不妥甚至疏漏之处,恳请广大读者提出宝贵意见,以便再版时补充修改,使其在提升建筑与市政工程施工现场专业人员的素质和能力方面发挥更大的作用。

建筑与市政工程施工现场专业人员职业标准培训教材编审委员会

2013年9月

第 2 版前言

本书依据中华人民共和国住房和城乡建设部颁布的《建筑与市政工程施工现场专业人员职业标准》(JGJ/T 250—2011)的要求编写。在编写过程中，以我国最新颁布的新标准、新规范为依据，以土建施工员从业所需最常用的基本知识和基本技能为基本内容，力求使教材与建筑工程实际需要紧密结合。重点体现科学性、实用性和先进性的原则，文字上深入浅出、通俗易懂、便于自学，以适应建筑施工企业的特点。

本书主要内容包括施工员岗位相关管理规定和标准、分部分项施工方案、施工组织设计、建筑工程进度管理、建筑工程质量管理、建筑工程成本管理、施工现场技术管理、施工项目安全管理、常用施工机械机具的性能、施工资料及有关施工管理规定和标准，并对土建施工的有关标准和规范进行了介绍与解读。在编写各部分内容时，力求使理论联系实际，既注重施工工艺的阐述，又注重管理能力的培养，以使学员通过培训达到掌握岗位知识的目的。

全书编写人员及编写分工如下：第一章、第二章第一节至第五节、第三章由华北水利水电大学赵山编写；第二章第六节至第八节、第八章由泰宏建设发展有限公司郭强编写；第二章第九节、第十一章由华北水利水电学院大学梁娜编写；第四章、第七章、第十章由河南建筑职业技术学院段保江编写；第五章第一节至第二节由河南建筑职业技术学院魏杰编写；第五章第三节至第五节、第六章由河南建筑职业技术学院徐合芳编写；第九章由河南省建筑教育协会宋任权编写。本书由赵山担任主编，并负责全书统稿；由魏杰担任副主编；由徐大勇和姬程飞担任主审。

本书主要作为土建施工员岗位考试培训教材，也可作为施工企业施工技术人员、管理人员，以及相关高、中等职业院校师生学习参考用书。

本书在编写过程中得到了有关部门的大力支持和许多同志的热情帮助，由于编者水平有限，加之时间仓促，虽经几次修改，但书中内容难免有不妥之处，恳请各位读者批评指正，不胜感激！

编　者
2018 年 7 月

目　录

第一章　施工员岗位相关管理规定和标准

施工员是指在建筑工程施工现场,从事施工组织策划、施工技术与管理,以及施工进度、成本、质量和安全控制等工作的专业人员,主要负责施工进度协调,参与施工技术、质量、安全和成本等管理。

第一节　施工员岗位职责

(1)熟悉国家和建设行政管理部门颁发的建设法律、法规、规程和技术标准,熟悉基本建设程序和施工规律。

(2)在项目经理负责组织下,参与施工组织设计和质量与安全管理保证措施的制定,并贯彻执行。

(3)参与图纸会审、技术核定、技术交底、技术复核等工作,并做好相关记录。技术交底主要包括施工作业条件、工艺要求、质量标准、安全及环境注意事项等内容,交底对象为施工作业班组。技术复核主要包括工程定位放线,轴线、标高的检查与复核,混凝土与砂浆配合比的检查与复核等工作。

(4)组织测量放线,包括两方面的工作:一是要为测量员进行具体测量工作时提供支持和便利;二是在测量员测量工作完成后组织技术、质量等有关人员进行"验线"。

(5)协助项目经理和技术负责人制订并调整施工进度计划,负责编制作业性进度计划,协助项目经理协调施工现场组织工作,落实作业计划。

(6)按设计图纸、工艺标准和施工组织设计组织施工,严格执行质量验收标准及各种专业技术操作规程。即协助项目经理组织工程项目施工,根据合同中的工期要求,安排好各工种穿插施工工作。

(7)协助技术负责人做好质量、安全与环境管理的预控工作,参与安全员或质量员的安全检查和质量检查工作,并落实预控措施和检查后提出的整改措施。

(8)根据施工进度做出材料使用计划,组织做好进场材料的质量、型号、规格的检验工作。协助项目经理制订人工投入计划,并做出人工费控制目标计划并实施,降低成本,提高效益。

(9)参加隐蔽工程验收,参加分项工程的预验收和质量评定,参加分部工程及单位工程的验收。安全文明施工,严格履行现场管理条例,及时发现不安全隐患,保证不出任何事故。

(10)组织记录、收集和整理各项技术资料及质量证明资料,使之符合规范及程序文件要求。

(11)完成项目经理交办的其他任务。

第二节　施工员职业素养

一、施工员应具备的职业道德

(1)具有社会责任感和良好的职业操守,诚实守信,严谨务实,爱岗敬业,团结协作。

（2）遵守相关法律、法规、标准和管理规定。

（3）树立"安全至上、质量第一"的理念，坚持安全生产、文明施工。

（4）具有节约资源、保护环境的意识。

（5）具有终生学习理念，不断学习新知识、新技能。

二、施工员应具备的专业知识

施工员应具备的知识包括通用知识、基础知识和专业知识三个方面。

（一）通用知识的主要内容

（1）熟悉国家工程建设相关法律、法规。

（2）熟悉工程材料的基本知识。

（3）掌握施工图识读、绘制的基本知识。

（4）熟悉工程施工工艺和方法。

（5）熟悉工程项目管理的基本知识。

（二）基础知识的主要内容

（1）熟悉相关专业的力学知识。

（2）熟悉建筑构造、建筑结构和建筑设备的基本知识。

（3）熟悉工程预算的基本知识。

（4）掌握计算机和相关资料信息管理软件的应用知识。

（5）熟悉施工测量的基本知识。

（三）专业知识的主要内容

（1）熟悉与本岗位相关的标准和管理规定。

（2）掌握施工组织设计及专项施工方案的内容和编制方法。

（3）掌握施工进度计划的编制方法。

（4）熟悉环境与职业健康安全管理的基本知识。

（5）熟悉工程质量管理的基本知识。

（6）熟悉工程成本管理的基本知识。

（7）了解常用施工机械机具的性能。

三、施工员应具备的工作能力

（一）施工组织策划能力

施工员能够参与编制施工组织设计和专项施工方案。

（二）施工技术管理能力

（1）能够识读施工图和其他工程设计、施工等文件。

（2）能够编写技术交底文件，并实施技术交底。

（3）能够正确使用测量仪器，进行施工测量。

（三）施工进度成本控制能力

（1）能够正确划分施工区段，合理确定施工顺序。

（2）能够进行资源平衡计算，参与编制施工进度计划及资源需求计划，控制调整计划。

（3）能够进行工程量计算及初步的工程计价。

（四）施工安全环境管理能力

（1）能够确定施工质量控制点，参与编制质量控制文件，实施质量交底。

（2）能够确定施工安全防范重点，参与编制职业健康安全与环境技术文件，实施安全和环境交底。

（3）能够识别、分析、处理施工质量缺陷和危险源。

（4）能够参与施工质量、职业健康安全与环境问题的调查分析。

（五）施工信息资料管理能力

（1）能够记录施工情况，编制相关工程技术资料。

（2）能够利用专业软件对工程信息资料进行处理。

第三节　施工员工作程序

一、技术准备

参加设计图纸交底，熟悉施工图纸、工程概况、合同要求等全部内容，协助项目负责人编制施工组织设计；参加施工组织设计交底会议，熟悉施工组织设计对工程的进度、质量、安全、文明施工、设备配置以及成本控制等要求。

二、现场准备

按照施工组织设计要求和工程施工要求，组织好生产、生活的临时设施。进行现场清理，保证道路畅通和临时水电引到现场。施工机械按照施工平面图的布置安装就位，并试运转、检查安全装置。按施工平面布置和堆放材料。

三、作业队伍组织准备

掌握人员配备、技术力量和生产能力。研究施工工艺，确定各工种间的搭接次序、搭接时间和搭接部位。协助施工班组长做好人员安排，根据流水分段和技术力量进行人员分配。

四、向施工班组交底

向施工班组交底包括计划交底、施工技术和操作方法交底、安全生产交底、工程质量交底和管理制度交底等。

五、施工中的具体指导和检查

检查测量、抄平、放线准备工作是否符合要求；检查施工班组是否按照交底要求进行施工，以及关键部位施工是否符合要求；进行隐蔽工程的预检和交接检查，配合质量检查人员做好分部分项工程的质量检查和验收。

六、做好施工日记

记录工程进展、施工内容、材料供应情况、人员变动情况、材料试验情况和施工中的质量及安全问题等内容。

七、工程质量的检查验收

分部分项工程完工后，对施工的部位按质量标准进行检查验收。

第二章 分部分项施工方案

第一节 土方工程施工方案

一、土方开挖

土方工程是建筑工程地基与基础子分部工程之一,主要工作包括开挖前的准备工作、开挖、运输、填筑与压实等施工过程。有时还需完成其他辅助工作,如基坑、基槽的边坡支护、降低地下水等。

(一)土方施工的准备工作

(1)工程地质情况及现场环境调查。

土方工程施工前,应查清工程场地的地质、水文资料及周围环境情况,熟悉场地内和邻近地区地下管道、管线图和有关资料,调查临近原有建筑物、构筑物的基本情况,形成原始资料文件。

(2)编制施工方案。

根据施工具体条件,制订土方工程施工方案。施工方案应考虑土方量、土方运距、土方施工顺序、地质条件等因素,进行土方平衡和合理调配,确定土方机械的作业线路、运输车辆的行走路线、弃土地点。

(3)平整施工场地。

平整施工场地,清除施工区域内的所有障碍物,设置排水、降水设施。平整场地的表面坡度应符合设计要求,如设计无要求,排水方向的坡度不应小于2‰。平整后的场地表面应进行逐点检查,检查点的间距不宜大于20 m。

(4)设置测量控制网。

根据建筑总平面和基础平面图进行测量放线,将控制坐标和水准点按设计要求引测到现场,建立测量控制网,包括控制基线、轴线和水平基准点。控制网应避开建筑物、构筑物、土方机械操作及运输路线,并应设有保护标志。

(5)其他准备工作。

当土方施工可能产生滑坡时,应采取措施,做好土壁加固的机具和材料准备。挖土机械、土方运输车辆等通过坡道进入作业点时,应采取保证坡道稳定的措施。在机械无法作业的部位施工,如修整边坡坡度以及清理基底等应配备人工进行。夜间施工时,应根据需要设置照明设施,在危险区域设置明显警戒标志,并设计合理的开挖顺序和方法,防止错挖或超挖。

(二)基坑(槽)开挖

基坑(槽)开挖前,应根据工程结构形式、基坑(槽)开挖深度、地质条件、施工方法、周围环境、施工工期、气候和地面荷载等有关资料,制订基坑(槽)开挖方案和地下水控制施工方案,经审批后方可施工。

基坑(槽)开挖分人工开挖和机械开挖两种,对于大型基坑(槽),为减轻繁重的体力劳动并加快施工速度,宜优先考虑机械施工。机械施工应根据工程规模、土质情况、地下水位高低、施工设备条件、进度要求等合理选用挖土机械,以充分发挥机械效率,加快工程进度。

一般深度不大的大面积基坑开挖,宜采用推土机开挖,一般从两端开始(纵向)推土,把土推向中部堆积,然后再横向将土推至基坑的两侧。对长度和宽度均较大的大面积土方平整开挖,可用铲运机开挖,开挖时应纵向分行、分层按照坡度向下开挖,每层的中心线地段应比两边稍高一些,以防积水。对面积大且深的基坑,多采用液压正铲挖掘机;如操作面狭窄,且有地下水,土的湿度大,可采用液压反铲挖掘机;在地下水位以下不排水挖土,可采用拉铲挖掘机或抓铲挖掘机,效率较高。常用机械设备包括推土机、铲运机、挖掘机、装载机及配套自卸汽车等。

1. 施工工艺

工艺流程:测量放线→确定开挖顺序、坡度和支护形式→分段分层开挖→土方运送→预留土层等。

(1)放线定位。基坑开挖应根据设计要求首先进行测量定位,抄平放线,确定标高控制点,准确定出建筑物平面位置标高及基槽(坑)线,按放线分段分层挖土。

(2)确定开挖顺序、坡度和支护形式。根据土质和水文情况,采取直立开挖或放坡,以保证施工操作安全。当开挖需要放坡时,开挖坡度一般按设计文件的规定执行,若设计文件无具体规定,可根据《建筑地基基础工程施工质量验收标准》(GB 50202—2018)第9.2.4 的规定执行(见表2-1)。当需做基坑支护时,应根据开挖深度、土体类别及工程性质等综合因素确定保持土壁稳定的方法和措施。

表 2-1　临时性挖方边坡值

土的类别		边坡值(高:宽)
砂土(不包括细砂、粉砂)		1:1.25 ~ 1:1.50
黏土	坚硬	1:0.75 ~ 1:1.00
	硬塑、可塑	1:1.00 ~ 1:1.25
	软塑	1:1.50 或更缓
碎石土	充填坚硬黏土、硬塑黏土	1:0.50 ~ 1:1.00
	充填砂土	1:1.00 ~ 1:1.50

注:1. 本表适用于无支护措施的临时性挖方工程的边坡坡率;

2. 设计有要求时,应符合设计标准;

3. 本表适用于地下水位以上的土层,采用降水或其他加固措施,可不受本表限制,但应计算复核;

4. 一次开挖深度,软土不应超过4m,对硬土不应超过8m。

(3)开挖基坑时,应合理确定开挖顺序、开挖路线及开挖深度,分段分层均匀开挖,遵循"开槽支撑,先撑后挖,分层开挖,严禁超挖"的原则。基坑开挖的分层厚度宜控制在3 m 以内,并应配合支护结构的设置和施工的要求,临近基坑边的局部深坑宜在大面积垫层完成后开挖。

(4)对面积不大、深度较大的基坑,一般宜尽量利用挖土机开挖,不开或少开坡道,采用机械接力挖运土方的办法和人工与机械合理的配合挖土,最后用搭设枕木垛的方法,使挖土机械开出基坑。

(5)基坑开挖应防止对基础持力层的扰动。采用人工挖土,基坑挖好后不能立即进入下道工序时,应预留15 ~ 30 cm 厚土层不挖,待下道工序开始前再挖至设计标高,以防止持力层土壤被阳光曝晒或雨水浸泡。采用机械开挖基坑时,应在基底标高以上预留 20～30 cm 厚土,由人工挖掘修整。

2. 质量标准

(1)开挖标高、长度、宽度、边坡均应符合设计要求,允许偏差及检验方法如表 2-2 所示。

表 2-2　土方开挖工程质量检验标准

项	序	项　目	允许值或允许偏差		检查方法
			单位	数值	
主控项目	1	标高	mm	0 −50	水准测量
	2	长度、宽度(由设计中心线向两边量)	mm	+200 −50	全站仪或用钢尺量
	3	坡率	设计值		目测法或用坡度尺检查
一般项目	1	表面平整度	mm	±20	用 2 m 靠尺
	2	基底土性	设计要求		目测法或土样分析

注:地(路)面基层的偏差只适用于直接在挖、填方上做地(路)面的基层。

(2)施工过程应保持基底清洁、无冻胀、无积水,并严禁扰动。

(3)基面平整度应符合规范要求,基底土质应符合设计要求。

3. 土方开挖的注意事项

(1)应绘制详细的土方开挖图,规定开挖路线、顺序、范围、底部各层标高,并严格控制。基坑底部的开挖宽度要考虑工作面的增加宽度。施工时应避免基底超挖,个别超挖的地方经设计单位给出方案后回填。

(2)开挖基坑时,有场地条件的,一次留足回填需要的好土,多余土方运到弃土处,避免二次搬运。

(3)做好地面排水和降低地下水位工作,防止地面的地表水流入场地和基坑内,扰动地基。在地下水位以下挖土,应在基坑(槽)四侧或两侧挖土挖好临时排水沟和集水井,将水位降至坑底以下 500 mm,以利挖方进行。降水工作应持续到基础(包括地下水位下回填土)施工完成。

(4)基坑边缘堆置土方和建筑材料,或沿挖方边缘移动运输工具和机械,一般应距基坑上部边缘不小于 2 m,弃土堆置高度不应超过 1.5 m,并且不能超过设计荷载值,在垂直的坑壁边,此安全距离还应适当加大。软土地区不宜在基坑边堆置弃土。

(5)施工过程中应测量和校核平面位置、水平标高、边坡坡度、压实度、排水、降低地下水位系统,并随时观测周围的环境变化。

(6)在开挖过程中如发现有软弱土、流砂土层,应停止开挖,并及时采取相应补救措施,以防止土体崩塌与下滑。要注意保护标准定位桩、轴线桩、标准高程桩。应预先采取防护措施,防止邻近建筑物的下沉,并在施工过程中进行沉降和位移观测。

(7)基坑(槽)开挖至设计标高后,应对坑底进行保护,经验槽合格后,方可进行垫层施工。对特大型基坑,宜分区分块挖至设计标高,分区分块及时浇筑垫层。必要时,可加强垫层。

(三)基坑(槽)支护

基坑(槽)支护是土方工程中的重要工作。应根据工程特点、开挖深度、地质条件、地下水位、邻近建筑物的情况、施工技术等合理选择支护方案,保证施工质量和安全。

1.横撑式支撑

当开挖较窄的沟槽时,常采用横撑式支撑。横撑式支撑根据挡土板的不同,分为水平挡土板式(见图2-1(a))和垂直挡土板式(见图2-1(b))两类。水平挡土板的布置又分为间断式和连续式两种。湿度小的黏性土挖土深度小于3 m时,可用间断式水平挡土板支撑;对松散、湿度大的土可用连续式水平挡土板支撑,挖土深度可达5 m。对松散和湿度很高的土可用垂直挡土板式支撑,其挖土深度不限。

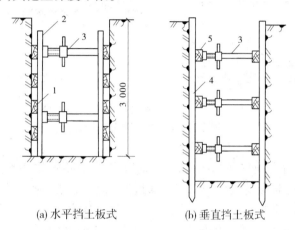

(a) 水平挡土板式　　　　(b) 垂直挡土板式

1—水平挡土板;2—立柱;3—工具式横撑;4—垂直挡土板;5—水平梁

图2-1　横撑式支撑

2.板桩支护

排桩墙支护结构包括灌注桩、板桩(钢板桩、预制混凝土板桩)等类型桩构成的支护结构。

1)施工顺序

(1)排桩墙一般应采用间隔法组织施工。当一根桩施工完成后,桩机移至隔一桩位进行施工。对混凝土灌注桩,应在混凝土终凝后,再进行相邻桩的施工。

(2)疏式排桩墙宜采用由一侧向单一方向隔桩跳打的方式进行施工;密排式排桩墙宜采用由中间向两侧方向隔桩跳打的方式进行施工;双排式排桩墙采用先由前排桩位一侧向单一方向隔桩跳打,再由后排桩位中间向两侧方向隔桩跳打的方式进行施工。

(3)当施工区域周围有需保护的建筑物或地下设施时,施工顺序应自被保护对象一侧开始施工,逐步背离被保护对象。

2)钢板桩施工工艺

施工工艺:测量放线→导架安装→钢板桩打设→基础施工→钢板桩拔除。

(1)测量放线。

测量放线应按照排桩墙设计图在施工现场依据测量控制点进行放线定位。

(2)导架安装。

为保证沉桩轴线位置的正确和桩的竖直,控制桩的打入精度,防止板桩的屈曲变形和提高桩的贯入能力,一般都需要设置一定刚度的、坚固的导架,也称施工围檩,如图2-2所示。导架通常由导梁和围檩桩等组成,在平面上有单面和双面之分,在高度上有单层和双层之分。导架不应随板桩打设而下沉或变形;施工时应经常观测导架的位置及标高。

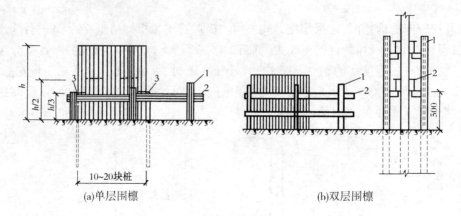

(a)单层围檩　　　　　　　　　　(b)双层围檩

1—围檩桩;2—导梁;3—两端先打入的定位钢板桩

图2-2　导架及屏风式打入法

(3)钢板桩打设。

钢板桩的打设宜采用屏风式打入法,打设时宜采用振动锤,采用锤击式时应在桩锤与板桩之间设置桩帽,打设时应重锤低击。基坑邻近建(构)筑物及地下管线,应采用静力压桩法施工,并应采用导孔法或根据环境状况控制压桩施工速率。

钢板桩打设时先用吊车将钢板桩吊至插桩点处进行插桩,插桩时锁口要对准,每插入一块即套上桩帽轻轻加以锤击。在打桩过程中,为保证钢板桩的垂直度,用两台经纬仪在两个方向加以控制。打桩时,开始打设的第一、二块钢板桩的打入位置和方向要确保精度,它可以起样板导向作用,一般每打入1 m应测量一次。

钢板桩分几次打入,如第一次由20 m高打至15 m,第二次则打至10 m,第三次打至导梁高度,待导架拆除后第四次再打至设计标高。

(4)基础施工。

钢板桩施工完毕后,即可进行基础施工。

(5)钢板桩拔除。

先用打拔桩机夹住钢板桩头部振动1~2 min,使桩周围的土松动,产生"液化",减少土对桩的摩阻力,然后慢慢的往上振拔,并应采用注浆等措施控制钢板桩拔出时由于土体流失造成的邻近设施下沉。

3)钢板桩施工注意事项

(1)钢板桩的规格、材质及排列方式应符合设计要求和施工要求,钢板桩堆放场地应平整坚实,组合钢板桩堆高不宜大于3层。

(2)钢板桩施工前应进行验收,桩体不应弯曲,锁口不应有缺损和变形,钢板桩锁口应通过套锁检查后再施工。

(3)桩身接头在同一标高处不应大于50%,接头焊缝质量不应低于Ⅱ级焊缝要求。

(4)钢板桩施工时,应采用减少沉桩时的挤土与振动影响的工艺与方法,并应采用注浆等措施控制钢板桩拔出时由于土体流失造成的邻近地面下沉。

根据《建筑地基基础工程施工规范》(GB 51004—2015)第6.3.9的规定,钢板桩挡墙允许偏差应符合表2-3的规定。

表2-3　钢板桩挡墙允许偏差

项目	允许偏差或允许值	检查数量		检验方法
		范围	点数	
轴线位置(mm)	≤100	每10 m(连续)	1	经纬仪及尺量
桩顶标高(mm)	±100	每20根	1	水准仪
桩长(mm)	±100	每20根	1	尺量
桩垂直度	≤1/100	每20根	1	线锤

4)灌注桩排桩挡墙

(1)工艺流程:混凝土灌注桩施工→桩机移位→桩养护→破桩→冠梁施工。

灌注桩排桩挡墙的施工与混凝土灌注桩基本相同,但在施工过程中要注意以下三点:

①灌注桩施工时应根据设计要求控制桩顶标高。桩顶应充分泛浆,泛浆高度不应小于500 mm。当设计桩顶标高接近地面时桩顶混凝土泛浆应充分,凿去浮浆后桩顶混凝土强度等级应满足设计要求。灌注桩施工完成后,按设计要求位置破桩,破桩后桩中主筋长度应满足设计锚固要求。

②排桩墙冠梁一般在土方开挖时施工。采用在土层中开挖土模,铺设钢筋、浇筑混凝土的方法进行。腰梁、围檩、内撑均应按设计要求与土方开挖配合施工。

③为了防止在混凝土初凝前,邻桩施工造成扰动,灌注桩排桩应采用间隔成桩的施工顺序,已完成浇筑混凝土的桩与邻桩间距应大于4倍桩径,或间隔施工时间应大于36小时。

(2)灌注桩排桩施工质量控制应符合下列规定:

①桩位偏差,轴线及垂直轴线方向均不宜大于50 mm。

②孔深偏差应为300 mm,孔底沉渣不应大于200 mm。

③桩身垂直度偏差不应大于1/150,桩径允许偏差应为30 mm。

3.水泥土桩墙支护

1)深层搅拌法水泥土桩施工

深层搅拌桩成桩工艺可采用"一次喷浆、二次搅拌"或"二次喷浆、三次搅拌",主要以水泥掺入比及土质情况而定。当水泥掺量较小,土质较松时可用前者;反之则采用后者。

"一次喷浆、二次搅拌"的工艺流程:深层搅拌机定位→预拌下沉→配制水泥浆(或砂浆)→喷浆搅拌、提升→重复搅拌下沉→重复搅拌提升直至孔口→关闭搅拌机、清洗→移至下一根桩、重复以上工序,如图2-3所示。当采用"二次喷浆、三次搅拌"工艺时可在图2-3(e)所示步骤作业时进行注浆,以后再重复图2-3(d)和图2-3(e)所示的过程。

(1)定位。用起重机悬吊搅拌机到达指定桩位,并对中,桩位偏差不得大于50 mm。当地面起伏不平时应注意调整机架的垂直度,导向架垂直度偏差应满足规范要求,桩径和桩长不得小于设计值。

(2)预拌下沉。待深层搅拌机的冷却水循环正常后,启动搅拌机,放松起重机钢丝绳,使搅拌机沿导向架搅拌切土下沉。

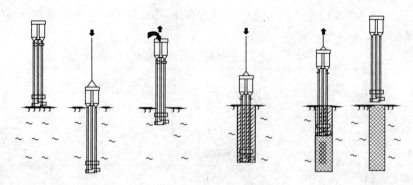

(a)定位　(b)预拌下沉　(c)喷浆搅拌上升　(d)重复搅拌下沉　(e)重复搅拌上升　(f)完毕

图2-3　施工工艺流程

（3）配制水泥浆。深层搅拌机下沉到一定深度时，即开始按设计确定的配合比拌制水泥浆，压浆前将水泥浆倒入集料斗中。制备好的浆液不得离析，泵送应连续，且应采用自动压力流量记录仪。

（4）提升、喷浆、搅拌。待深层搅拌机下沉到设计深度后，开启灰浆泵将水泥浆压入地基，且边喷浆、边搅拌，同时按设计确定的速度控制钻头喷浆搅拌提升和钻头搅拌下沉。

（5）重复上下搅拌。为使土和水泥浆搅拌均匀，可再次将搅拌机边旋转边沉入土中，至设计深度后再提升出地面。桩体要互相搭接200 mm，以形成整体。

（6）停搅。当深层搅拌法在施工到顶端300～500 mm时，因上覆土压力较小，搅拌质量较差，所以要求停浆面应高于桩顶设计标高300～500 mm。开挖基坑时，为防止桩顶与挖土机械相碰导致桩体断裂，应将桩顶端浮浆桩段用人工挖除。

（7）清洗、移位。向集料斗中注入适量清水，开启灰浆泵，清除全部管路中残存的水泥浆，并将黏附在搅拌头的软土清洗干净。移位后进行下一根桩的施工。

深层搅拌水泥土桩挡墙横截面宜连续，形成格状结构（见图2-4）或封闭的实体（见图2-5）。

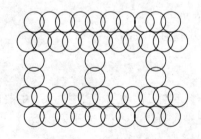

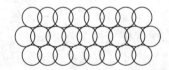

图2-4　深层搅拌水泥土桩挡墙（格状连续壁）　　**图2-5　深层搅拌水泥土桩挡墙（块状连续壁）**

对于环境保护要求高的工程应采用三轴搅拌桩施工，并根据试成桩及其监测结果调整施工参数。可采用跳打方式、单侧挤压方式和先行钻孔套打方式施工，对于硬质土层，当成桩有困难时，可采用预先松动土层的先行钻孔套打方式施工。

（1）跳打方式。一般适用于 $N < 30$ 的土层。施工顺序如图2-6所示，先施工第一单元，然后施工第二单元。第三单元的 A 轴和 C 轴插入到第一单元的 C 轴及第二单元的 C 轴孔中，两端完全重叠。依此类推，完成水泥土搅拌墙的施工，这是最常用的施工顺序。

（2）单侧挤压方式。一般适用于 $N < 30$ 的土层。当受到施工条件的限制，搅拌桩机无

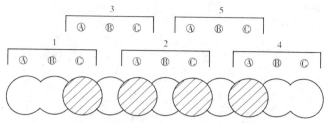

1—第一单元;2—第二单元;3—第三单元;4—第四单元;5—第五单元

图 2-6　跳打方式施工顺序

法来回行走时或搅拌墙转角处常采用这类施工顺序,如图 2-7 所示,先施工第一单元,然后第二单元的 A 轴插入第一单元的 C 轴中,边孔重叠施工,依此类推,施工完成水泥土搅拌墙。

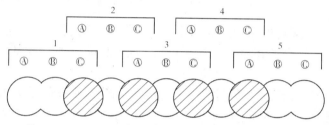

1—第一单元;2—第二单元;3—第三单元;4—第四单元;5—第五单元

图 2-7　单侧挤压方式施工顺序

(3)先行钻孔套打方式。一般适用于 $N>30$ 的硬质土层,在水泥土搅拌墙施工时,首先用装备有大功率减速机的钻孔机先行钻孔,局部松散硬土层,然后用三轴搅拌机用跳打或单侧挤压方式施工完成水泥土搅拌墙。

2)旋喷桩施工工艺

工艺流程:机具就位→贯入注浆管→试喷射→喷射注浆→拔管及冲洗等。

(1)机具就位。

施工前先进行场地平整,挖好排浆沟,做好钻机定位,钻机定位偏差应小于 20 mm。转机安放保持水平,钻杆保持垂直,钻杆垂直度偏差应小于 1/100。

(2)成孔和插管。

成孔宜根据地质条件及钻机功能确定成孔工艺,在标准贯入值 $N<40$ 的土层中进行单管喷射作业时,可采用振动钻机直接将注浆管插入。一般情况下可采用地质钻机预先成孔,成孔直径一般为 90 ～ 150 mm,钻孔定位偏差不得大于 50 mm,将注浆管插入钻孔预定深度,注浆管连接接头应密封良好。

(3)喷射注浆。

喷射作业前应检查喷嘴是否堵塞,输气管是否存在泄漏等,无异常情况后,开始按设计要求进行喷射作业,提升速度宜为 0.05 ～ 0.25 m/min,并应根据试桩确定施工参数。

(4)拔管及冲洗。

完成喷射作业后,拔出注浆管,立即使用清水清洗注浆泵及注浆管道。连续注浆时,可于最后一次进行清洗。注浆体初凝下沉后,应立即采用水泥浆液进行回灌,回灌高度应高出设计标高。

4. 土钉墙支护

土钉墙支护是利用加固后的原位土体来维护基坑边坡稳定的一种支护方法,一般由土钉、钢筋网喷射混凝土和加固后的原位土体三部分构成。

1）工艺流程

土方开挖→修整边坡并埋设喷射混凝土厚度控制标志→喷射第一层混凝土→钻孔安设土钉、注浆、安设连接件→绑扎钢筋网→喷射第二层混凝土→设置坡顶、坡面和坡脚的排水系统。

（1）土方开挖。

土方开挖应按设计规定分层、分段开挖，挖土分层厚度应与土钉竖向间距协调同步，逐层开挖并施工土钉，禁止超挖，土钉的施工作业面与土钉的高差不宜超过 500 mm，做到边开挖，边支护，边喷混凝土。在完成上层作业面的土钉与喷射混凝土以前，不得进行下一层土的开挖。开挖深度和作业顺序应保证裸露边坡能在规定的时间内保持自立。

（2）喷射第一层混凝土。

对修整后的边壁立即喷上一层薄的混凝土，待凝结后再进行钻孔。混凝土既可保证岩土层稳定性较差时的作业安全，又可减少岩土层表面的起伏差，便于保证钢筋网保护层。

（3）钻孔安设土钉。

在作业面上先安装钢筋网片喷射混凝土面层后，再进行钻孔并设置土钉。钻孔深度要比设计深度多钻进 100～200 mm，以防止孔深不够。注浆前要用水引路、润湿输浆管道；灌浆后要及时清洗输浆管道、灌浆设备。

钢筋土钉应沿周边焊接居中支架，居中支架宜采用 Φ6～Φ8 的Ⅰ级钢筋或厚度 3～5 mm 扁铁弯成，间距 2.0～3.0 m，注浆管与钢筋土钉虚扎，并应同时插入钻孔，边注浆边拔出。

（4）注浆。

应采用两次注浆工艺，第一次灌注宜为水泥砂浆，灌浆量不应小于钻孔体积的 1.2 倍，第一次注浆初凝后，方可进行二次注浆，第二次压注纯水泥浆，注浆量为第一次注浆量的 30%～40%，注浆压力宜为 0.4～0.6 MPa，注浆后应维持压力 2 min。每层土钉施工结束后，应按要求抽查土钉的抗拔力。

开挖后应及时封闭临空面，应在 24 h 内完成土钉安设和喷射混凝土面层，在淤泥质土层开挖时，应在 12 h 内完成土钉安设和喷射混凝土面层；上一层土钉完成注浆后，间隔 48 h 方可开挖下一层土方。

（5）绑扎钢筋网、喷射第二层混凝土。

钢筋网宜在喷射一层混凝土后铺设，钢筋与坡面的间隙不宜小于 20 mm；采用双层钢筋网时，第二层钢筋网应在第一层钢筋网被混凝土覆盖后铺设。钢筋网宜焊接或绑扎，钢筋网格允许误差应为 ±10 mm，钢筋网搭接长度不应小于 300 mm，焊接长度不应小于钢筋直径的 10 倍，并且钢筋网片与加强联系钢筋交接部位应绑扎或焊接。

喷射混凝土作业应分段分片依次进行，同一分段内喷射顺序应自下而上，一次喷射厚度不宜大于 120 mm。喷射时，喷头与受喷面应垂直，距离宜为 0.8～1.0 m，喷射混凝土终凝 2 h 后，应喷水养护。

（6）设置坡顶、坡面和坡脚的排水系统

在基坑四周支护范围内应修筑排水沟和水泥砂浆或混凝土地面，防止地表水向地下渗透；在支护面层背部应插入间距为 1.5～2 m 水平排水管，其外端伸出支护面层，将喷射混凝土面层后的积水排出;在坑底设置排水沟和集水坑,应及时将坑内积水抽出。

2)质量要求

根据《建筑地基基础工程施工规范》(GB 51004—2015)第6.8.8的规定,土钉墙支护应符合下列规定。

(1)土钉成孔的允许偏差应符合表2-4的规定。

表2-4　土钉成孔的允许偏差

项目	允许偏差
孔位	±100 mm
成孔倾角	±3°
孔深	+50 mm 0
孔径	±10 mm

(2)土钉筋体保护层厚度不应小于25 mm。

(3)成孔过程中遇到障碍需调整孔位时,不应降低原有支护设计的安全度。

(四)基坑验槽

基坑(槽)挖至基底设计标高后,应组织勘察、设计、监理、建设部门会同验槽,检查基底土层是否与勘察设计资料相符,是否存在填井、填塘、暗沟、墓穴等不良情况,经处理合格后再进行基础工程施工。

验槽的目的在于检查地基是否与勘察设计资料相符。验槽主要以观察为主,钎探配合共同完成。

1. 观察验槽

观察验槽的内容包括:

(1)对整个基坑(槽)进行全面观察,包括:土的颜色是否均匀一致;土的坚硬程度是否均匀一致,有无局部过软或过硬;土的含水量情况,有无过干过湿;在槽底行走或夯拍,有无振颤现象或空穴声音等。检查槽底是否已挖至老土层(地基持力层)上,是否继续下挖或进行处理。

(2)检查基坑(槽)的位置、平面尺寸、标高和边坡等是否符合设计要求。

观察验槽应重点注意柱基、墙角、承重墙下受力较大的部位。仔细观察基底土的结构、孔隙、湿度、含有物等,并与勘察设计资料相比较,确定是否已挖到设计的土层。对于可疑之处应局部下挖检查。

2. 钎探

钎探是用锤将钢钎打入坑底以下土层一定深度,根据锤击次数和入土难易程度来判断土的软硬情况及有无墓穴、枯井、土洞、软弱下卧土层等。

1)钎探平面布置和钎探深度

钎探平面布置和钎探深度主要根据地基土质的复杂情况、基槽宽度和形状而定,一般可参考表2-5。

2)操作工艺

工艺流程:确定放钎点位置→就位打钎→记录锤击数→拔钎→移位→灌砂。

表 2-5　钎探孔排列方式

槽宽 （cm）	排列方式及图形		间距 （m）	深度 （m）
小于 80	中心一排		1.5	1.5
80～200	两排错开		1.5	1.5
大于 200	梅花形		1.5	2.0
柱基	梅花形		1.5～2.0	1.5,并不浅于短边

（1）确定放钎点位置。

按钎探孔位平面布置图放线,孔位钉上小木桩或撒上白灰点。

（2）就位打钎。

就位打钎包括人工打钎和机械打钎。

人工打钎:将钎尖对准孔位,一人扶正钢钎,一人站在操作凳上,用大锤锤打钢钎的顶端;锤举高度一般为 50～70 cm,将钎垂直打入土层中。

机械打钎:将触探杆尖对准孔位,再把穿心锤套在钎杆上,扶正钎杆,拉起穿心锤,使其自由下落,锤距为 50 cm,把触探杆垂直打入土层中。

（3）记录锤击数。

钎杆每打入土层 30 cm 时,记录一次锤击数。钎探深度如设计时无规定,一般按表 2-3执行。

（4）拔钎。

用麻绳或铅丝将钎杆绑好,留出活套,套内插入橇棍或铁管,利用杠杆原理,将钢钎拔出。每拔出一段将绳套往下移一段,依次类推,直至完全拔出。

（5）移位。

将钎杆或触探器搬到下一孔位,以便继续打钎。

（6）灌砂。

打完的钎孔,经过质量检查人员和有关工长检查孔深与记录无误后,即可进行灌砂。灌砂时,每填入 30 cm 左右可用木棍或钢筋棒捣实一次。灌砂有两种形式:一种是每孔打完或几孔打完后及时灌砂;另一种是每天打完后,统一灌砂一次。

（7）整理记录。

按钎孔顺序编号,将锤击数填入统一表格内。字迹要清楚,再经过打钎人员和技术员签字后归档。

二、土方回填

土方回填是利用人力或机械对场地、基坑(槽)进行分层回填夯实,以保证达到要求的密实度。

(一)土方回填的准备工作

(1)土方回填前应根据工程特点、填料种类、密实度要求、施工机具设备条件等,合理地确定填方土料含水量控制范围、每层铺土厚度和压实遍数等施工参数。对于重要回填土方工程,其参数应通过压实试验来确定。

(2)土方回填前应清除基底的垃圾、树根等杂物,抽除坑穴积水,并在四周设排水沟或截洪沟,防止地面水流入填方区或基坑(槽),浸泡地基造成基土下陷。

(3)回填前应做好水平高程标志布置,如大型基坑或沟边上每隔 3 m 钉上水平木桩或在邻近的固定建筑物上抄上标准高程点。

(4)回填前应对填方基底和已完工程进行检查与中间验收,合格后要做好隐蔽检查和验收手续;确定好土方机械、车辆的行走路线,应事先经过检查,必要时要进行加固、加宽等准备工作,同时要编制施工方案。

(二)回填土料的要求

(1)碎石类土、砂土和爆破石渣可用作表层以下填料,但最大粒径不得超过每层铺填厚度的2/3(使用振动碾时为3/4),铺填时大块料不应集中,且不得回填在分段接头处。

(2)黏性土应检验其含水量,必须达到设计控制范围方可使用,其最优含水量与相应的最大干容量,宜通过击实试验测定或通过计算确定,含水量大的黏土不宜做填土用。

(3)回填土料应符合设计要求,淤泥、冻土、膨胀性土及有机物含量大于5%的土均不能做填土,土料含水量应满足压实要求。

(三)土方回填

土方回填分人工回填和机械回填两种。对于大型基坑,为加快施工速度,宜优先考虑机械回填。

1. 施工工艺

工艺流程:基坑(槽)底清理→检验土质→分层铺土→分层压实→检验密实度→修整、找平、验收。

1)基坑(槽)底清理

填土前应将基土上的洞穴或基底表面上的树根、垃圾等杂物都处理完毕,清除干净。

2)检验土质

检验回填土料的种类、粒径,有无杂物,是否符合规定,以及土料的含水量是否在控制范围内。如含水量偏高,可采取翻松、晾晒或均匀掺入干土等措施;如含水量偏低,可采取预先洒水润湿等措施。

3)分层铺土和压实

填土应尽量采用同类土填筑。如采用不同类填料分层填筑,上层宜填筑透水性较小的填料,下层宜填筑透水性较大的填料。

填筑厚度及压实遍数应根据土质、压实系数及所用机具确定。如无试验依据,应符合

表 2-6 的规定。

表 2-6　填土施工时的分层厚度及压实遍数

压实机具	分层厚度(mm)	每层压实遍数
平碾	250~300	6~8
振动压实机	250~350	3~4
柴油打夯机	200~250	3~4
人工打夯	<200	3~4

4)修整、找平、验收

回填土每层压实后,应按规范规定进行环刀取样,测出土的质量密度,达到要求后,再进行上一层的铺土。填方全部完成后,必须要达到设计规定的标高,并用靠尺和拉线检查表面的平整度。

2. 质量标准

(1)填方施工结束后,应检查标高、边坡坡度、压实程度等,检验结果应符合表 2-7 的规定。

表 2-7　填土工程质量检验标准

项	序	检查项目	允许偏差或允许值(mm)					检验方法
			柱基、基坑、基槽	场地平整		管沟	地(路)面基础层	
				人工	机械			
主控项目	1	标高	−50	±30	±50	−50	−50	水准仪
	2	分层压实系数	设计要求					按规定方法
一般项目	1	回填土料	20	20	50	20	20	用 2 m 靠尺和楔形塞尺检查
	2	分层厚度及含水量	设计要求					观察或土样分析
	3	表面平整度	20	20	30	20	20	用塞尺或水准仪

(2)回填土必须按规定分层压实,土的干密度在压实后应符合设计要求或规范要求,取样方法和数量应符合以下规定:

压实系数应通过土料控制干密度和最大干密度的比值确定,土料的最大干密度应通过击实试验确定,土料的控制干密度可采用环刀法、灌砂法、灌水法或其他方法检验;采用轻型击实试验时,压实系数宜取高值,采用重型击实试验时,压实系数可取低值。

基坑和室内土方回填时,每层按 100~500 m² 取样 1 组,且不应少于 1 组,柱基回填,每层抽样柱基总数的 10%,且不应少于 5 组;基槽和管沟回填,每层按 20~50 m 取 1 组,且不应少于 1 组;场地平整填方,每层按 400~900 m² 取样 1 组,且不应少于 1 组。

(3)回填土料应按设计要求验收后方可回填,回填过程中应随时检查排水措施、分层填筑厚度、含水量控制和压实程序。

3. 土方回填的注意事项

（1）对有密实度要求的填方，应按规定每层取样，测定夯实后的干密度，在符合设计和规范要求后，才能填筑土层，未达到设计要求的部位，应有处理措施。

（2）严格选用回填土料，控制含水量、夯实遍数。不同的土填筑时，应分层铺填，将透水性大的土层置于透水性较小的土层之下，不得混杂使用。

（3）严格控制每层铺土厚度，不得出现漏压或未压够遍数，坑(槽)底有机物、泥土等杂物清理不彻底等问题。

（4）基坑(槽)回填应分层对称，防止造成一侧压力过大，出现不平衡，破坏基础或构筑物。当填方位于倾斜的地面时，应先将斜坡改成阶梯状，然后分层填土，以防填土滑动。

（5）在机械施工碾压不到的填土部位，应配合人工进行填土，用蛙式或柴油打夯机分层夯打密实。

（四）填土压实方法

填土压实方法有碾压法、夯实法和振动压实法。

1. 碾压法

碾压法适用于大面积的场地平整和路基、堤坝工程。碾压时，轮(夯)迹应相互搭接，防止漏压或漏夯；长宽比较大时，填土应分段进行。每层接缝处应做成斜坡形，上下层错缝距离不应小于 1 m。

碾压机械压实填方时，行驶速度不宜过快，一般平碾不应超过 2 km/h，羊足碾不应超过 3 km/h。

用压路机进行填方压实，应采用"薄填、慢驶、多次"的方法。碾压方向应从两边逐渐压向中间，碾轮每次重叠宽度 150～250 mm，边坡、边角边缘压实不到之处，应辅以人力夯或小型夯实机具夯实。碾压墙、柱、基础处填方，压路机与之距离不应小于 0.5 m。

2. 夯实法

夯实法常用机械有蛙式打夯机、振动打夯机、内燃打夯机。夯实法适用于黏性较低的土，常用于基坑(槽)、管沟部位等小面积回填土的夯实，也可配合压路机对边缘或边角碾压不到之处进行夯实。打夯要按一定方向进行，一夯压半夯，夯夯相接，行行相连，两遍纵横交叉，分层夯打。夯实基槽及地坪时，行夯路线应由四边开始，然后向中间夯实。填土厚度一般不大于 25 cm。

3. 振动压实法

振动压实法适用于填料为爆破碎石渣、碎石类土、杂填土、砂土或粉土等非黏性土的振动夯实。使用的施工机械主要有振动压路机、平板振动器等。

（五）填土压实质量的影响因素

影响填土压实质量的因素较多，主要包括压实功、土的含水量以及每层铺土厚度。

1. 压实功的影响

填土压实后的密度与压实机械所施加的功有一定的关系。土的密度与所耗的功的关系如图 2-8 所示。当土的含水量一定，在开始压实时，土的密度急剧增加，当接近土的最大密度时，压实功虽然增加许多，但土的密度增加不大。因此，在实际施工中，对于砂土只需碾压 2～3 遍，对于亚砂土只需 3～4 遍，对于亚黏土或黏土只需5~6遍。

2. 土的含水量

土的含水量对填土压实有很大影响。干土由于土颗粒之间的摩阻力大,填土不易被压实;而土的含水量较大时,土颗粒间的空隙全部被水充填而呈饱和状态,填土也不易被压实,容易形成橡皮土。只有当土具有适当的含水量,土颗粒之间的摩阻力由于水的润滑作用而减少,土才易被压实。为了保证填土在压实过程中具有最优的含水量,当土过干时,应预先洒水湿润;当土过湿时,应予翻松、晾晒或掺入同类干土及其他吸水性材料。土的最优含水量和最大干密度参考表2-8。

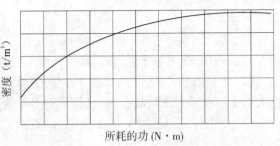

图2-8 土的密度与压实功的关系

表2-8 土的最优含水量和最大干密度参考表

项次	土的种类	变动范围		项次	土的种类	变动范围	
		最优含水量 (%)	最大干密度 (g/cm³)			最优含水量 (%)	最大干密度 (g/cm³)
1	砂土	8~12	1.80~1.88	3	粉质黏土	12~15	1.85~1.95
2	黏土	19~23	1.58~1.70	4	粉土	16~22	1.61~1.80

注:1. 表中的最大干密度应以现场实际达到的数字为准。
2. 一般性的回填可不作此项测定。

3. 铺土厚度的影响

土在压实功的作用下,其应力随深度增加而逐渐减少,在压实过程中,土的密实度也是表层大,随深度增加而逐渐减小,超过一定深度后,虽经反复碾压,土的密实度仍与未压实前一样。各种不同压实机械的压实影响深度与土的性质、含水量有关,所以每层铺土厚度应根据土质、压实的密实度要求和压实机械性能确定。填方每层的铺土厚度和压实遍数参见表2-8。

三、施工降水

井点降水法就是在基坑开挖前,在基坑四周预设一定数量的滤水管(井),利用抽水设备从中抽水,使地下水位降到坑底以下;同时在基坑开挖过程中仍不断抽水。根据土的渗透系数、降水深度、设备条件及工程特点,井点降水一般分为轻型井点降水、喷射井点降水、管井井点降水、深井井点降水及电渗井点降水等。下面主要介绍常见的轻型井点和管井井点降水施工。

(一)轻型井点降水施工

1. 施工工艺

工艺流程:施工准备→井点管布置→井点管埋设→井点管系统运行→井点管拆除。

1)施工准备

在降水工程施工前,应根据基坑开挖深度、基坑周围环境、地下管线分布、工程地质勘察报告和基坑壁、边坡支护设计等进行降水方案设计,经审核和批准,并进行技术交底。

2)井点管布置

井点管布置应根据基坑的平面形状与大小、土质、地下水位高低与流向、降水深度要求而定,井点管直径宜为 38~55 m,井点管水平间距宜为 0.8~1.6 m。

3)井点管埋设

井点管埋设一般采用水冲法,包括冲孔和埋管两个过程。冲孔时,先用起重设备将直径 50~70 mm 的冲管吊起,并插在井点位置上,然后开动高压水泵,将土冲松。井孔冲成后,立即拔出冲管,插入井点管,并在井点管和孔壁间迅速填灌砂滤层,以防孔壁坍塌,填灌要均匀,一般应采用洁净的粗砂,井点填砂后,井点管上口须用黏土封口,以防漏气。

4)井点管系统运行

每套井点设置完毕后,应进行试抽水,检查管路连接处及每根井点管周围的密封质量。井点管系统运行,应保证连续抽水,并准备双电源,正常出水规律为"先大后小,先浑后清"。

5)井点管拆除

地下建(构)筑物竣工并进行回填土后,方可拆除井点系统。井点管拆除一般多借助于倒链、起重机等,所留孔洞用土或砂填塞,对地基有防渗要求时,地面以下 2 m 应用黏土填实。

2. 质量标准

(1)集水总管、滤管和泵的位置及标高应正确;井点系统各部件均应安装严密,防止漏气,具体要求可见表 2-9。

表 2-9　降水与排水施工质量检验标准

序	检查项目	允许偏差或允许值		检查方法
		单位	数值	
1	排水沟坡度	‰	1~2	目测:坑内不积水,沟内排水畅通
2	井管(点)垂直度	%	1	插管时目测
3	井管(点)间距(与设计相比)	%	≤150	用钢尺量
4	井管(点)插入深度(与设计相比)	mm	≤200	水准仪
5	过滤砂砾料填灌(与计算值相比)	mm	≤5	检查回填料用量
6	井点真空度:轻型井点 喷射井点	kPa kPa	>60 >93	真空度表 真空度表
7	电渗井点阴阳极距离:轻型井点 喷射井点	mm mm	80~100 120~150	用钢尺量 用钢尺量

(2)隔膜泵底应平整稳固,出水接管应平接,不得上弯,皮碗应安装准确、对称,使工作时受力平衡。

(3)降水过程中,应定时观测水流量、真空度和水位观测井内的水位。

(二)管井井点降水施工

1. 施工工艺

工艺流程:施工准备→井点管布置→井点管埋设→水泵设置→井点管系统运行→井点

管拆除。

1）施工准备

除了施工材料不同，其他都与轻型井点相同。

2）井点管布置

（1）基坑总涌水量确定后，根据单根井点最大涌水量，确定井的数量，采取沿基坑边每隔一定距离均匀设置管井，管井之间用集水总管连接。

（2）井管中心距地下构筑物边缘距离，应依据所用钻机的钻孔方法而定。当采用泥浆护壁套管法成孔时，应不小于 3 m；当用泥浆护壁冲击式钻机成孔时，为 0.5～1.5 m。

（3）井管埋设深度和距离应根据降水面积、降水深度及含水层的渗透系数而定，最大埋深可达 10 m，间距 10～50 m。

3）井点管埋设

井点管埋设可用泥浆护壁套管的钻孔方法成孔，也可用泥浆护壁冲击成孔，钻孔直径一般为 500～600 mm，当孔深到达预定深度后，应将孔内泥浆清净，然后下入水泥砾石管，滤水井管置于孔中心，用圆木堵塞管口。为保证井的出水量，且防止粉细砂涌入井内，在井管周围应回填粒料作过滤层，其厚度不得小于 100 mm，井管上口地面下 500 mm 内，应用黏土填充密实，防止漏气。

4）水泵设置

水泵的设置标高应根据降水深度和估计水泵最大真空吸水高度而定，一般为 5～7 m，高度不够时，可设在基坑内。

5）管井井点系统运行

井点系统在运行过程中，应经常对电动机、传动机械、电流、电压等进行检查，并对管井内水位和流量进行观测与记录。

6）井点管拆除

井点管使用完毕后，滤水井管可拆除。拆除的方法是在井口周围挖深 300 mm，用钢丝绳将管口套紧，然后用人工拔杆借助倒链或绞磨将井管徐徐拔出，孔洞用砂粒填实，上部 500 mm 用黏土填实。

2. 质量控制要点

（1）管井井点成孔直径应比井管直径大 200 mm。

（2）井管与孔壁间应用 5～15 mm 的砾石填充作过滤层，地面下 500 mm 内应用黏土填充密实。

（3）井管直径应大于 200 mm，吸水管底部应装逆止阀。

（4）应定时观测水位和流量。

四、地基处理

当结构的荷载较大，地基土质又较软弱（强度不足或压缩性大），不能作为天然地基时，可采用人工加固处理的方法改善地基性质，提高承载力，增加稳定性，减少地基变形。下面介绍几种常见的地基处理方法。

（一）换填法施工

换填法是当软土层较厚，不满足上部荷载对地基承载力要求时，将基础下面一定范围内的软土挖去,然后回填强度较大的垫层作持力层。采用砂石、灰土、矿渣、素土等材料换土的地基分别称为砂石地基、灰土地基、粉煤灰地基等。

1.灰土地基

1)材料及施工条件要求

(1)灰土地基的土料可采用黏土或粉质黏土,有机质含量不应大于5%,并应过筛,其粒径不大于15 mm,含水量应符合规定;石灰宜采用新鲜的消石灰,其颗粒不得大于5 mm,不应含有未熟化的生石灰块粒,且不应含有过多的水分。

(2)基坑(槽)在铺灰土前必须先进行钎探验槽,并按设计和勘察部门的要求处理地基,办理隐检手续。当地下水位高于基坑(槽)底时,施工前应采取排水或降低地下水位的措施,使地下水位保持在施工面以下0.5 m左右,并且在3 d内不得受水浸泡。

(3)基础外侧打灰土,必须对基础、地下室墙和地下防水层、保护层进行检查,发现损坏时应及时修补处理。现浇的混凝土基础墙、地梁等均应达到规定的强度,不得碰坏、损伤混凝土。

(4)施工前应根据工程特点、设计压实系数、土料种类、施工条件等,合理确定土料含水量控制范围、每层铺土厚度和夯打遍数等参数。重要的灰土填方参数应通过压实试验来确定。

(5)施工前,应做好水平高程的标志。如在基坑(槽)或管沟的边坡上每隔3 m钉上木橛,在室内和散水的边墙上弹上水平线或在地坪上钉好标高控制的标准木桩。

基底存在洞穴、暗浜(塘)等软硬不均的部位时,应按设计要求进行局部处理。

2)施工工艺

工艺流程:检验土料和石灰粉的质量并过筛→灰土拌和→槽底清理→分层铺灰土→夯打密实→找平和验收。

(1)检查土料种类和质量以及石灰材料的质量是否符合标准,然后分别过筛。熟石灰用6～10 mm的筛子过筛,生石灰粉可直接使用;土料用16～20 mm的筛子过筛,以确保粒径的要求。

(2)灰土拌和。

灰土的配合比应用体积比,土料宜用粉质黏土,不宜使用块状黏土和砂质粉土,除特殊要求外,一般为2:8或3:7。拌和时必须均匀一致,至少翻拌两次,拌和好的灰土颜色应一致。控制含水量,工地检验方法是用手将灰土紧握成团,两指轻捏即碎为宜。如土料水分过大或不足,应晾干或洒水润湿。

(3)槽底清理。

基坑(槽)底或基土表面应清理干净,特别是坑(槽)边掉下的虚土、风吹入的树叶、木屑、纸片、塑料袋等垃圾杂物。

(4)分层铺灰土。

每层的灰土铺摊厚度,可根据不同的施工方法选用。每层压实遍数等宜通过试验确定,分层铺填厚度宜取200～300 mm,应随铺填随夯压密实。基底为软弱土层时,地基底部宜加强。各层铺摊后均应用木耙找平,与坑(槽)边壁上的木橛或地坪上的标准木桩对应检查。

(5)夯打密实。

夯打的遍数应根据设计要求的干土质量密度或现场试验确定,一般不少于3遍。人工打夯应一夯压半夯,夯夯相接,行行相接,纵横交叉。灰土分段施工时,不得在墙角、柱基及承重窗间墙下接槎,上下两层灰土的接槎距离不得小于500 mm。

(6)找平验收。

灰土最上一层完成后,应拉线或用靠尺检查标高和平整度,超高处用铁锹铲平;低洼处应及时补打灰土。灰土每层夯(压)实后,应根据规范规定进行环刀取样,测出灰土的质量密度,达到设计要求时,才能进行上一层灰土的铺摊。用贯入度仪检查灰土质量时,应先进行现场试验以确定贯入度的具体要求。

3)质量标准

(1)基底土质必须符合设计要求,灰土的干土质量密度或贯入度必须符合设计要求和施工规范的规定,具体要求可见表2-10。

表2-10　灰土地基质量检验标准

项	序	检查项目	允许偏差或允许值		检查方法
			单位	数值	
主控项目	1	地基承载力	设计要求		按规定方法
	2	配合比	设计要求		按拌和时的体积比
	3	压实系数	设计要求		现场实测
一般项目	1	石灰粒径	mm	≤5	筛选法
	2	土料有机质含量	%	≤5	实验室焙烧法
	3	土颗粒粒径	mm	≤5	筛分法
	4	含水量(与要求的最优含水量比较)	%	±2	烘干法
	5	分层厚度偏差(与设计要求比较)	mm	±50	水准仪

(2)级配砂石的配料正确,拌和均匀,虚铺厚度符合规定,夯压密实。

(3)分层留接槎位置正确,方法合理,接槎夯压密实、平整。

2.砂石地基

1)材料及施工条件要求

(1)天然级配砂石或人工级配砂石宜采用质地坚硬的中砂、粗砂、砾砂、碎(卵)石、石屑或其他工业废粒料。在缺少中、粗砂和砾石的地区,可采用细砂,但宜同时掺入一定数量的碎石或卵石,颗粒级配应良好,其掺量应符合设计要求。砂石材料不得含有草根、树叶、塑料袋等有机杂物及垃圾。用作排水固结地基时,含泥量不宜超过3%。碎石或卵石最大粒径不得大于垫层或虚铺厚度的2/3,并不宜大于50 mm。

(2)铺筑前,应组织有关单位共同验槽,包括轴线尺寸、水平标高和地质情况,如有无孔洞、沟、井、墓穴等,应在未做地基前处理完毕并办理隐检手续。检查基坑(槽)、管沟的边坡是否稳定,并清除基底上的浮土和积水。

(3)在地下水位高于基坑(槽)底面的工程中施工时,应采取排水或降低地下水位的措施,使基坑(槽)保持无水状态。

(4)设置控制铺筑厚度的标志,如水平标准木桩或标高桩,或在固定的建筑物墙上、沟槽的边坡上弹上水平标高线或钉上水平标高木橛。

2）施工工艺

（1）检验砂石质量。

对级配砂石进行检验，将砂石拌和均匀，其质量应达到设计要求或规范的规定。砂或砂石地基铺设前，应将基底表面浮土、淤泥、杂物清除干净，槽侧壁按设计要求留出坡度。铺设前应经各相关单位验槽，并做好验槽记录。当基底表面标高不同时，不同标高的交接处应挖成阶梯形，阶梯的宽高比宜为 2∶1，每阶的高度不宜大于 500 mm，并应按先深后浅的顺序施工。

（2）抄平放线。

基坑（槽）内按 5 m × 5 m 网格设置标桩（钢筋或木桩），控制每层砂或砂石的铺设厚度。

（3）分层铺筑砂石。

铺筑砂石的每层厚度，一般为 15 ~ 20 cm，不宜超过 30 cm，分层厚度可用样桩控制。根据条件，选用合适的夯实或压实方法。大面积的砂石垫层，铺筑厚度可达 35 cm，宜采用 6 ~ 10 t 的压路机碾压。砂和砂石地基底面宜铺设在同一标高上，如深度不同，基土面应挖成踏步和斜坡形，搭槎处应注意压（夯）实。分段施工时，接槎处应做成斜坡，每层接槎处的水平距离应错开 0.5 ~ 1.0 m，并应充分压（夯）实。施工应按先深后浅的顺序进行。

（4）夯实或碾压。

在夯实碾压前，应根据其干湿程度和气候条件，适当地洒水以保持砂石的最佳含水量，一般为 8% ~ 12%。夯实或碾压的遍数，由现场试验确定。用人工夯或蛙式打夯机时，应保持落距为 400 ~ 500 mm，一夯压半夯，行行相接，全面夯实，一般不少于 3 遍；采用压路机往复碾压，一般碾压不少于 4 遍，其轮距搭接不小于 50 cm，边缘和转角处应用人工或蛙式打夯机补夯密实。

（5）找平和验收。

施工时应分层找平，夯压密实，并应设置检查点，环刀取样。下层密实度合格后，方可进行上层施工。用贯入法测定质量时，小于试验所确定的贯入度为合格。最后一层压（夯）完成后，表面应拉线找平，并且要符合设计规定的标高。

3）质量标准

（1）基底土质必须符合设计要求，干砂质量密度必须符合设计要求和施工规范的规定，具体要求可参见表 2-11。

（2）级配砂石的配料正确，拌和均匀，虚铺厚度符合规定，夯压密实。

（3）分层接槎位置正确，方法合理，接槎夯压密实、平整。

（二）挤密法施工

挤密法施工是将带桩靴的工具式桩管打入土中，挤压土壤形成桩孔，拔出桩管后再在桩孔中灌入砂石或石灰、素土、灰土等填充料进行捣实。其原理是挤密土壤、排水固结，提高地基的承载力，俗称挤密桩。其包括碎（砂）石桩、石灰桩、灰土桩、水泥粉煤灰碎石桩（也称 CFG 桩）等。下面介绍常用的 CFG 桩的施工。

CFG 桩适用于淤泥、淤泥质土、黏性土、粉土、砂性土、杂填土及湿性黄土地基中，以提高地基承载力和减少地基变形为主要目的的地基加固。

表 2-11　砂及砂石地基质量检验标准

项	序	检查项目	允许偏差或允许值		检查方法
			单位	数值	
主控项目	1	地基承载力	设计要求		按规定方法
	2	配合比	设计要求		检查拌和时的体积比或重量比
	3	压实系数	设计要求		现场实测
一般项目	1	砂石料有机质含量	%	≤5	焙烧法
	2	砂石料含泥量	%	≤5	水洗法
	3	石料粒径	mm	≤100	筛分法
	4	含水量(与最优含水量比较)	%	±2	烘干法
	5	分层厚度(与设计要求比较)	mm	±50	水准仪

1. 施工准备

(1)确定施工机具和配套设施;编制材料供应计划,标明所用材料的规格、质量要求和数量。

(2)试成孔应不少于 2 个,以复核地质资料以及设备、工艺是否适宜,核定选用的技术参数。

(3)按施工平面图放好桩位,确定施打顺序及桩机行走路线。

(4)施工前,施工单位放好桩位、CFG 桩的轴线定位点及测量基线,并由监理、业主复核。

2. 施工工艺(主要介绍长螺旋钻孔成桩工艺)

工艺流程:平整场地→测量放线→钻机定位→成孔→灌注→清除桩间土→凿桩头。

(1)平整场地、测量放线。

平整场地,测定场地高程。根据设计图纸放桩位,宜先放定建筑物控制轴线,确定起始桩位点,按一定顺序布桩。

(2)钻机就位。

桩机就位,调整沉管与地面垂直,确保垂直偏差不大于 1%。对满堂布桩基础,桩位偏差不应大于 0.4 倍桩径;对条形基础,桩位偏差不应大于 0.25 倍桩径;对单排布桩,桩位偏差不应大于 60 mm。

(3)成孔。

按设定的顺序进行成孔施工,成孔时宜先慢后快,并应及时检查、纠正钻杆偏差,成桩过程应连续进行,控制钻孔或沉管入土深度,确保桩长偏差在 +100 mm 范围内。

(4)灌注。

长螺旋钻孔、管内泵压混合料成桩施工在钻至设计深度后,应准确掌握提拔钻杆时间,混合料泵送量应与拔管速度相配合,压灌应一次连续灌注完成,遇到饱和砂土或饱和粉土层,不得停泵待料;沉管灌注成桩施工拔管速度应按匀速控制,拔管速度应控制在 1.2 ~ 1.5 m/min,如遇淤泥土或淤泥质土,拔管速度可适当放慢。施工时,桩顶标高应高出设计标高,高出长度应根据桩距、布桩形式、现场地质条件和施打顺序等综合确定,一般不应小于0.5 m。

(5)清除桩间土和凿桩头。

桩顶混凝土达到一定龄期后,即清理桩和凿桩头。

3.质量控制

(1)CFG桩复合地基的质量检验标准应符合表2-12的规定。

(2)为检验CFG桩施工工艺、机械性能、质量控制及核对地质资料,在工程桩施工前,同一工点,相同地质条件应先做不少于2根试验桩,并在竖向全长钻取芯样,检查桩身混凝土密实度、强度和桩身垂直度,根据发现的问题修订施工工艺。

(3)CFG桩的数量、布置形式、间距、桩长、桩顶标高及直径应符合设计要求。

表2-12 CFG桩复合地基质量检验标准

项目	序	检查项目	允许偏差或允许值		检查方法
			单位	数值	
主控项目	1	原材料	设计要求		查产品合格证或抽样送检
	2	桩径	mm	−20	用钢尺量或计算填料量
	3	桩身强度	设计要求		查28 d试块强度
	4	地基承载力	设计要求		按规定的办法
一般项目	1	桩身完整性	按桩基检测技术规范		按桩基检测技术规范
	2	桩位偏差	满堂布桩≤0.04D 条基布桩≤0.25D		用钢尺量,D为桩径
	3	桩垂直度	%	≤1.5	用经纬仪测桩管
	4	桩长	mm	+100	测桩管长度或垂球测孔深
	5	褥垫层夯填度	≤0.9		用钢尺量

注:1.夯填度指夯实后的褥垫层厚度与虚体厚度的比值。
　　2.桩径允许偏差负值是指个别断面。

第二节　基础工程施工方案

基础按受力形式分为无筋扩展基础(刚性基础)和扩展基础(柔性基础),按构造形式分为独立基础、条形基础、筏形基础、箱型基础和桩基础等。下面介绍几种常见的基础施工。

一、无筋扩展基础施工

无筋扩展基础由于砌筑材料的不同,其砌筑方法略有差异,但工艺流程基本相同,现仅对砖砌基础工艺流程介绍如下。

(一)施工工艺

工艺流程:基础准备工作→基础垫层施工→设置龙门板→立皮数杆→砂浆拌制→排砖撂底→砌筑→防潮层施工→验收→基础回填。

（二）施工要点

（1）砌筑前，砖应提前 1～2 d 浇水湿润，同时将垫层表面上的杂物清扫干净，并浇水湿润。

（2）砌筑时如遇基础标高不一致，应从低处开始砌筑，并应由高处向低处搭砌，当设计无要求时，搭接长度不应小于基础底的高差，搭接长度范围内下层基础应扩大砌筑，砌体的转角处和交接处应同时砌筑，不能同时砌筑时应留槎、接槎。

（3）转角处和交接处应同时砌筑，严禁无可靠措施的内外墙分砌施工。对不能同时砌筑而又必须留置的临时间断处应砌成斜槎，斜槎水平投影长度不应小于高度的 2/3。

（4）砌筑应上下错缝，内外搭砌，竖缝错开不应小于 1/4 砖长，要保证水平灰缝的砂浆饱满度大于 80%，且水平灰缝和竖向灰缝的宽度应控制在 10 mm 左右，应严格控制灰缝宽度在 8～12 mm。

（5）基础施工完毕后，应及时在基础两侧同时进行回填，并分层夯实。单侧填土应在砖基础达到侧向承载能力和满足允许变形要求后才能进行。

二、扩展基础施工

（一）施工工艺

工艺流程：施工准备→素混凝土垫层施工→放线并绑扎钢筋→相关工种预埋件施工→支设模板→准备混凝土→浇筑混凝土→混凝土振捣→混凝土养护→拆模→验收。

（二）施工要点

（1）垫层混凝土在基坑验槽后应立即浇筑，以免地基土被扰动。

（2）绑扎钢筋时，底部钢筋网片下面要用和混凝土保护层等厚度的水泥砂浆垫块（或塑料卡）支撑，以保证混凝土保护层厚度正确。

（3）混凝土浇筑前，模板和钢筋上的垃圾、泥土及钢筋上的油污等杂物，应清理干净，模板应浇水润湿。

（4）对于锥形基础，要保持锥体斜面坡度正确，斜面部分的模板应随混凝土浇捣分段支设并预压紧，以防模板上浮变形，边角处的混凝土必须注意振捣密实，严禁斜面部分不支模，用人工拍实。杯形基础的支模宜采用封底式杯口模板，施工时应将杯口模板压紧，在杯底应预留观测孔或振捣孔，混凝土浇筑应对称均匀下料，杯底混凝土振捣应密实。

（5）对于阶梯形基础，混凝土浇筑宜按台阶分层连续浇筑完成，每一台阶作为一个浇捣层，每浇筑完一台阶宜停留 0.5～1.0 h，待其初步获得沉实后，再浇筑上层，基础上有插筋埋件时，应固定其位置。

（6）条形基础应根据高度分段分层连续浇筑，一般不留施工缝，各段各层间应相互衔接，每段长 2～3 m，做到逐段逐层呈阶梯形推进。浇筑时，应先保证混凝土充满模板内边角，然后浇筑中间部分，以确保混凝土整体密实。

（7）混凝土浇筑完毕后，外露表面应覆盖、浇水养护。

三、桩基础施工

（一）预制桩施工

预制桩包括钢筋混凝土方桩、管桩、钢管桩等，其沉桩方法有锤击沉桩、振动沉桩和静力沉桩等,目前城市中以静力沉桩为主。下面主要介绍静力压桩的施工。

静力压桩的方法较多,有锚杆静压、液压千斤顶加压、绳索系统加压等,凡非冲击力沉桩均按静力压桩考虑。

1. 施工工艺

工艺流程:测量放线→桩机就位→第一节桩就位,对中调直→静力压桩施工→接桩→送桩→稳压→移至下一桩,如图2-9所示。

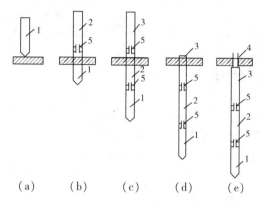

（a）　　（b）　　（c）　　（d）　　（e）

（a）准备压第一段桩;（b）接第二段桩;（c）接第三段桩;（d）整根桩压入地面;（e）采用送桩,压桩完毕

1—第一段桩;2—第二段桩;3—第三段桩;4—送桩;5—接桩处

图2-9　静力压桩程序

（1）测量放线。

在打桩施工区域附近设置控制桩与水准点,不少于2个,轴线控制桩应设置在距外墙桩5~10 m处,以控制桩基轴线和标高。打(压)入桩(预制混凝土方桩、先张法预应力管桩、钢桩)的桩位偏差必须符合表2-13的规定。

表2-13　预制桩(钢桩)桩位的允许偏差　　　　　　　　　　（单位:mm）

序	检查项目		允许偏差
1	带有基础梁的桩	垂直基础梁的中心线	≤100 + 0.01H
		沿基础梁的中心线	≤150 + 0.01H
2	承台桩	桩数为1~3根桩基中的桩	≤100 + 0.01H
		桩数大于或等于4根桩基中的桩	≤1/2桩径 + 0.01H 或 1/2边长 + 0.01H

注:H为桩基施工面至设计桩顶的距离,mm。

（2）桩机就位。

压桩机安装必须按有关程序和说明书进行,压桩机的配重应平衡,配置于平台上。按照打桩顺序将静压桩机移至桩位上面,并对准桩位。启动平台支腿油缸,校正平台处于水平状态。

（3）起吊预制桩。

将预制桩吊至静压桩机夹具中,并对准桩位,夹紧并放入土中,移动静压桩机,调节桩体垂直度,符合要求后,将静压桩机调至水平并稳定。

（4）压桩。

压桩施工时,应由专人记录设备并做好施工记录,开始压桩时应记录桩每沉下1 m油压表压力值,当下沉至设计标高或2倍于设计荷载时,应记录最后三次稳压时的贯入度。

压桩的顺序:应按先深后浅、先大后小、先长后短、先密后疏的次序进行。密集桩群宜自中间向两个方向或四周对称施打,一侧毗邻建(构)筑物或设施时,应由该侧向远离该侧的方向施打。在粉质黏土及黏土地基施工,应避免沿单一方向进行,以免向一边挤压,使地基挤密程度不匀。(5)接桩。

待桩顶压至距地面1 m左右时接桩,接桩可采用焊接、法兰、硫黄胶泥等方法。

(6)送桩。

如设计要求送桩,应将桩送至设计标高。应配备专用送桩器,送桩器的横截面外轮廓形状应与所压桩相一致,器身的弯曲度不应大于1‰。

(7)移动至下一根桩位处,重复以上操作。

2.质量标准

(1)施工前应对成品桩(锚杆静压成品桩一般均由工厂制造,运至现场堆放)做外观及强度检验,接桩用焊条或半成品硫黄胶泥应有产品合格证书,或送有关部门检验,压桩用压力表、锚杆规格及质量也应进行检查。硫黄胶泥半成品应每100 kg做一组试件(3件)。

(2)压桩过程中应检查压力、桩垂直度、接桩间歇时间、桩的连接质量及压入深度。重要工程应对电焊接桩的接头做10%的探伤检查。

(3)施工结束后,应对桩的承载力及桩体质量检验。

(4)静力压桩质量检验标准应符合表2-14的规定。

表2-14　静力压桩质量检验标准

项	序	检查项目	允许值或允许偏差		检查方法
			单位	数值	
主控项目	1	承载力	不小于设计值		静载试验、高应变法等
	2	桩身完整性	—		低应变法
一般项目	1	成品桩质量	GB 50202—2018 表5.5.4-1		查产品合格证
	2	桩位	GB 50202—2018 表5.1.2		全站仪或用钢尺量
	3	电焊条质量	设计要求		查产品合格证
	4	接桩:焊缝质量	GB 50202—2018 表5.10.4		GB 50202—2018 表5.10.4
		电焊结束后停歇时间	min	≥6(3)	用表计时
		上下节平面偏差	mm	≤10	用钢尺量
		节点弯曲矢高	同桩体弯曲要求		用钢尺量
	5	终压标准	设计要求		现场实测或查沉桩记录
	6	桩顶标高	mm	±50	水准测量
	7	垂直度	≤1/100		经纬仪测量
	8	混凝土灌芯	设计要求		查灌注量

注:电焊结束后停歇时间项括号中为采用二氧化碳气体保护焊时的数值。

（二）灌注桩施工

灌注桩施工主要介绍钻孔灌注桩和人工挖孔灌注桩。

1.钻孔灌注桩施工

钻孔灌注桩是先成孔,然后吊放钢筋笼,再浇灌混凝土而成。依据地质条件不同,主要分为干作业成孔和泥浆护壁(湿作业)成孔两类。

1)干作业成孔灌注桩施工

工艺流程:桩机就位→钻孔→清孔→成孔质量检查验收→吊放钢筋笼→浇筑混凝土→移动钻机到下一桩位。

（1）桩机就位。

钻孔机就位时,必须保持平稳,不发生倾斜、位移,为准确控制钻孔深度,应在机架上作出控制标尺,以便在施工中进行观测、记录。

（2）钻孔。

钻孔时先调直机架,对好桩位(用对位圈),开动机器钻进、出土,达到控制深度后停钻、提钻,检查成孔质量,即可移动钻机至下一桩位。

（3）清孔。

钻到预定的深度后,必须在孔底处进行空转清土,然后停止转动,提钻杆,不得回转钻杆。孔底的虚土厚度超过质量标准时,要分析原因,采取措施进行处理。进钻过程中散落在地面上的土,必须随时清除运走。

（4）检查成孔质量。

①孔深测定。用测绳(锤)或手提灯测量孔深及虚土厚度。虚土厚度等于钻孔深度与测量深度的差值。虚土厚度一般不应超过100 mm。

②孔径控制。钻进遇有含石块较多的土层,或含水量较大的软塑黏土层时,必须防止钻杆晃动引起孔径扩大,致使孔壁附着土扰动,引起孔底回落土增加。

（5）吊放钢筋笼。

钢筋笼放入前应先绑好砂浆垫块(或塑料卡)。吊放钢筋笼时,要对准孔位,吊直扶稳,缓慢下沉,避免碰撞孔壁。钢筋笼放到设计位置时,应立即固定。遇有两段钢筋笼连接时,应采取焊接,以确保钢筋的位置正确,保护层厚度应符合要求。

（6）浇筑混凝土。

浇筑混凝土时应连续进行,分层振捣密实,分层高度根据浇捣的工具而定,一般不得大于0.5 m。混凝土灌注到桩顶,应随时观测桩顶标高,过高易造成截桩,过低不能保证桩头质量。

（7）移动钻机到下一桩位。

成孔检查后,应填好桩孔施工记录,然后盖好孔口盖板,并要防止在盖板上行车或走人。最后移动钻机到下一桩位。

2)泥浆护壁成孔灌注桩施工

工艺流程:测定桩位→埋设护筒→钻孔和注泥浆→下套管→继续钻孔→排渣→清孔→吊放钢筋笼→浇筑混凝土。

（1）测定桩位。

平整清理好施工场地后,设置桩基轴线定位点和水准点,根据桩位平面布置施工图,定出每根桩的位置,并做好标志。施工前,桩位要检查复核,以防外界影响而造成偏移。灌注桩的桩位偏差必须符合表2-15的规定,桩顶标高至少要比设计标高高出0.5 m。

表2-15 灌注桩的平面位置和垂直度的允许偏差

序号	成孔方法		桩径允许偏差(mm)	垂直度允许偏差(%)	桩位允许偏差(mm)	
					1~3根、单排桩基垂直于中心线方向和群桩基础的边桩	条形桩基沿中心线方向和群桩基础的中间桩
1	泥浆护壁	$D \leq 1\,000$ mm	±50	<1	$D/6$,且不大于100	$D/4$,且不大于150
		$D > 1\,000$ mm	±50		$100 + 0.01H$	$150 + 0.01H$
2	套管成孔灌注桩	$D \leq 500$ mm	-20	<1	70	150
		$D > 500$ mm			100	150
3	干成孔灌注桩		-20	<1	70	150
4	人工挖孔桩	混凝土护壁	+50	<0.5	50	150
		钢套管护壁	+50	<1	100	200

注:1. 桩径允许偏差的负值是指个别断面。
　　2. 采用复打、反插法施工的桩,其桩径允许偏差不受表2-15限制。
　　3. H为施工现场地面标高与桩顶设计标高的距离,D为设计桩径。

(2)泥浆制备。

泥浆可采用原土造浆,不适于采用原土造浆的土层应制备泥浆,制备泥浆的性能指标应符合相应的规定。

(3)钻孔和注泥浆。

钻机就位前,应先平整场地,必要时铺设枕木并用水平尺校正,保证钻机平稳、牢固,对钻机导杆进行垂直度校正,然后开动机器钻进、出土,达到一定深度(视土质和地下水情况)停钻,孔内注入事先制备好的泥浆,然后继续进钻。

(4)埋设护筒。

先挖去桩孔处表土,将护筒埋入土中,其埋设深度,在黏土中不宜小于1 m,在砂土中不宜小于1.5 m。护筒高度要满足孔内泥浆液面高度的要求,孔内泥浆面应保持高出地下水位0.5 m以上。护筒中心与桩位中心线偏差不应大于50 mm。护筒内径应比钻头外径大100 mm,冲击成孔和旋挖成孔的护筒内径应比钻头外径大200 mm,垂直度偏差不宜大于1/100。

(5)继续钻孔。

当钻至持力层后,设计无特殊要求时,可继续钻深1 m左右,作为插入深度。施工中应经常测定泥浆相对密度。在黏土和粉质黏土中成孔时,可注入清水,以原土造浆护壁,排渣泥浆的相对密度应控制在1.1~1.2;在砂土和较厚的夹砂层中成孔时,泥浆相对密度应控制在1.1~1.3;在穿过砂夹卵石层或容易坍孔的土层中成孔时,泥浆的相对密度应控制在1.3~1.5。

（6）孔底清理及排渣。

孔钻至设计深度后，应进行清孔和排渣。如泥浆中无大颗粒钻渣，可采用置换泥浆法清孔；如泥浆中含有较大颗粒的砂石，应采用反循环清孔。孔深 50 m 以内的桩可采用泵吸反循环工艺；孔深 50 m 以上的桩应采用气举反循环工艺。

（7）吊放钢筋笼。

钢筋笼吊放前应设置保护层垫块，每节钢筋笼不应少于 2 组，每组不应少于 3 块，且应均匀分布于同一截面上。吊放时要吊直扶稳，对准孔位轻放，避免碰撞孔壁，钢筋笼放到设计位置时，应立即固定，防止上浮。钢筋笼安装入孔时，应保持垂直，

（8）浇筑混凝土。

在钢筋笼内插入混凝土导管（管内有射水装置），应立即浇筑混凝土，混凝土初灌量应满足导管埋入混凝土深度不小于 0.8 m 的要求，灌注过程中导管应始终埋入混凝土内，宜为 2~6 m。混凝土灌注应控制最后一次灌注量，超灌高度应高于设计桩顶标高 1.0 m 以上，充盈系数不应小于 1.0。随着混凝土不断增高，孔内沉渣将浮在混凝土上面，并同泥浆一同排回贮浆槽内。

2. 人工挖孔灌注桩施工

人工挖孔灌注桩适用于桩直径 800 mm 以上，无地下水或地下水较少的黏土、粉质黏土，含少量的砂、砂卵石的黏土层，特别适于黄土层使用，深度一般在 20 m 左右。

工艺流程：放线定桩位及高程→开挖第一节桩孔土方→支护壁模板（放附加钢筋）→浇筑第一节护壁混凝土→架设垂直运输架→安装电动葫芦（卷扬机或木辘轳）→开挖吊运第二节桩孔土方（修边）→先拆第一节、支第二节护壁模板（放附加钢筋）→浇筑第二节护壁混凝土→检查桩位（中心）轴线→逐层往下循环作业→检查验收→吊放钢筋笼和浇筑桩身混凝土

（1）放线定桩位及高程。

根据建筑物测量控制网的资料和基础平面布置图，测定桩位轴线方格控制网和高程基准点，确定桩位中心。桩位线定好之后，必须经有关部门进行复查，办好预检手续后开挖。

（2）开挖第一节桩孔土方。

开挖桩孔要从上到下逐层进行，先挖中间部分的土方，然后扩及周边，有效地控制开挖桩孔的截面尺寸。每节的高度要根据土质好坏、操作条件而定，一般以 0.9~1.2 m 为宜。

（3）支护壁模板（放附加钢筋）。

护壁的厚度和混凝土强度等级应满足设计要求。护壁模板采用拆上节、支下节重复周转使用。模板之间用卡具、扣件连接固定。第一节护壁高出地坪 150~200 mm，便于挡土和挡水，桩位轴线和高程均要标定在第一节护壁上口。

（4）浇筑第一节护壁混凝土。

桩孔护壁混凝土每挖完一节以后要立即浇筑混凝土。人工浇筑、人工捣实，混凝土强度一般为 C20，坍落度控制在 80~100 mm，确保孔壁的稳定性。护壁混凝土应根据气候条件，浇筑 12~24 h 后方可拆模。

（5）架设垂直运输架。

第一节桩孔成孔以后，在桩孔上口架设垂直运输支架，在支架上安装滑轮组和电动葫芦或穿卷扬机的钢丝绳，选择适当位置安装卷扬机。

（6）开挖吊运第二节桩孔土方（修边）。

开挖吊运第二节桩孔土方（修边），从第二节开始，利用提升设备运土，桩孔内人员要戴好安全帽，地面人员要系好安全带。桩孔挖至规定的深度后，用支杆检查桩孔的直径及井壁的圆弧度，修整孔壁，上下要垂直平顺。

（7）先拆除第一节、支第二节护壁模板（放附加钢筋），浇筑第二节护壁混凝土。

护壁模板采用拆上节、支下节依次周转使用。模板上口留出高度为 100 mm 的混凝土浇筑口，接口处要插捣密实，强度达到 1 MPa 时拆模，拆模后用混凝土或砌砖堵严，水泥砂浆抹平。混凝土人工浇筑、人工插捣密实。

（8）检查桩位（中心）轴线、标高及验收。

以桩孔口的定位线为依据，逐节校测。逐层往下循环作业，将桩孔挖至设计深度，清除虚土，检查土质情况，桩底要支承在设计所规定的持力层上。成孔以后必须对桩身直径、扩头尺寸、孔底标高、桩位中线、井壁垂直、虚土厚度进行全面测定，做好施工记录，办理隐蔽验收手续。

（9）吊放钢筋笼和浇筑桩身混凝土。

钢筋笼放入前要先绑好砂浆垫块，钢筋笼放到设计位置时，要立即固定。遇有两段钢筋笼连接时，要采用双面焊接，接头数按 50% 错开，以确保钢筋位置正确，保护层厚度应符合要求。用溜槽加串筒向桩孔内浇筑混凝土。混凝土的落差大于 2 m，桩孔深度超过 12 m时，要采用混凝土导管浇筑。浇筑混凝土时要连续进行；混凝土浇筑到桩顶时，要适当超过桩顶设计标高，一般可为 50mm，以保证在剔除浮浆后，桩顶标高符合设计要求。

3. 质量标准

（1）施工中应对成孔、清渣、放置钢筋笼、灌注混凝土等进行全过程检查，人工挖孔桩尚应复验孔底持力层的土（岩）性。嵌岩桩必须有桩端持力层的岩性报告。

（2）施工结束后，应检查混凝土强度，并应做桩体质量及承载力的检验。

（3）质量检验标准应符合表 2-16 和表 2-17 的规定。

表 2-16　泥浆护壁成孔灌注桩质量检验标准　　（单位：mm）

项目	序号	检查项目	允许值或允许偏差		检查方法
			单位	数值	
主控项目	1	承载力	不小于设计值		静载试验
	2	孔深	不小于设计值		用测绳或井径仪测量
	3	桩身完整性	—		钻芯法，低应变法，声波透射法
	4	混凝土强度	不小于设计值		28 d 试块强度或钻芯法
	5	嵌岩深度	不小于设计值		取岩样或超前钻孔取样
一般项目	1	垂直度	GB 50202—2018 表 5.1.4		用超声波或井径仪测量
	2	孔径	GB 50202—2018 表 5.1.4		用超声波或井径仪测量
	3	桩位	GB 50202—2018 表 5.1.4		全站仪或用钢尺量开挖前量护筒，开挖后量桩中心

项目序号		检查项目	允许值或允许偏差		检查方法
			单位	数值	
一般项目	4	泥浆指标 比重(黏土或砂性土中)	1.10 ~ 1.25		用比重计测,清孔后在距孔底500 mm处取样
		含砂率	%	≤8	洗砂瓶
		黏度	s	18 ~ 28	黏度计
	5	泥浆面标高(高于地下水位)	m	0.5 ~ 1.0	目测法
	6	钢筋笼质量 主筋间距	mm	±10	用钢尺量
		长度	mm	±100	用钢尺量
		钢筋材质检验	设计要求		抽样送检
		箍筋间距	mm	±20	用钢尺量
		笼直径	mm	±10	用钢尺量
	7	沉渣厚度 端承桩	mm	≤50	用沉渣仪或重锤测
		摩擦桩	mm	≤150	
	8	混凝土坍落度	mm	180 ~ 220	坍落度仪
	9	钢筋笼安装深度	mm	+1 000	用钢尺量
	10	混凝土充盈系数	≥1.0		实际灌注量与计算灌注量的比
	11	桩顶标高	mm	+30 -50	水准测量,需扣除桩顶浮浆层及劣质桩体
	12	后注浆 注浆终止条件	注浆量不小于设计要求		查看流量表
			注浆量不小于设计要求80%,且注浆压力达到设计值		查看流量表,检查压力表计数
		水胶比	设计值		实际用水量与水泥等胶凝材料的质量比
	13	扩底桩 扩底直径	不小于设计值		井径仪测量
		扩底高度	不小于设计值		

表 2-17　人工挖孔灌注桩质量检验标准

项目	序号	检查项目	允许值或允许偏差		检查方法
			单位	数值	
主控项目	1	承载力	不小于设计值		静载试验
	2	孔深及孔底土岩性	不小于设计值		测钻杆套管长度或用测绳、检查孔底土岩性报告
	3	桩身完整性	—		钻芯法(大直径嵌岩桩应钻至桩尖下 500 mm)、低应变法或声波透射法
	4	混凝土强度	不小于设计值		28 d 试块强度或钻芯法
	5	桩径	GB 50202—2018 表 5.1.4		井径仪或超声波检测,干作业时用钢尺量,人工挖孔桩不包括护壁厚
一般项目	1	桩位	GB 50202—2018 表 5.1.4		全站仪或用钢尺量,基坑开挖前量护筒,开挖后量桩中心
	2	垂直度	GB 50202—2018 表 5.1.4		经纬仪测量或线锤测量
	3	桩顶标高	mm	+30 −50	水准测量
	4	混凝土坍落度	mm	90～150	坍落度仪
	5	钢筋笼质量 主筋间距	mm	±10	用钢尺量
		长度	mm	±100	用钢尺量
		钢筋材质检验	设计要求		抽样送检
		箍筋间距	mm	±20	用钢尺量
		笼直径	mm	±10	用钢尺量

第三节　脚手架工程施工方案

脚手架是建筑工程中为工人操作、安全防护、材料临时堆放及解决楼层间少量垂直运输和水平运输用脚手架杆件、配件搭设而成的临时设施。

根据不同的特点,脚手架有不同的分类。常用的有扣件式钢管脚手架、碗扣式钢管脚手架和门式钢管脚手架三大类。

一、扣件式钢管脚手架

扣件式钢管脚手架是目前广泛应用的一种多立杆式脚手架,其不仅可用作外脚手架(见图 2-10),还可用作里脚手架、满堂脚手架和支模架等。

(一)扣件式钢管脚手架的组成

扣件式钢管脚手架主要由钢管杆件、扣件、底座和脚手板等组成,如图 2-11 所示。

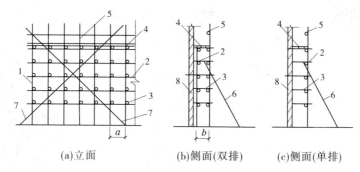

| (a)立面 | (b)侧面(双排) | (c)侧面(单排) |

1—立柱;2—大横杆;3—小横杆;4—脚手板;5—栏杆;6—抛撑;7—斜撑;8—墙体

图2-10 多立杆式脚手架

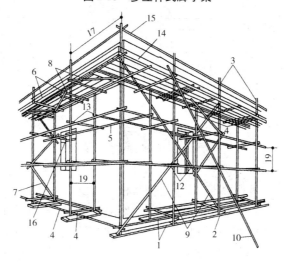

1—垫板;2—底座;3—外立杆;4—内立杆;5—纵向水平杆;6—横向水平杆;7—横向斜撑;
8—水平斜撑;9—剪刀撑;10—抛撑;11—对接扣件;12—旋转扣件;13—直角扣件;
14—挡脚板;15—防护栏杆;16—连墙固定件;17—柱距;18—排距;19—步距

图2-11 扣件式钢管脚手架

1.钢管杆件

钢管杆件主要包括立杆、纵向水平杆(大横杆)、横向水平杆(小横杆)、剪刀撑、斜撑和抛撑。钢管应采用现行国家标准《直缝电焊钢管》(GB/T 12793)或《低压流体输送用焊接钢管》(GB/T 3091)中规定的Q235普通钢管,钢材质量应符合现行国家标准《碳素结构钢》(GB/T 700)中Q235级钢的规定。钢管杆件宜采用外径48.3 mm、壁厚3.6 mm的焊接钢管。每根钢管的最大质量不应大于25.8 kg。

2.扣件

扣件是钢管与钢管之间的连接件,应采用可锻铸铁或铸钢制作,其质量和性能应符合现行国家标准《钢管脚手架扣件》(GB 15831)的规定。扣件主要分为直角扣件、旋转扣件和对接扣件,如图2-12所示。扣件在螺栓拧紧扭力矩达到65 N·m时,不得发生破坏。

3.底座

底座用于承受脚手架立柱传递的荷载,可用钢管与钢板焊接,也可用铸铁制成。底座一般采用厚8 mm、边长150～200 mm的钢板作底板,上焊150～200 mm高的钢管(见

图 2-13）。底座形式有内插式和外套式两种。

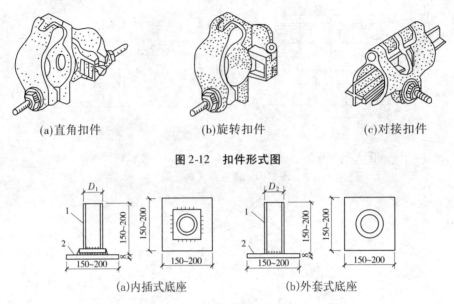

(a)直角扣件   (b)旋转扣件   (c)对接扣件

图 2-12   扣件形式图

(a)内插式底座   (b)外套式底座

1—承插钢管;2—钢板底座

图 2-13   扣件钢管架底座

4.脚手板

脚手板可采用钢、木、竹材料制作,单块脚手板的的质量不宜大于 30 kg。冲压钢脚手板材质应符合《碳素结构钢》(GB/T 700)中 Q235 级钢的规定。木脚手板材质应符合《木结构设计规范》(GB 50005)中 Ⅱ。材质的规定,脚手板厚度不应小于 50 mm,两端宜各设直径不小于 4 mm 的镀锌钢丝箍两道。竹脚手板宜采用由毛竹或楠竹制作的竹串片板、竹笆板;竹串片脚手板应符合《建筑施工木脚手架安全技术规范》(JGJ 164)的相关规定。

5.可调托撑

可调托撑是指插入立杆钢管顶部,可调节高度的顶撑。可调托撑螺杆外径不得小于 36 mm,直径与螺距应符合相应规定。可调托撑的螺杆与支托板焊接应牢固,焊缝高度不得小于 6 mm;可调托撑螺杆与螺母旋合长度不得少于 5 扣,螺母厚度不得小于 30 mm。可调托撑抗压承载力设计值不应小于 40 kN,支托板厚不应小于 5 mm。

(二)扣件式钢管脚手架的搭设工艺

工艺流程:地基处理→立立柱→放置纵向扫地杆和横向扫地杆→架设纵、横向水平杆→设连墙件→铺设脚手板,安放固定件。

1.地基处理

脚手架地基与基础的施工,必须根据脚手架所受荷载、搭设高度、搭设场地土质情况与现行国家标准《建筑地基基础工程施工质量验收规范》(GB 50202—2018)的有关规定进行。立杆必须加设底座和安放垫板,底座和垫板均应准确地放在定位线上,垫板宜采用长度不少于 2 跨、厚度不小于 50 mm、宽度不小于 200 mm 的木垫板。垫板或底座底面标高宜高于自然地坪 50~100 mm,搭设范围内的地基要夯实找平,做好排水处理,地基承载力应满足设计要求。

2. 立立柱

立柱架设先立里侧立柱,后立外侧立柱,立立柱时要临时固定。立杆搭设时应注意立杆垂直,竖立第一节立柱时,每6跨应暂设一根抛撑,直至固定件架设好后方可根据情况拆除。单、双排脚手架必须配合施工进度搭设,一次搭设高度不应超过相邻连墙件以上两步;如果超过相邻连墙件以上两步,无法设置连墙件,应采取撑拉固定等措施与建筑结构拉结。

3. 放置纵向扫地杆和横向扫地杆

纵向扫地杆应采用直角扣件固定在距底座上皮不大于200 mm处的立杆上,横向扫地杆也应采用直角扣件固定在紧靠纵向扫地杆下方的立杆上。

4. 架设纵、横向水平杆

立柱立好后,架设纵、横向水平杆。纵向水平杆宜设置在立杆内侧;纵向水平杆接长宜采用对接扣件连接,也可采用搭接;封闭型脚手架的同一步纵向水平杆必须四周交圈,用直角扣件与内、外角柱固定;横向水平杆靠墙一端至墙装饰面的距离不应大于100 mm。

5. 设连墙件

当架体搭设至有连墙件的主节点时,在搭设完该处的立杆、纵向水平杆、横向水平杆后,应立即设置连墙件。连墙件的安装应随脚手架搭设同步进行,不得滞后安装。

6. 铺设脚手板,安放固定件

脚手板的探头应采用直径为3.2 mm(10号)的镀锌铁丝固定在支撑杆上,靠墙一侧离墙面距离不应大于150 mm。在拐角、斜道平台口处的脚手板,应与横向水平杆可靠连接,以防止滑动。

重复以上步骤即可完成脚手架的搭设。脚手架在搭设过程中,剪刀撑、横向斜撑应随立柱、纵横向水平杆等同步搭设,以防止脚手架纵向倾倒。

(三)构造要求

1. 立杆

(1)单排、双排与满堂脚手架立杆接长除顶层顶步外,其余各层各步接头必须采用对接扣件连接。

(2)当立杆采用对接接长时,立杆的对接扣件应交错布置,两根相邻立杆的接头不应设置在同步内,同步内隔一根立杆的两个相隔接头在高度方向错开的距离不宜小于500 mm;各接头中心至主节点的距离不宜大于步距的1/3。

(3)当立杆采用搭接接长时,搭接长度不应小于1 m,并应采用不少于2个旋转扣件固定。端部扣件盖板边缘至搭接纵向水平杆杆端的距离不应小于100 mm。

(4)单排、双排脚手架底层步距不应大于2 m。

2. 纵向水平杆

(1)纵向水平杆应设置在立杆内侧,单根杆长度不应小于3跨。

(2)纵向水平杆接长应采用对接扣件连接或搭接。当采用搭接时,搭接长度不应小于1 m,等间距设置3个旋转扣件固定。端部扣件盖板边缘至搭接纵向水平杆杆端的距离不应小于100 mm。

(3)两根相邻纵向水平杆的接头不应设置在同步或同跨内;不同步或不同跨两个相邻接头在水平方向错开的距离不应小于500 mm;各接头中心至最近主节点的距离不应大于纵距的1/3(见图2-14)。

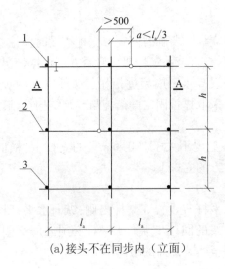
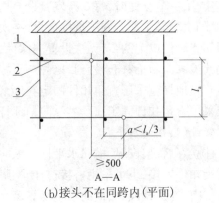

(a)接头不在同步内（立面）   (b)接头不在同跨内（平面）

1—立杆；2—纵向水平杆；3—横向水平杆

图 2-14　纵向水平杆对接接头布置

（4）当使用冲压钢脚手板、木脚手板、竹串片脚手板时，纵向水平杆应作为横向水平杆的支座固定在立杆上；当使用竹笆脚手板时，纵向水平杆应固定在横向水平杆上，并等间距设置，间距不应大于 400 mm（见图 2-15）。

3. 横向水平杆

（1）凡立柱与纵向水平杆的相交处必须设置一根横向水平杆，严禁拆除；其他位置的横向水平杆宜根据支承脚手板的需要等间距设置，最大间距不应大于纵距的 1/2。

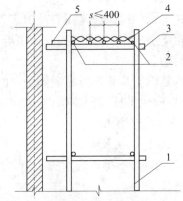

1—立杆；2—纵向水平杆；3—横向水平杆；
4—竹笆脚手板；5—其他脚手板

图 2-15　铺竹笆脚手板时纵向水平杆的构造

（2）当使用冲压钢脚手板、木脚手板、竹串片脚手板时，双排脚手架的横向水平杆两端均应固定在纵向水平杆上；单排脚手架的横向水平杆的一端固定在纵向水平杆上，另一端应插入墙内，插入长度不应小于 180 mm。

（3）当使用竹笆脚手板时，双排脚手架的横向水平杆的两端应固定在立杆上；单排脚手架的横向水平杆的一端，应用直角扣件固定在立杆上，另一端插入墙内，插入长度不应小于 180 mm。

（4）主节点处必须设置一根横向水平杆，用直角扣件连接且严禁拆除。

4. 脚手板

（1）作业层脚手板应铺满、铺稳、铺实。冲压钢脚手板、木脚手板、竹串片脚手板等应设置在三根横向水平杆上；当脚手板长度小于 2 m 时，可采用两根横向水平杆支承。

（2）脚手板的铺设应采用对接平铺或搭接铺设。脚手板对接平铺时，接头处应设两根横向水平杆，脚手板外伸长度应取 130～150 mm，两块脚手板外伸长度的和不应大于 300

mm(见图 2-16(a));脚手板搭接铺设时,接头应支在横向水平杆上,搭接长度不应小于 200 mm,其伸出横向水平杆的长度不应小于 100 mm(见图 2-16(b))。

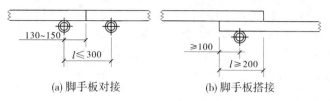

(a) 脚手板对接　　　　　(b) 脚手板搭接

图 2-16　脚手板对接、搭接构造

(3)竹笆脚手板应按其主竹筋垂直于纵向水平杆方向铺设,且应对接平铺,四个角应用直径不小于 1.2 mm 的镀锌钢丝固定在纵向水平杆上。

(4)作业层端部脚手板探头长度应取 150 mm,其板的两端均应固定于支承杆件上。

5. 连墙件

(1)连墙件数量的设置除应满足计算要求外,还应符合表 2-18 的规定。

表 2-18　连墙件布置最大间距

搭设方法	高度(m)	竖向间距	水平间距	每根连墙件覆盖面积(m²)
双排落地	≤50	3h	3l_a	≤40
双排悬挑	>50	2h	3l_a	≤27
单排	≤24	3h	3l_a	≤40

注:h—步距;l_a—纵距。

(2)连墙件的布置应从底层第一步纵向水平杆处开始设置,当该处设置有困难时,应采用其他可靠措施固定。

(3)连墙件应在靠近立杆与水平杆的交接点设置,偏离的距离不应大于 300 mm;优先采用菱形布置,或采用方形、矩形布置。

(4)连墙件中的连墙杆应呈水平设置,当不能水平设置时,应向脚手架一端下斜连接。

(5)连墙件必须能够承受足够的拉力和压力。对高度 24 m 以上的双排脚手架,应采用刚性连墙件与建筑物连接。

6. 剪刀撑

(1)双排脚手架应设置剪刀撑与横向斜撑,单排脚手架应设置剪刀撑;满堂脚手架应在架体外侧四周及内部纵、横向每 6 ~ 8 m 由底至顶设置连续竖向剪刀撑。

(2)单、双排脚手架剪刀撑跨越立杆的根数应按表 2-19 的规定确定。每道剪刀撑宽度不应小于 4 跨,且不应小于 6 m,斜杆与地面的倾角应在 45° ~ 60°。

表 2-19　剪刀撑跨越立杆的最多根数

剪刀撑斜杆与地面的倾角 a(°)	45	50	60
剪刀撑跨越立杆的最多根数 n	7	6	5

(3)剪刀撑斜杆的接长应采用搭接或对接,搭接应符合前述的搭接规定;剪刀撑斜杆应用旋转扣件固定在与之相交的横向水平杆的伸出端或立杆上,旋转扣件中心线至主节点的

距离不应大于 150 mm。

（4）高度在 24 m 及以上的双排脚手架应在外侧全立面连续设置剪刀撑；高度在 24 m 以下的单、双排脚手架，均必须在外侧两端、转角及中间间隔不超过 15 m 的立面上，各设置一道剪刀撑，并应由底至顶连续设置，如图 2-17 所示。

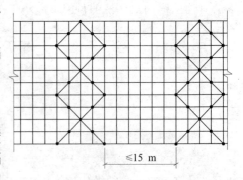

图 2-17　高度 24 m 以下剪刀撑布置

（5）满堂脚手架架体搭设高度在 8 m 以下时，应在架顶部设置连续水平剪刀撑；当架体搭设高度在 8 m 及以上时，应在架体底部、顶部及竖向间隔不超过 8 m 分别设置连续水平剪刀撑。水平剪刀撑宜在竖向剪刀撑斜杆相交平面设置。剪刀撑宽度应为 6~8 m。

（四）拆除要求

（1）拆除作业必须由上而下逐层进行，严禁上下同时作业。连墙件必须随脚手架逐层拆除，严禁先将连墙件整层或数层拆除后再拆脚手架；分段拆除高差大于两步时，应增设连墙件加固。

（2）当脚手架拆至下部最后一根长立杆的高度（约 6.5 m）时，应先在适当位置搭设临时抛撑加固后，再拆除连墙件。

（3）当单、双排脚手架采取分段、分立面拆除时，对不拆除的脚手架两端，应按有关规定设置连墙件和横向斜撑加固。

（4）架体拆除作业应设专人指挥，当有多人同时操作时，应明确分工、统一行动，且应具有足够的操作面。卸料时各构配件严禁抛掷至地面。

二、碗扣式钢管脚手架

碗扣式钢管脚手架是一种多功能的工具式脚手架，除能作为一般单、双排脚手架、支撑架外，还可用作支撑柱、物料提升架、悬挑脚手架、爬升脚手架等。它是目前世界上使用最广泛、最成功的标准脚手架。

（一）碗扣式钢管脚手架的组成

碗扣式钢管脚手架由钢管立杆、横杆、碗扣接头和限位销等组成，如图 2-18 所示。

碗扣架用钢管规格为 Φ48×3.5 mm。上碗扣、可调底座及可调托撑螺母应采用可锻铸铁或铸钢制造，下碗扣、横杆接头、斜杆接头采用碳素铸钢制造。下碗扣应采用钢板热冲压整体成形，板材厚度不得小于 6 mm。可调底座及可调托撑丝杆与螺母旋合长度不得少于 4~5 扣，插入立杆内的长度不得小于 150 mm。

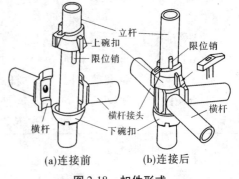

(a)连接前　　　(b)连接后

图 2-18　扣件形式

（二）碗扣式钢管脚手架的搭设工艺

工艺流程：地基处理→安放立杆底座和垫板→竖立杆，安放纵、横向扫地杆→安装底层

(第一步)横杆→安装斜杆→接头销紧→铺设脚手板→安装上层立杆→紧立杆连接销→安装横杆→设置剪刀撑。

1. 地基处理

脚手架搭设场地必须平整、坚实,排水措施合理。当承载力不满足要求时,需进行地基处理。脚手架基础经验收合格后,应按施工设计或专项方案的要求放线定位,底座和垫板应准确地放置在定位线上。

2. 安放立杆底座和垫板

垫板宜采用长度不少于2跨、厚度不小于50 mm的木垫板;底座的轴心线应与地面垂直。

3. 竖立杆,放置纵向扫地杆和横向扫地杆

脚手架首层立杆应采用不同的长度交错布置,底部横杆(扫地杆)严禁拆除。立杆应配置可调底座。

4. 安放横杆

将横杆接头插入立杆的下碗扣内,然后将上碗扣沿限位销扣下,并顺时针旋转,将横杆与立杆牢固地连接在一起,形成框架结构。

5. 安装斜杆

斜杆是为增强脚手架稳定性而设置的系列构件,用 $\phi 48 \times 3.5$ mm 钢管两端铆接斜杆接头制成,斜杆接头可以转动,同横杆接头一样,可装在下碗扣内,形成节点斜杆。

6. 铺设脚手板

钢脚手板的挂钩必须完全落在廊道横杆上,并带有自锁装置,严禁浮放。

重复以上步骤即可完成脚手架的搭设。脚手架搭设应按立杆、横杆、斜杆、连墙件的顺序逐层搭设,每次上升高度不大于3 m。底层水平框架的纵向直线度应≤$L/200$;横杆间水平度应≤$L/400$。脚手架的搭设应分阶段进行,第一阶段的摺底高度一般为6 m,搭设后必须经检查验收后方可正式投入使用。脚手架的搭设应与建筑物的施工同步上升,每次搭设高度必须高于即将施工楼层的1.5 m。

(三)构造要求

1. 横杆

双排脚手架横杆步距宜选用1.8 m,廊道宽度(横距)宜选用1.2 m。双排外脚手架拐角为直角时,宜采用横杆直接组架;拐角为非直角时,可采用钢管扣件组架。

2. 斜杆

(1)双排脚手架专用斜杆应设置在有纵向及廊道横杆的碗扣节点上,拐角处及端部必须设置竖向通高斜杆。脚手架高度≤20 m时,每隔5跨设置一组竖向通高斜杆;脚手架高度大于20 m时,每隔3跨设置一组竖向通高斜杆;斜杆必须对称设置。

(2)模板支撑架高度超过4 m时,应在四周拐角处设置专用斜杆或四面设置八字斜杆,并在每排每列设置一组通高十字撑或专用斜杆。

3. 连墙杆

(1)连墙杆与脚手架立面及墙体应保持垂直,每层连墙杆应在同一平面,水平间距应不大于4跨。

(2)连墙杆应设置在有廊道横杆的碗扣节点处,采用钢管扣件做连墙杆时,连墙杆应采用直角扣件与立杆连接,连接点距碗扣节点距离应≤150 mm。

（3）当连墙件竖向间距大于 4 m 时，连墙件内外立杆之间必须设置廊道斜杆或十字撑。

4.脚手板

（1）钢脚手板的挂钩必须完全落在廊道横杆上，并带有自锁装置，严禁浮放。

（2）平放在横杆上的脚手板，必须与脚手架连接牢靠，可适当加设间横杆，脚手板探头长度应小于 150 mm。

（3）作业层的脚手板框架外侧应设挡脚板及防护栏，护栏应采用二道横杆。

（四）拆除要求

（1）拆除作业应从顶层开始，逐层向下进行，严禁上下层同时拆除。

（2）连墙件必须拆到该层时方可拆除，严禁提前拆除。

三、门式钢管脚手架

门式钢管脚手架又称多功能门型脚手架，是一种国际土木界普遍流行的脚手架形式。它不仅可作为外脚手架，也可作为内脚手架或满堂脚手架。它具有质量轻、刚度大、装拆简单、承载性能好、使用安全可靠等特点。

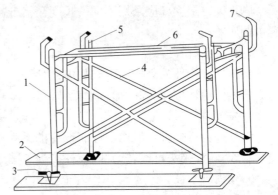

1—门板；2—平板；3—螺旋基脚；4—剪刀撑；
5—连接棒；6—水平梁架；7—锁臂

图 2-19　门式脚手架的基本单元

（一）门式钢管脚手架的组成

门式脚手架基本单元由 2 个门式框架、2 个剪刀撑和 1 个水平梁架和 4 个连接器组合而成，如图 2-19 所示。将基本单元连接起来即构成整片门式脚手架，如图 2-20 所示。

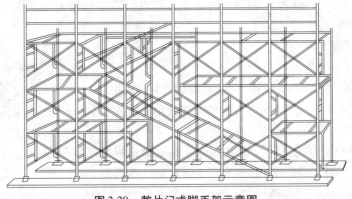

图 2-20　整片门式脚手架示意图

（二）门式钢管脚手架的搭设工艺

门式钢管脚手架的搭设应自一端延伸向另一端，由下而上按部架设，并逐层改变搭设方向，以减少误差。

工艺流程:铺放垫木（板）→安放底座→自一端起立门架并随即安装交叉支撑→装水平架（或脚手板）→安装梯子→需要时，装设作加强用的大横杆→安装连墙杆→照上述步骤，逐层向上安装→装加强整体刚度的长剪刀撑→安装顶部栏杆。

（三）构造要求

1. 门架

门架立杆离墙面净距不宜大于 150 mm,大于 150 mm 时应采取内挑架板或其他防护的安全措施。

2. 剪刀撑

当门式脚手架搭设高度在 24 m 及以下时,在脚手架转角处、两端及中间间隔不超过15 m 的外侧立面必须各设置一道剪刀撑,并应由底至顶连续设置;当搭设高度在 24 m 以上时,在脚手架全外侧立面上必须设置连续剪刀撑,如图 2-21 所示。

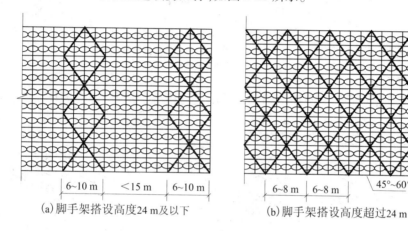

（a）脚手架搭设高度24 m及以下   （b）脚手架搭设高度超过24 m

图 2-21　剪刀撑设置示意图

3. 水平加固杆

（1）当脚手架高度超过 20 m 时,应在脚手架外侧每隔 4 步设置一道,并宜在有连墙件的水平层设置。

（2）当门式脚手架搭设高度小于或等于 40 m 时,至少每两步门架应设置一道;当门式脚手架搭设高度大于 40 m 时,每步门架应设置一道。

（3）在顶层、连墙件设置层必须设置水平加固杆。

4. 连墙件

（1）脚手架必须采用连墙件与建筑物可靠连接。连墙件的设置除应满足计算要求外,尚应满足表 2-20 的要求。

表 2-20　连墙件间距 （单位:m）

脚手架搭设高度	基本风压 $\omega(\text{kN/m}^2)$	连墙件的间距	
		竖向	水平向
≤45	≤0.55	≤6.0	≤8.0
	>0.55	≤4.0	≤6.0
>45	—		

（2）在门式脚手架的转角处或开口型脚手架端部应增设连墙件,其垂直间距不应大于建筑物的层高,且不应大于 4.0 m。

（四）拆除要求

（1）拆除作业应从顶层开始，逐层向下进行，严禁上下层同时拆除。

（2）连墙件必须拆到该层时方可拆除，严禁提前拆除。拆除时，当架体的自由高度大于2步时，必须加设临时拉结。

（3）同一层的构配件和加固杆必须按先上后下、先外后内的顺序进行拆除。

（4）连接门架的剪刀撑等加固杆杆件必须在拆卸该门架时拆除。

第四节　砌筑工程施工方案

一、砖砌体施工

（一）砌筑形式

为提高砌体的整体性、稳定性和承载力，遵循上下错缝的原则，实心墙体常见的组砌形式有一顺一丁、三顺一丁和梅花丁等，如图2-22所示。

（a）一顺一丁　　　　（b）三顺一丁　　　　（c）梅花丁

图2-22　砖墙组砌形式

1. 一顺一丁

一皮全部顺砖与一皮全部丁砖相互间隔砌成，上下皮间的竖缝相互错开1/4砖长，适合砌一砖及一砖以上厚墙，如图2-22（a）所示。

2. 三顺一丁

三皮全部顺砖与一皮全部丁砖间隔砌成，上下皮顺砖与丁砖间竖缝错开1/4砖长，上下皮顺砖间竖缝错开1/2砖长，适合砌一砖及一砖以上厚墙，如图2-22（b）所示。

3. 梅花丁

每皮丁砖与顺砖相隔，丁砖的上下均为顺砖，并位于顺砖中间，上下皮间竖缝相互错开1/4砖长，适合砌一砖厚墙，如图2-22（c）所示。

（二）施工工艺

工艺流程：抄平→放线→摆砖→立皮数杆→盘角→挂线→砌砖→勾缝、清理。

1. 抄平

砌筑前，为了保证各层标高的正确性，在基础面或楼面上按标准的水准点定出各层标高，并用水泥砂浆或细石混凝土找平。

2. 放线

根据龙门板上给定的轴线及图纸上标注的墙体尺寸，在基础顶面上用墨线弹出墙的轴线和墙的宽度线，并定出门洞口位置线；楼层墙身的放线，应利用预先引测在外墙面上的墙身中心轴线,用经纬仪或线锤向上引测。

3. 摆砖

摆砖也称摺底,是指在放线的基面上按选定的组砌方式用干砖试摆。摆砖的目的是核对所弹墨线在门窗洞口、附墙垛等处是否符合砖的模数,通过竖缝调整以减少砍砖数量,提高砌砖效率。

4. 立皮数杆

皮数杆是指在其上划有每皮砖和砖缝厚度以及门窗洞口、过梁、梁底、预埋件等标高位置的一种方木标志杆。其主要用于控制砌筑时的竖向尺寸以及各构件标高,如图2-23所示。皮数杆高度约为2 m,一般立于墙的转角处和内外墙交接处;如果墙体过长,可每隔10~20 m再多立一根。

5. 盘角

砌砖通常根据皮数杆先在墙角砌4~5皮砖,叫作盘角,是确定墙身两面横平竖直的主要依据。盘角砌筑的好坏,对整个建筑物的砌筑质量有很大影响。

6. 挂线

挂线是准线挂在墙角上,拉线砌中间墙身。每砌一皮砖,线绳向上移动一次。挂线的主要作用是将墙体中间的同一皮砖顶面控制在同一标高,一般一砖半及以上厚的墙要双面挂线,一砖厚的墙要单面挂线。

7. 砌砖

砌砖的操作方法很多,常用的是"三一砌法",即一刀灰,一块砖,一挤揉,并随手将挤出的砂浆刮去的砌筑方法。砌砖时,先挂上通线,按所排的干砖位置把第一皮砖砌好,然后按照皮数杆盘角,然后从墙角处拉准线,再按准线砌中间的墙。砌筑过程中应三皮一吊、五皮一靠,保证墙面垂直平整。

8. 勾缝、清理

清水墙砌完后,应及时进行墙面清理及勾缝。勾缝应横平竖直,深浅一致,勾缝宜采用凹缝,深度一般为4~5 mm。勾缝完应清理墙面、柱面和落地灰。

(三)砖砌体的砌筑要求

1. 砖基础的砌筑

砖基础下部的扩大部分称为大放脚,分为等高式和间隔式两种。等高式大放脚每两皮一收,每边收进1/4砖长;不等高式大放脚是两皮一收与一皮一收相间隔,每边收进1/4砖长,如图2-24所示。

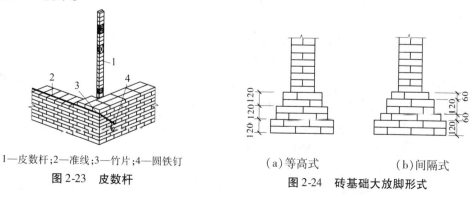

1—皮数杆;2—准线;3—竹片;4—圆铁钉

图2-23　皮数杆

(a)等高式　　(b)间隔式

图2-24　砖基础大放脚形式

砖基础大放脚一般采用一顺一丁的砌筑形式,竖缝错开至少1/4砖长。在十字及丁字接头处,纵横墙要隔皮砌通;大放脚的最下一皮和每个台阶的最上一皮应以丁砌为主。

基底标高不同时,应从低处砌起,并应由高处向低处搭砌。当设计无要求时,搭接长度 L 不应小于基础底的高差 h,搭接长度范围内下层基础应扩大砌筑,如图2-25所示。

砌筑基础前,应校核放线尺寸,允许偏差应符合表2-21的规定。

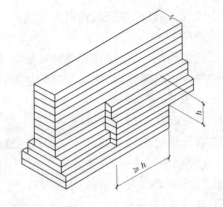

图2-25　基底标高不同时砖基础的搭砌

表2-21　放线尺寸的允许偏差

长度 L、宽度 B(m)	允许偏差(mm)	长度 L、宽度 B(m)	允许偏差(mm)
L(或 B)≤30	±5	60<L(或 B)≤90	±15
30<L(或 B)≤60	±10	L(或 B)>90	±20

2. 砖墙的砌筑

砌体的转角处和交接处应同时砌筑,当不能同时砌筑时,应按规定留槎、接槎。砌筑墙体应设置皮数杆。在墙上留置临时施工洞口,其侧边离交接处墙面不应小于500 mm,洞口净宽度不应超过1 m。抗震设防烈度为9度的地区建筑物的临时施工洞口位置,应会同设计单位确定。临时施工洞口应做好补砌。

不得在下列墙体或部位设置脚手眼:120 mm厚墙、清水墙、料石墙、独立柱和附墙柱;过梁上与过梁呈60°角的三角形范围及过梁净跨度1/2的高度范围内;宽度小于1 m的窗间墙;门窗洞口两侧石砌体300 mm、其他砌体200 mm范围内;转角处石砌体600 mm、其他砌体450 mm范围内;梁或梁垫下及其左右500 mm范围内;设计不允许设置脚手眼的部位;轻质墙体;夹心复合墙外叶墙。

脚手眼补砌时,应清除脚手眼内掉落的砂浆、灰尘;脚手眼处砖及填塞用砖应湿润,并应填实砂浆。

隔墙与墙或柱如不同时砌筑又不留成斜槎时,可在墙或柱中引出阳槎,并在水平灰缝中预埋拉结钢筋。

砖砌体施工临时间断处补砌时,必须将接槎处表面清理干净,洒水湿润,并填实砂浆,保持灰缝平直。

砖砌体相邻工作段的高度不得超过一个楼层的高度,也不宜大于4 m。砖墙工作段的分段位置宜设在伸缩缝、沉降缝、防震缝或门窗洞口处。

每层承重墙的最上一皮砖,在梁或梁垫的下面,应用丁砖砌筑;隔墙或填充墙的顶面与上层结构的接触处,宜用侧砖或立砖斜砌挤紧。

3. 构造柱的砌筑

构造柱和砖组合墙体的施工工艺:绑扎钢筋→砌砖墙→支模板→浇筑混凝土→拆模。

构造柱施工应先绑扎钢筋后砌砖墙,最后浇筑混凝土。构造柱与墙体的连接处应砌成马牙槎,马牙槎应先退后进,每一个马牙槎沿高度方向的尺寸不宜超过 30 cm(即五皮砖),如图 2-26 所示。预留的拉结钢筋应位置正确,施工中不得任意弯折。设计无要求时,一般沿墙高 50 cm 设置 2 根ф6 水平拉结筋,每边伸入墙内不应小于 1 m。

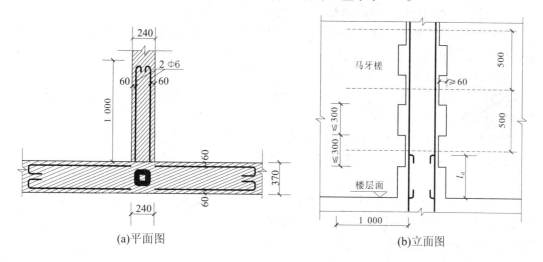

(a)平面图　　　　　　　　　　　　　　(b)立面图

图 2-26　拉结钢筋布置及马牙槎

4. 多孔砖和空心砖的砌筑

空心砖墙砌筑前应先试摆,在不够整砖处,如无半砖规格,可用普通黏土砖补砌。承重空心砖的孔洞应呈垂直方向砌筑,非承重空心砖的孔洞应呈水平方向砌筑。非承重空心砖墙,其底部应至少砌三皮实心砖。M 型多孔砖一般采用全顺砌法,手抓孔应平行于墙面;P 型多孔砖一般采用一顺一丁或梅花丁砌法。多孔砖墙的水平灰缝厚度和竖向灰缝厚度应控制在 10 mm 左右,最大不超过 12 mm,最小不小于 8 mm。

多孔砖墙的转角处和交接处应同时砌筑,不能同时砌筑时应留成斜槎。M 型多孔砖墙的斜槎长度等于斜槎高度的 1/2,P 型多孔砖的斜槎长度等于斜槎高度的 2/3。多孔砖不得砍凿,个别补缺应用普通砖填砌,多孔砖不得用于基础砌筑。

空心砖墙砌筑不得留置斜槎或直槎,中途停歇时,应将墙顶砌平。空心砖墙与烧结普通砖交接处,应以普通砖墙引出不小于 240 mm 长与空心砖墙相接,并与隔 2 皮空心砖高在交接处的水平灰缝中设置 2 ф6 钢筋作为拉结筋,拉结钢筋在空心砖墙中的长度不小于空心砖长加240 mm,如图 2-27 所示。

(四)砖砌体的质量验收

砖砌体质量应符合现行《砌体结构工程施工质量验收规范》(GB 50203—2011)的要求,应做到横平竖直、砂浆饱满、厚薄均匀、上下错缝、内外搭砌、接槎牢固。

砌体结构工程检验批的划分应符合下列规定:所用材料类型及同类型材料的强度等级相同;不超过 250 m³砌体;主体结构砌体一个楼层(基础砌体可按一个楼层

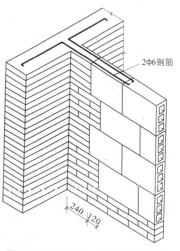

图 2-27　空心砖与普通砖墙交接

计),填充墙砌体量少时可多个楼层合并。

砌体结构工程检验批验收时,其主控项目应全部符合规范的规定;一般项目应有80%及以上的抽检处符合本规范的规定;有允许偏差的项目,最大超差值为允许偏差值的1.5倍。

1. 主控项目

(1)砖和砂浆的强度等级必须符合设计要求。

抽检数量:每一生产厂家,烧结普通砖、混凝土实心砖每15万块为一验收批;烧结多孔砖、混凝土多孔砖、蒸压灰砂砖及蒸压粉煤灰砖每10万块各为一验收批。不足上述数量时按1批计,抽检数量为1组。砂浆试块的抽检数量应符合有关规定。

(2)灰缝砂浆应密实饱满,砖墙水平灰缝的砂浆饱满度不得低于80%;砖柱水平灰缝和竖向灰缝饱满度不得低于90%。

抽检数量:每检验批抽查不应少于5处。

检验方法:用百格网检查砖底面与砂浆的黏结痕迹面积,每处检测3块砖,取其平均值。

(3)砖砌体的转角处和交接处应同时砌筑,严禁无可靠措施的内外墙分砌施工。在抗震设防烈度为8度及以上的地区,对不能同时砌筑而又必须留置的临时间断处应砌成斜槎,普通砖砌体斜槎水平投影长度不应小于高度的2/3,如图2-28所示。多孔砖砌体的斜槎长高比不应小于1/2,斜槎高度不得超过一步脚手架的高度。

抽检数量:每检验批抽查不应少于5处。

(4)非抗震设防及抗震设防烈度为6度、7度地区的临时间断处,当不能留斜槎时,除转角处外,可留直槎,但直槎必须做成凸槎,且应加设拉结钢筋。拉结钢筋应每120 mm墙厚放置1ϕ6拉结钢筋(120 mm厚墙应放置2ϕ6拉结钢筋),间距沿墙高不应超过500 mm,且竖向间距偏差不应超过100 mm;埋入长度从留槎处算起每边均不应小于500 mm,对抗震设防烈度6度、7度以上的地区,不应小于1 000 mm,并且末端应有90°弯钩(见图2-29)。

抽检数量:每检验批抽查不应少于5处。

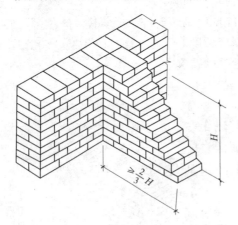

图2-28 烧结普通砖砌体斜槎

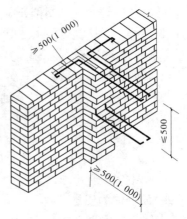

图2-29 烧结普通砖砌体直槎

2. 一般项目

(1)砖砌体组砌方法应正确,内外搭砌,上、下错缝。清水墙、窗间墙无通缝;清水墙中不得有长度大于300 mm的通缝,长度200～300 mm的通缝每间不超过3处,且不得位于同一面墙体上。砖柱不得采用包心砌法。

抽检数量:每检验批抽查不应少于 5 处。

(2)砖砌体的灰缝应横平竖直,厚薄均匀。水平灰缝厚度及竖向灰缝宽度宜为 10 mm,但不应小于 8 mm,也不应大于 12 mm。

抽检数量:每检验批抽查不应少于 5 处。

检验方法:水平灰缝厚度用尺量 10 皮砖砌体高度折算,竖向灰缝宽度用尺量 2 m 砌体长度折算。

(3)砖砌体尺寸、位置的允许偏差及检验应符合表 2-22 的规定。

表 2-22　砖砌体尺寸、位置的允许偏差及检验

项	项目			允许偏差（mm）	检验方法	抽检数量
1	轴线位移			10	用经纬仪和尺或用其他测量仪器检查	承重墙、柱全数检查
2	基础、墙、柱顶面标高			±15	用水准仪和尺检查	不应少于 5 处
3	墙面垂直度	每层		5	用 2 m 托线板检查	不应少于 5 处
		全高	10 m	10	用经纬仪、吊线和尺或其他测量仪器检查	外墙全部阳角
			10 m	20		
4	表面平整度	清水墙、柱		5	用 2 m 靠尺和楔形塞尺检查	不应少于 5 处
		混水墙、柱		8		
5	水平灰缝平直度	清水墙		7	拉 5 m 线和尺检查	不应少于 5 处
		混水墙		10		
6	门窗洞口高、宽(后塞口)			±10	用尺检查	不应少于 5 处
7	外墙下下窗口偏移			20	以底层窗口为准,用经纬仪或吊线检查	不应少于 5 处
8	清水墙游丁走缝			20	以每层第一皮砖为准,用吊线和尺检查	不应少于 5 处

二、中小型砌块施工

中小型砌块按材料分为混凝土空心砌块、粉煤灰硅酸盐砌块、煤矸石硅酸盐空心砌块、加气混凝土砌块等。其中,砌块高度为 380～940 mm 的称为中型砌块,砌块高度小于 380 mm 的称为小型砌块。目前施工中以小型砌块为主,其施工方法同砖砌体施工方法一样,主要是手工砌筑。

(一)施工要点

(1)施工前,应按房屋设计图编绘小砌块平、立面排列图,施工中应按排列图施工。

(2)施工采用的小砌块的产品龄期不应小于 28 d。砌筑普通混凝土小型空心砌块砌体时,不需要对小砌块浇水湿润,如遇天气干燥炎热,宜在砌筑前对其喷水湿润;对轻骨料混凝土小砌块,应提前浇水湿润,块体的相对含水率宜为 40%～50%。雨天及小砌块表面有浮水时,不得施工。

（3）承重墙体使用的小砌块应完整、无缺损、无裂缝，并应清除表面污物、剔除外观质量不合格的小砌块。宜选用专用小砌块砌筑砂浆。

（4）小砌块应底面朝上反砌于墙上。承重墙严禁使用断裂的小砌块。小砌块墙体应对孔错缝搭砌，单排孔小砌块的搭接长度应为块体长度的1/2；多排孔小砌块的搭接长度可适当调整，但不宜小于砌块长度的1/3，且不应小于90 mm。墙体的个别部位不能满足上述要求时，应在灰缝中设置拉结钢筋或钢筋网片，但竖向通缝仍不得超过两皮小砌块。

（5）小砌块墙体宜逐块坐（铺）浆砌筑。每步架墙（柱）砌筑完后，应随即刮平墙体灰缝。

（6）底层室内地面以下或防潮层以下的砌体，应采用强度等级不低于C20（或Cb20）的混凝土灌实小砌块的孔洞。芯柱混凝土宜选用专用小砌块灌孔混凝土，混凝土应符合下列规定：每次连续浇筑的高度宜为半个楼层，但不应大于1.8 m；浇筑芯柱混凝土时，砌筑砂浆强度应大于1 MPa；清除孔内掉落的砂浆等杂物，并用水冲淋孔壁；浇筑芯柱混凝土前，应先注入适量与芯柱混凝土相同的水泥砂浆；每浇筑400～500 mm高度捣实一次，或边浇筑边捣实。

（二）砌块砌体的质量验收

砌块砌体质量应符合现行《砌体结构工程质量验收规范》（GB 50203—2011）的要求。

1. 主控项目

（1）小砌块和芯柱混凝土、砌筑砂浆的强度等级必须符合设计要求。

抽检数量：每一生产厂家，每1万块小砌块为一验收批，不足1万块按一批计，抽检数量为1组。用于多层以上建筑的基础和底层的小砌块抽检数量不应少于2组。砂浆试块的抽检数量应执行《砌体结构工程质量验收规范》（GB 50203—2011）的有关规定。

（2）水平灰缝和竖向灰缝的砂浆饱满度，按净面积计算不得低于90%。

抽检数量：每检验批抽查不应少于5处。

检验方法：用专用百格网检测小砌块与砂浆黏结痕迹，每处检测3块小砌块，取其平均值。

（3）墙体转角处和纵横墙交接处应同时砌筑。临时间断处应砌成斜槎，斜槎水平投影长度不应小于斜槎高度。施工洞口可预留直槎，但在洞口砌筑和补砌时，应在直槎上下搭砌的小砌块孔洞内用强度等级不低于C20（或Cb20）的混凝土灌实。

抽检数量：每检验批抽查不应少于5处。

检验方法：观察检查。

（4）小砌块砌体的芯柱在楼盖处应贯通，不得削弱芯柱截面尺寸；芯柱混凝土不得漏灌。

抽检数量：每检验批抽查不应少于5处。

检验方法：观察检查。

2. 一般项目

（1）砌体的水平灰缝厚度和竖向灰缝宽度宜为10 mm，但不应大于12 mm，也不应小于8 mm。

抽检数量：每检验批抽查不应少于5处。

抽检方法：水平灰缝用尺量5皮小砌块的高度折算，竖向灰缝宽度用尺量2 m砌体长度折算。

（2）小砌块砌体尺寸、位置的允许偏差应按表2-22的规定执行。

第五节　钢筋混凝土工程施工方案

一、模板工程

（一）模板的组成和作用

模板工程施工包括模板的选材、选型、设计、制作、安装、拆除和周转倒运等施工过程。

模板的种类很多，按所用的材料可分为木模板、钢模板、胶合板模板、钢木模板、竹木模板、钢丝网水泥模板、玻璃钢模板、塑料模板等；按结构的类型可分为基础模板、柱模板、梁模板、楼板模板、楼梯模板、墙模板、壳模板和烟囱模板等。

模板是保证钢筋混凝土结构或构件按设计形状成型的模具，它由模板系统和支撑体系两部分组成。模板系统直接与混凝土接触，它的主要作用是保证混凝土浇筑成设计要求的形状和尺寸，并承受自重和作用在它上面的结构重量与施工荷载。支撑体系是保证模板形状、尺寸及其空间位置准确性，承受混凝土和模板等重量的结构。

模板的基本要求如下：

（1）保证工程结构和构件各部分形状、尺寸与相互位置的准确性。

（2）具有足够的承载能力、刚度和稳定性，能可靠承受新浇筑混凝土的自重和侧压力以及各种施工荷载。

（3）构造简单，装拆方便，并方便多次周转使用，便于钢筋的绑扎和安装，能满足混凝土的浇筑和养护等要求。

（4）模板的接缝应严密不漏浆。

（二）木模板

木模板及其支架系统一般在加工厂或现场木工棚制成，然后在现场拼装。木模板一般由拼板和拼条钉接而成。拼板厚度一般为20～50 mm，宽度不宜超过200 mm。拼条截面尺寸为50 mm×（30～50）mm。拼条的间距取决于新浇筑混凝土侧压力的大小，一般为400～500 mm，拼条一般立放。图2-30所示为拼板的构造。

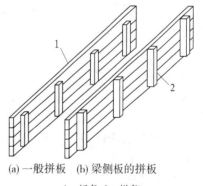

(a) 一般拼板　(b) 梁侧板的拼板

1—板条；2—拼条

图2-30　拼板的构造

1. 基础模板

基础的特点是高度不大而体积较大，一般利用地基或基槽（坑）进行支撑。

1）阶梯形基础模板

每一阶模板由4块侧板拼钉而成，其中2块侧板的尺寸与相应的台阶侧面尺寸相等，另两块侧板长度应比相应的台阶侧面长度大150～200 mm，高度与其相等，4块侧板用木档拼成方框。上台阶模板的其中2块侧板的最下部1块拼板要加长，以便搁置在下层台阶模板上，如图2-31所示。

2)条形基础模板

条形基础模板一般由侧板、平撑、斜撑等组成。侧板用长条木板加钉竖向木档拼制，或由短条木板加钉横向木档拼制而成。平撑和斜撑钉在木桩(或垫木)与木档之间，如图2-32所示。

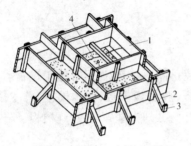

1—侧模；2—斜撑；3—木桩；4—铁丝

图2-31　阶梯形基础模板

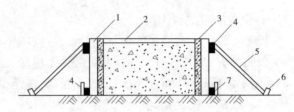

1—立楞；2—支撑；3—侧模；4—模杠；5—斜撑；6—木桩；7—钢筋

图2-32　条形基础模板

3)施工工艺

(1)阶梯形基础模板安装。

工艺流程：弹线→侧板拼接→组拼各阶模板→涂刷脱模剂→下阶模板安装→上阶模板安装。

技术要点：模板安装前，应核对基础垫层标高，在垫层上弹出基础中心线和边线。在侧板内表面弹出中线，将各阶的4块侧板组拼成方框，并校正尺寸及角部方正。安装时，将模板中心线对准基础中心线，然后校正模板上口标高；在模板周围钉上木桩，用平撑与斜撑支撑顶牢；然后把上台阶模板放在下台阶模板上，两者中线互相对准，并用斜撑与平撑钉牢。

(2)条形基础模板安装。

工艺流程：弹线→侧板拼接→涂刷脱模剂→侧板安装。

技术要点：先核对垫层标高，在基槽底弹出基础边线，将模板对准边线垂直竖立，用水平尺校正侧板顶面水平后，再用斜撑和平撑钉牢。为防止在浇筑混凝土时模板变形，保证基础宽度的准确，在侧板上口每隔一定距离钉上搭头木。

2. 柱模板

柱子的特点是断面尺寸不大但比较高。如图2-33所示，柱模板由内拼板夹在两块外拼板之内组成，也可用短横板代替外拼板钉在内拼板上。

工艺流程：找平、定位→安装柱模→安装柱箍→安装拉杆或斜撑→校正垂直度→柱模预检。

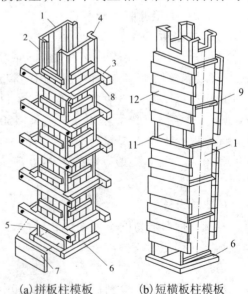

(a)拼板柱模板　　(b)短横板柱模板

1—内拼板；2—外拼板；3—柱箍；4—梁缺口；5—清理孔；
6—木框；7—盖板；8—拉紧螺栓；9—拼条；
10—三角木条；11—浇筑孔；12—短横板

图2-33　柱模板

技术要点：

(1)按标高抹好水泥砂浆找平层,弹出柱轴线及边线,同一柱列则先弹两端柱,再拉通线弹中间柱的轴线及边线。

(2)安装柱模。先将相邻的两片就位,就位后用铁丝与主筋绑扎临时固定,安装完两面模板后再安装另外两面模板。对于通排柱模板,应先装两端柱模板,校正固定后,再在柱模板上口拉通线校正中间各柱模板。

(3)安装柱箍。柱箍应根据柱模断面大小经计算确定,下部的间距应小些,往上可逐渐增大间距,但一般不超过 1.0 m。柱截面尺寸较大时,应考虑在柱模内设置对拉螺栓。

(4)安装拉杆或斜撑。柱模每边设 2 根拉杆,固定于楼板预埋钢筋环上,用经纬仪控制,用花篮螺栓校正柱模垂直度。拉杆与地面夹角宜为 45°,预埋钢筋环与柱距离宜为 3/4 柱高。

(5)将柱模内清理干净,封闭清理口,办理柱模预检。

3. 梁模板

梁的特点是跨度大而宽度不大,梁底一般是架空的。梁模板主要由底模、侧模、夹木及支架系统组成,如图 2-34 所示。

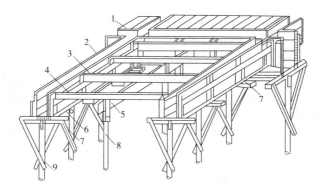

1—楼板模板;2—梁侧模板;3—楞木;4—托木;5—杠木;6—夹木;7—短撑木;8—杠木撑;9—顶撑

图 2-34　梁及楼板模板

工艺流程:弹线→搭设支撑架→安装梁底模→安装梁侧模→加固梁侧模→检验梁侧模加固。

技术要点:

(1)梁模板应在复核梁底标高、校正轴线位置无误后进行。根据柱弹出的轴线、梁位置和水平线,安装柱头模板。

(2)梁底板下用顶撑(琵琶撑)支设,间距经设计计算,一般为 0.8 ~ 1.2 m,顶撑之间应设水平拉杆和剪刀撑,使之成为一整体。底层用钢管脚手杆作支撑时,应在夯实的地面上设置垫板和楔子。

(3)按设计标高调整支撑的标高,然后安装梁底模板,并拉线找平。当梁跨度大于或等于 4 m 时,跨中梁底处应按设计要求起拱;当设计无要求时,起拱高度取梁跨的 1‰ ~ 3‰。当主次梁交接时,先主梁起拱,后次梁起拱。

(4)梁钢筋一般在底板模板支好后绑扎,找正位置和垫好保护层垫块,清除垃圾杂物,经检查合格后,即可安装侧模板。

(5)梁侧模下方应设置夹木,将梁侧模与底模板夹紧,并钉牢在顶撑上。梁侧模上口设置托木,托木的固定可上拉(上口对拉)或下撑(撑于顶撑上)。梁高度≥700 mm 时,应在梁中部另加斜撑或对拉螺栓固定。

4. 楼板模板

楼板的特点是面积大而厚度比较薄,侧向压力小,如图 2-34 所示。

工艺流程:地面夯实→支立柱→安大小龙骨→铺模板→校正标高→加立杆的水平拉杆→办预检。

技术要点:

(1)底层地面应夯实,底层和楼层立柱应垫通长脚手板,多层支架时,上下层支柱应在同一竖向中心线上。

(2)模板铺设方向从四周或墙、梁连接处向中央铺设。为方便拆模,木模板宜在两端及接头处钉牢,中间尽量不钉或少钉。

(3)肋形楼盖模板一般应先支梁、墙模板,然后将桁架或搁栅按设计要求支设在梁侧模通长的托木上,调平固定后再铺设楼板模板。

5. 墙模板

墙模板由两片侧模和支撑体系组成,每片侧模由若干平面模板组成,如图 2-35 所示。

工艺流程:弹线→安门口模板→安一侧模板→安另一侧模板→调整固定→办预检。

技术要点如下:

(1)根据边线先立一侧模板并临时支撑固定,待墙体钢筋绑扎完后,再立另一侧模板。安塑料套管和穿墙螺栓,穿墙螺栓规格和间距在模板设计时应明确规定。

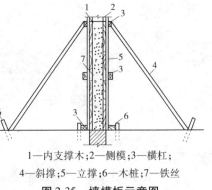

1—内支撑木;2—侧模;3—横杠;
4—斜撑;5—立撑;6—木桩;7—铁丝

图 2-35　墙模板示意图

(2)墙体模板高度较大时,应留出一侧模板分段支设,不能分段支设时,应在浇筑的一侧留设门子板,留设方法同柱模板,门子板的水平间距一般为 2.5 m。

(3)模板安装完毕后,检查一遍扣件、螺栓是否紧固,模板拼缝及下口是否严密。墙模板宜将木方作竖肋,双根Φ48×3.6钢管或双根槽钢作水平背楞。

(三)定型组合钢模板

定型组合钢模板是目前使用广泛的一种工具式模板,由钢模板和配件组成。钢模板通过各种配件可组合成多种尺寸、结构和几何形状的模板,以适应各种类型建筑物的梁、柱、板、墙、基础和设备等施工的需要,也可用其拼装成大模板、滑模、隧道模和台模等。

钢模板类型有平面模板、阴角模板、阳角模板及连接角模四种。钢模板面板厚度一般为 2.3 mm 或 2.5 mm,加劲板的厚度一般为 2.8 mm。钢模板采用模数制设计,宽度以 100 mm 为基础,以 50 mm 为模数进级;长度以 450 mm 为基础,以 150 mm 为模数进级;肋高 55 mm。

组合钢模板的配件包括连接件和支承件,连接件包括 U 形卡、L 形插销、钩头螺栓、紧固螺栓、扣件等;支承件包括柱箍、钢楞、支柱、卡具、斜撑、钢桁架等。

定型组合钢模板的安装可参照木模板。

（四）模板的拆除

混凝土模板的拆除日期取决于混凝土硬化的快慢、模板的用途、结构的性质及养护的环境。及时拆模可提高模板的周转和加快工程进度。但过早拆模，因混凝土没达到规定强度，会使混凝土变形、断裂，甚至造成重大质量事故。因此，模板及其支架拆除的顺序和安全措施应按施工技术方案执行。现浇结构的模板及支架的拆除应符合设计要求；当设计无具体要求时，应符合下列规定：

（1）非承重模板的拆除。非承重模板应在混凝土强度能保证其表面及棱角不因拆模板而受损坏时，方可拆除。

（2）承重模板的拆除。底模及其支架拆除时的混凝土强度应符合设计要求；当设计无具体要求时，混凝土强度应符合表2-23的规定。

表2-23　底模拆除时的混凝土强度要求

构件类型	构件跨度（m）	达到设计的混凝土立方体抗压强度标准值的百分率（%）
板	≤2	≥50
	>2,≤8	≥75
	>8	≥100
梁、拱、壳	≤8	≥75
	>8	≥100
悬臂构件	—	≥100

（3）拆模顺序。拆模应按一定的顺序进行，一般应遵循"先支后拆，后支先拆""先非承重部位，后承重部位"以及自上而下的原则。先拆除侧模板，后拆除底模板。对于肋形楼板的拆模顺序，首先拆除柱模板，然后拆除楼板底模板、梁侧模板，最后拆除梁底模板。

多层楼板模板支架的拆除，应按下列要求进行：上层楼板正在浇筑混凝土时，下一层楼板的模板支架不得拆除，再下一层楼板模板的支架仅可拆除一部分；跨度≥4 m的梁均应保留支架，其间距不得大于3 m。

（4）拆模注意事项。模板拆除时，不应对楼层形成冲击荷载；拆除的模板和支架宜分散堆放并及时清运；拆模时，应尽量避免混凝土表面或模板受到损坏；拆下的模板，应及时加以清理、修理，按尺寸和种类分别堆放，以便下次使用。

（五）模板质量安装验收

模板安装质量应符合现行《混凝土结构工程施工质量验收规范》（GB 50204—2015）和相关规范的要求，即模板及其支架应具有足够的承载能力、刚度和稳定性，能可靠地承受浇筑混凝土的重量、侧压力以及施工荷载。

1. 主控项目

（1）模板及支架用材料的技术指标应符合国家现行有关标准的规定。进场时应抽样检验模板和支架材料的外观、规格和尺寸。现浇混凝土结构模板及支架的安装质量，应符合国家现行有关标准的规定和施工方案的要求。

（2）后浇带处的模板及支架应独立设置。

检查数量：全数检查。

检验方法:观察

(3)支架竖杆和竖向模板安装在土层上时,应符合下列规定:土层应坚实、平整,其承载力或密实度应符合施工方案的要求;应有防水、排水措施;对冻胀性土,应有预防冻融措施;支架竖杆下应有底座或垫板。

检查数量:全数检查。

检验方法:观察,检查土层密实度检测报告、土层承载力验算或现场检测报告。

2.一般项目

(1)模板安装应满足下列要求:模板的接缝应严密;模板内不应有杂物、积水或冰雪等;模板与混凝土的接触面应平整、清洁;用作模板的地坪、胎膜等应平整、清洁,不应有影响构件质量的下沉、裂缝、起砂或起鼓;对清水混凝土及装饰混凝土构件,应使用能达到设计效果的模板。

检查数量:全数检查。

(2)脱模剂的品种和涂刷方法应符合施工方案的要求。脱模剂不得影响结构性能及装饰施工;不得沾污钢筋、预应力筋、预埋件和混凝土接槎处;不得对环境造成污染。

检查数量:全数检查。

(3)模板的起拱应符合现行国家标准《混凝土结构工程施工规范》(GB 50666)的规定,并应符合设计及施工方案的要求。

检查数量:在同一检验批内,对于梁,跨度大于18 m时应全数检查,跨度不大于18 m时应抽查构件数量的10%,且不应少于3件;对于板,应按有代表性的自然间抽查10%,且不应少于3间。对大空间结构,板可按纵、横轴线划分检查面,抽查10%,且不应少于3面。

(4)固定在模板上的预埋件和预留孔洞不得遗漏,且应安装牢固。有抗渗要求的混凝土结构中的预埋件,应按设计及施工方案的要求采取防渗措施。预埋件和预留孔洞的位置应满足设计和施工方案的要求。当设计无具体要求时,其位置偏差应符合表2-24的规定。

表2-24 预埋件和预留孔、洞的允许偏差

项目		允许偏差(mm)
预埋钢板中心线位置		3
预埋管、预留孔中心线位置		3
插筋	中心线位置	5
	外露长度	+10,0
预埋螺栓	中心线位置	2
	外露长度	+10,0
预留洞	中心线位置	10
	尺寸	+10,0

注:检查中心线位置时,应沿纵、横两个方向量测,并取其中的较大值。

检查数量:在同一检验批内,对梁、柱和独立基础,应抽查构件数量的10%,且不少于3件;对墙和板,应按有代表性的自然间抽查10%,且不少于3间;对大空间结构墙可按相邻轴线间高度5 m左右划分检查面,板可按纵、横轴线划分检查面,抽查10%,且均不少于3面。

(5)现浇结构模板安装的允许偏差及检验方法应符合表2-25的规定。

表 2-25　现浇结构模板安装的允许偏差及检验方法

项目		允许偏差（mm）	检验方法
轴线位置		5	尺量
底模上表面标高		±5	水准仪或拉线、尺量
截面内部尺寸	基础	±10	尺量
	柱、墙、梁	±5	尺量
	楼梯相邻踏步高差	±5	
层高垂直度	柱、墙层高≤6 m	8	经纬仪或吊线、尺量
	柱、墙层高>6 m	10	经纬仪或吊线、尺量
相邻两板表面高低差		2	尺量
表面平整度		5	2m靠尺和塞尺检查

注：检查轴线位置当有纵横两个方向时，沿纵、横两个方向量测，并取其中偏差的较大值。

检查数量：在同一检验批内，对梁、柱和独立基础，应抽查构件数量的10%，且不少于3件；对墙和板，应按有代表性的自然间抽查10%，且不少于3间；对大空间结构，墙可按相邻轴线间高度5 m左右划分检查面，板可按纵、横轴线划分检查面，抽查10%，且均不少于3面。

（6）预制构件模板安装的允许偏差及检验方法应符合表2-26的规定。

表 2-26　预制构件模板安装的允许偏差及检验方法

项目		允许偏差（mm）	检验方法
长度	梁、板	±4	尺量两侧边，取其中较大值
	薄腹梁、桁架	±8	
	柱	0，-10	
	墙板	0，-5	
宽度	板、墙板	0，-5	尺量两端及中部，取其中较大值
	梁、薄腹梁、桁架	+2，-5	
高（厚）度	板	+2，-3	尺量两端及中部，取其中较大值
	墙板	0，-5	
	梁、薄腹梁、桁架、柱	+2，-5	
侧向弯曲	梁、板、柱	$L/1000$ 且≤15	拉线、尺量最大弯曲处
	墙板、薄腹梁、桁架	$L/1500$ 且≤15	
板的表面平整度		3	2 m靠尺和塞尺检查
相邻两板表面高低差		1	尺量
对角线差	板	7	尺量两对角线
	墙板	5	
翘曲	板、墙板	$L/1500$	水平尺在两端量测
设计	薄腹梁、桁架、梁	±3	拉线、尺量跨中

注：L 为构件长度（mm）。

检查数量：首次使用及大修后的模板应全数检查；使用中的模板应抽查 10%，且不应小于 5 件，不足 5 件时应全数检查。

二、钢筋工程

钢筋混凝土结构和预应力混凝土结构的钢筋应按下列规定选用：纵向受力钢筋宜采用 HRB400、HRB500、HRBF400、HRBF500 级钢筋，也可采用 HPB300、HRB335、HRBF335、RRB400 级钢筋；梁柱纵向受力钢筋应采用 HRB400、HRB500、HRBF400、HRBF500 级钢筋；箍筋宜采用 HRB400、HRB500、HRBF400、HRBF500、HPB300 级钢筋，也可采用 HRB335、HRBF335 级钢筋；预应力钢筋宜采用钢丝、钢绞线和预应力螺纹钢筋。

（一）钢筋的进场验收和存放

钢筋混凝土工程中所用的钢筋均应进行现场检查验收，合格后方能入库存放、待用。

1. 钢筋的进场验收

钢筋进场时，应检查产品合格证和出厂检验报告，钢筋的外观检验，并按相关标准的规定进行抽样检验，出具复验报告。

产品合格证和出厂检验报告是对产品质量的证明资料，应列出产品的主要性能指标并满足相应的性能指标，符合有关国家标准的规定；当用户有特别要求时，还应列出某些专门检验数据。有时，产品合格证、出厂检验报告可以合并。钢筋的外观检查包括：钢筋应平直、无损伤，表面不得有裂纹、油污、颗粒状或片状锈蚀；钢筋表面凸块不允许超过螺纹的高度；钢筋的外形尺寸应符合有关规定。

进场复验报告是进场抽样检验的结果，并作为材料能否在工程中应用的判断依据。复验报告应按国家现行相关标准的规定抽取试件做力学性能和重量偏差检验，检验结果必须符合有关标准的规定。

对于每批钢筋的检验数量，应按相关产品标准执行。《钢筋混凝土用钢 第 1 部分：热轧光圆钢筋》(GB 1499.1—2017) 和《钢筋混凝土用钢 第 2 部分：热轧带肋钢筋》(GB 1499.2—2018) 中规定每批抽取 5 个试件，先进行重量偏差检验，再取其中 2 个试件进行力学性能检验。

对有抗震设防要求的结构，其纵向受力钢筋的强度应满足设计要求；当设计无具体要求时，对一、二、三级抗震等级设计的框架和斜撑构件中的纵向受力钢筋应采用 HRB335E、HRB400E、HRB500E、HRBF335E、HRBF400E 或 HRBF500E 级钢筋，其强度和最大力下总伸长率的实测值应符合下列规定：钢筋的抗拉强度实测值与屈服强度实测值的比值不应小于 1.25，钢筋的屈服强度实测值与强度标准值的比值不应大于 1.30，钢筋的最大力下总伸长率不应小于 9%。

当发现钢筋脆断、焊接性能不良或力学性能显著不正常等现象时，应对该批钢筋进行化学成分检验或其他专项检验。

2. 钢筋的存放

钢筋运至现场后，必须严格按批分等级、牌号、直径、长度等挂牌存放，并标明数量，不得混淆。钢筋应堆放整齐，避免锈蚀和污染，堆放钢筋的下面要加垫木，以离地一定距离；有条件时，尽量堆入仓库或料棚内。

（二）钢筋配料

钢筋配料是根据结构施工图，先绘出各种形状和规格的单根钢筋简图并加以编号，然后分别计算钢筋下料长度和根数,填写配料单,申请加工。

1. 钢筋下料长度的计算规定

钢筋因弯曲或弯钩会使其长度变化,配料中不能直接根据图纸尺寸下料,因此必须理解混凝土保护层、钢筋弯曲、弯钩等规定,再根据图示尺寸计算其下料长度。

(1)结构施工图中所指钢筋长度是指钢筋外缘至外缘之间的长度,即外包尺寸。

(2)混凝土保护层厚度是指最外层钢筋(包括箍筋、构造筋、分布筋等)外边缘至混凝土构件表面的距离,计算钢筋的下料长度时,应扣除相应的混凝土保护层厚度,如设计无要求时,应符合表 2-27 的规定。

表 2-27　混凝土保护层的最小厚度 c　（单位:mm）

环境类别	板、墙、壳	梁、柱、杆
一	15	20
二 a	20	25
二 b	25	35
三 a	30	40
三 b	40	50

注:1. 混凝土强度等级大于 C25 时,表中保护层厚度数值应增加 5 mm。

2. 钢筋混凝土基础宜设置混凝土垫层,基础中钢筋的保护层厚度应从垫层顶面算起,且不小于 40 mm。

(3)钢筋弯曲量度差值。钢筋长度的度量方法是指外包尺寸,而在计算钢筋下料长度时,是以中心线为准的,因此钢筋弯曲后,外边缘伸长,内边缘缩短,弯曲以后的长度与直钢筋存在一个量度差值(外包尺寸和中心线长度之间的差值),在计算下料长度时应扣除。

根据理论推理和实践经验,当弯折 30° 时,量度差取 $0.3d_0$（d_0 为钢筋直径）;当弯折 45° 时,量度差取 $0.5d_0$;当弯折 60° 时,量度差取 $1.0d_0$;当弯折 135° 时,量度差取 $3.0d_0$。

(4)钢筋弯钩增加值。

受力钢筋的弯钩和弯折应符合下列规定:

①HPB300 级钢筋末端应做 180° 弯钩,其弯弧内直径不应小于钢筋直径的 2.5 倍,弯钩的弯后平直部分长度不应小于钢筋直径的 3 倍。

②当设计要求钢筋末端需做 135° 弯钩时,HRB335、HRB400 级钢筋的弯弧内直径不应小于钢筋直径的 4 倍,弯钩的弯后平直部分长度应符合设计要求。

③钢筋做不大于 90° 的弯折时,弯折处的弯弧内直径不应小于钢筋直径的 5 倍。

④除焊接封闭环式箍筋外,箍筋的末端应做弯钩,弯钩形式应符合设计要求。当设计无具体要求时,应符合下列规定:箍筋弯钩的弯弧内直径除应满足规范的规定外,尚应不小于受力钢筋直径;箍筋弯钩的弯折角度,对一般结构不应小于 90°,对有抗震等要求的结构应为 135°;箍筋弯后平直部分长度,对一般结构不宜小于箍筋直径的 5 倍,对有抗震等要求的结构不应小于箍筋直径的 10 倍。

经计算,HPB300 级钢筋两端做 180° 弯钩的增加长度为每个 $6.25d_0$,HRB335、HRB400 级钢筋端部一般不设弯钩,但由于锚固长度的要求钢筋末端需做 90° 或 180° 弯折,此时可作为中间弯折,考虑量度差即可。

・ 59 ・

（5）箍筋调整值。

为了计算方便，一般将箍筋端部弯钩增加长度与弯折量度差两项合并成一项箍筋长度调整值，见表2-28。

表2-28　箍筋调整值　　　　　　　　　　　　　　　　　　　　　　（单位：mm）

箍筋量度方法	箍筋直径			
	4 ~ 5	6	8	10 ~ 12
量外包尺寸	40	50	60	70
量内包尺寸	80	100	120	150 ~ 170

2. 钢筋下料长度计算公式

直钢筋下料长度 = 构件长度 − 保护层厚度 + 弯钩增加长度

弯起钢筋下料长度 = 直段长度 + 斜段长度 − 弯折量度差值 + 弯钩增加长度

箍筋下料长度 = 直段长度 + 弯钩增加长度 − 弯折量度差值（或箍筋下料长度 = 箍筋外包尺寸 + 箍筋调整值）

（三）钢筋代换

在施工中如遇到钢筋的品种或规格与设计规定不符，需要代换时，应在征得设计单位同意后，办理设计变更文件，按下列原则进行代换。

1. 等强度代换

当构件配筋受强度控制时，可按代换前后强度相等的原则代换，这种代换要求代换后钢筋的承载能力不小于原设计钢筋的承载能力，适用于不同钢筋等级之间的代换。代换时应按以下公式计算：

$$A_{s1}f_{y1} \leqslant A_{s2}f_{y2}$$

即

$$n_1 \frac{\pi d_1^2}{4} f_{y1} \leqslant n_2 \frac{\pi d_2^2}{4} f_{y2}$$

$$n_2 \geqslant \frac{n_1 d_1^2 f_{y1}}{d_2^2 f_{y2}} \tag{2-1}$$

式中　A_{s1}——原钢筋截面设计总面积；

　　　　A_{s2}——代换后钢筋截面总面积；

　　　　f_{y1}——原设计钢筋强度；

　　　　f_{y2}——代换后钢筋强度；

　　　　n_1——原设计钢筋根数；

　　　　n_2——代换后钢筋根数；

　　　　d_1——原设计钢筋直径；

　　　　d_2——代换后钢筋直径。

【例2-1】　某主梁原设计为 HRB335 级钢筋 4 Φ16，因缺货，拟用 HRB400 级 Φ18 的钢筋代换，求代换后的钢筋根数。

解　查有关的工程施工规范得：HRB335 级钢筋强度为 300 N/mm²，HRB400 级钢筋强度为 360 N/mm²。

根据等强度代换计算公式求得

$$n_2 \geqslant \frac{6 \times 16^2 \times 300}{18^2 \times 360} = 3.95$$

因此,取 $n_2 = 4$。

2. 等面积代换

当构件按最小配筋率配筋时,可按代换前后面积相等的原则进行代换,这种代换要求代换后钢筋的总截面面积不小于原设计的钢筋总截面面积,适用于同钢筋等级、不同直径的钢筋间的代换。代换时按下式计算:

$$A_{s1} \geqslant A_{s2}$$

式中 A_{s1}——原设计钢筋的总截面面积;

　　　　A_{s2}——代换后的钢筋的总截面面积。

则　　　　　　　　　　　　　　$$n_2 \geqslant n_1 \frac{d_1^2}{d_2^2} \tag{2-2}$$

式中符号的意义同等强度代换计算公式。

【例2-2】 某工程的墙面原配有 HPB300 级 Φ 10@150 的主筋,现因工地的存货不符合要求,为保证工程施工,拟用 Φ 12 按等面积代换,求钢筋的根数和间距。

解　墙面取 1 m 计算,由式(2-2)得:

$$n_2 \geqslant \frac{1\ 000}{150} \times \frac{10^2}{12^2} = 4.6\ 根, 取\ n_2 = 5\ 根$$

$$间距@ = \frac{1\ 000}{5} = 200(mm)$$

即墙面每米配 Φ 12 钢筋 5 根,间距 200 mm。

3. 钢筋代换的注意事项

钢筋代换时,应办理设计变更文件,并应符合下列规定:

(1)重要受力构件(如吊车梁、薄腹梁、桁架下弦等)不宜用 HPB300 级钢筋代换变形钢筋,以免裂缝开展过大。

(2)钢筋代换后,应满足混凝土结构设计规范中所规定的钢筋间距、锚固长度、最小钢筋直径、根数等配筋构造要求。

(3)梁的纵向受力钢筋与弯起钢筋应分别代换,以保证正截面与斜截面的强度。

(4)有抗震要求的梁、柱和框架,不宜以强度等级较高的钢筋代换原设计中的钢筋;如必须代换,其代换的钢筋检验所得的实际强度,尚应符合抗震钢筋的要求。

(5)预制构件的吊环,必须采用未经冷拉的 HPB300 级钢筋制作,严禁以其他钢筋代换。

(6)当构件受裂缝宽度或挠度控制时,钢筋代换后应进行刚度、裂缝验算。

(四)钢筋加工

钢筋加工是指对经过检验符合质量规定标准的钢筋按配料单进行的钢筋制作。钢筋加工一般集中在施工现场钢筋车间进行,然后运至工地进行安装和绑扎。钢筋加工的形状、尺寸应符合设计要求,其偏差应符合表 2-29 的规定。检查数量按每工作班同一类型钢筋、同一加工设备抽查,不应少于 3 件。

表 2-29　钢筋加工的允许偏差　（单位:mm）

项目	允许偏差
受力钢筋长度方向全长的净尺寸	±10
弯起钢筋的弯折位置	±20
箍筋内净尺寸	±5

钢筋加工过程一般包括:钢筋除锈→调直→切断→接长→弯曲。

1. 钢筋除锈

为保证钢筋与混凝土之间的握裹力,锈蚀的钢筋应除锈。钢筋常用的除锈方法有钢丝刷除锈、砂盘除锈、机械除锈和酸洗除锈。钢丝刷除锈效率不高,仅用于个别钢筋局部有锈痕的部位;砂盘除锈就是生锈的钢筋穿过放有干燥的粗砂和小石子砂盘,来回抽拉即可把钢筋表面的铁锈除掉;大量钢筋除锈可以经机械调直或冷拔加工完成。

2. 钢筋调直

对局部曲折、弯曲或成盘的钢筋在使用前应加以调直。钢筋宜采用无延伸功能的机械设备进行调直,也可采用冷拉方法调直,常用的方法是使用卷扬机拉直和用调直机调直。钢筋调直后应进行力学性能和重量偏差的检验,其强度应符合有关标准的规定。盘卷钢筋和直条钢筋调直后的断后伸长率、重量负偏差应符合表 2-30 的规定。当采用冷拉方法调直时,HPB235、HPB300 级光圆钢筋的冷拉率不宜大于 4%;HRB335、HRB400、HRB500、HRBF335、HRBF400、HRBF500 及 RRB400 级带肋钢筋的冷拉率不宜大于 1%。

检验数量按同一厂家、同一牌号、同一规格调直钢筋,重量不大于 30 t 为一批;每批见证取 3 件试件。检验方法是将 3 个试件先进行重量偏差检验,再取其中 2 个试件经时效处理后进行力学性能检验。检验重量偏差时,试件切口应平滑且与长度方向垂直,且长度不应小于 500 mm;长度和重量的量测精度分别不应低于 1 mm 和 1 g。

表 2-30　盘卷钢筋和直条钢筋调直后的断后伸长率、重量负偏差要求

钢筋牌号	断后伸长率 A(%)	重量负偏差(%)		
		直径 6~12 mm	直径 14~20 mm	直径 22~50 mm
HPB235、HPB300	≥21	≤10	—	—
HRB335、HBRF335	≥16			
HRB400、HBRF400	≥15	≤8	≤6	≤5
RRB400	≥13			
HRB500、HBRF500	≥14			

注:1. 断后伸长率 A 的量测标距为 5 倍钢筋公称直径。

2. 重量负偏差(%)按公式 $(W_0 - W_d) / W_0 \times 100$ 计算,其中 W_0 为钢筋理论重量(kg/m),W_d 为调直后钢筋的实际重量(kg/m)。

3. 对直径为 28~40 mm 的带肋钢筋,表中断后伸长率可降低 1%;对直径大于 40 mm 的带肋钢筋,表中断后伸长率可降低 2%。

4. 采用无延伸功能的机械设备调直的钢筋,可不进行本条规定的检验。

3. 切断

钢筋调直后,即可按钢筋的下料长度进行切断。应根据工地的实有材料,确定下料方案,合理使用钢筋,长料长用,短料短用,力求减少钢筋的损耗。钢筋的切断分为人工切断和机械切断两类。

4. 弯曲

钢筋的弯曲是将已切断、配好的钢筋按照图纸的要求加工成规定的形状尺寸。弯曲分为人工弯曲和机械弯曲两类,宜用钢筋弯曲机或弯箍机进行。

(五)钢筋的连接

钢筋连接的方式可分为三大类,即绑扎连接、焊接和机械连接。

1. 绑扎连接施工工艺

钢筋绑扎安装前,首先熟悉施工图纸,核对钢筋配料单和料牌,研究钢筋安装和与有关工种配合的顺序,准备绑扎用的铁丝、绑扎工具、绑扎架等。钢筋绑扎一般用 18～22 号铁丝,其中 22 号铁丝只用于绑扎直径 12 mm 以下的钢筋。

钢筋绑扎的细部构造应符合下列规定:钢筋的绑扎搭接接头应在接头中心和两端用铁丝扎牢;墙、柱、梁钢筋骨架中各垂直面钢筋网交叉点应全部扎牢;板上部钢筋网的交叉点应全部扎牢,底部钢筋网除边缘部分外可间隔交错扎牢;梁、柱的箍筋弯钩及焊接封闭箍筋的对焊点应沿纵向受力钢筋方向错开设置;构件同一表面,焊接封闭箍筋的对焊接头面积百分率不宜超过 50%;填充墙构造柱纵向钢筋宜与框架梁钢筋共同绑扎;梁及柱中箍筋、墙中水平分布钢筋和暗柱箍筋、板中钢筋距构件边缘的距离宜为 50 mm。

2. 焊接施工工艺

钢筋常用的焊接方法有闪光对焊、电弧焊、电渣压力焊、埋弧压力焊和气压焊等。焊接施工应遵循以下规定:

(1)在工程开工正式焊接之前,参与该项施焊的焊工应进行现场条件下的焊接工艺试验,并经试验合格后,方可正式生产。试验结果应符合质量检验与验收时的要求。

(2)钢筋焊接施工之前,应清除钢筋、钢板焊接部位以及钢筋与电极接触处表面上的锈斑、油污、杂物等;当钢筋端部有弯折、扭曲时,应予以矫直或切除。

(3)带肋钢筋进行闪光对焊、电弧焊、电渣压力焊和气压焊时,宜将纵肋对纵肋安放和焊接。

(4)焊剂应存放在干燥的库房内,若受潮,在使用前应经 250～350 ℃烘焙 2 h。使用中回收的焊剂应清除熔渣和杂物,并应与新焊剂混合均匀后使用。

(5)细晶粒热轧钢筋 HRBF335、HRBF400、HRBF500 施焊时,可采用与 HRB335、HRB400、HRB500 级钢筋相同的或者近似的,并经试验确认的焊接工艺参数。

(6)电渣压力焊适用于柱、墙、构筑物等现浇混凝土结构中竖向受力钢筋的连接,不得在竖向焊接后横置于梁、板等构件中做水平钢筋使用。

1)闪光对焊

闪光对焊是将两钢筋以对接形式安放在对焊机上,利用电阻热使接触点金属熔化,产生强烈闪光和飞溅,迅速施加顶锻力完成的一种压焊方法。其可分为连续闪光焊、预热闪光焊、闪光-预热-闪光焊三种。

(1)连续闪光焊。工艺过程包括闪光和顶锻。适用于直径 22 mm 以内的 HPB300、

HRB335 和 HRB400 级钢筋。

（2）预热闪光焊。工艺是在连续闪光焊前增加一次预热过程。适用于焊接直径大于 22 mm 且端面较平整的 HPB300、HRB335、HRB400 和 HRB500 级钢筋。

（3）闪光 - 预热 - 闪光焊。该工艺是在预热闪光焊前再增加一次闪光过程，使预热均匀。适用于焊接直径大于 22 mm 且端面不平整的 HPB300、HRB335、HRB400 和 HRB500 级钢筋。

箍筋闪光对焊的焊点位置宜设在箍筋受力较小一边；不等边的多边形柱箍筋对焊点位置宜设在两个边上，见图 2-36；大尺寸箍筋焊点位置见图 2-37。

闪光对焊接头的质量检验，应分批进行外观检查和力学性能检验，应符合以下要求：

（1）在同一台班内，由同一个焊工完成的 300 个同牌号、同直径钢筋焊接接头应作为一批。当同一台班内焊接的接头数量较少，可在一周之内累计计算；累计仍不足 300 个接头时，应按一批计算；力学性能检验时，应从每批接头中随机切取 6 个接头，其中 3 个做拉伸试验，3 个做弯曲试验；异径接头可只做拉伸试验。

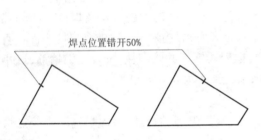

图 2-36　不等边多边形箍筋的焊点位置

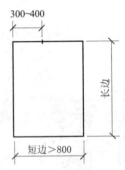

图 2-37　大尺寸箍筋焊点位置

（2）闪光对焊接头外观检查结果应符合下列要求：接头处不得有横向裂纹；与电极接触处的钢筋表面不得有明显烧伤；接头处的弯折角度不得大于 2°；接头处的轴线偏移不得大于钢筋直径的 0.1 倍，且不得大于 1 mm。

2）电弧焊

电弧焊是以焊条作为一极，钢筋作为另一极，利用焊接电流通过产生的电弧热进行焊接的一种熔焊方法，广泛用于钢筋接头与钢筋骨架焊接、装配式结构接头焊接、钢筋与钢板焊接及各种钢结构焊接，包括焊条电弧焊和二氧化碳气体保护电弧焊两种工艺方法。电弧焊的接头形式有三种：搭接接头、帮条焊接头及坡口焊接头。

a. 搭接焊（搭接接头）

搭接焊时，宜采用双面焊；当不能进行双面焊时，方可采用单面焊。帮条焊接头或搭接焊接头的焊缝厚度 s 不应小于主筋直径的 0.3 倍，焊缝宽度 b 不应小于主筋直径的 0.8 倍（见图 2-38）。适用于焊接直径为 10 ~ 40 mm 的 Ⅰ ~ Ⅳ 级钢筋。

b. 帮条焊

帮条焊时，宜采用双面焊；当不能进行双面焊时，方可采用单面焊，帮条焊接头如图 2-39 所示。焊接时除要求主筋接头端面间隙凸出 2 ~ 5 mm 外，其余与搭接焊要求相同。当帮条牌号与主筋相同时，帮条直径可与主筋相同或小一个规格；当帮条直径与主筋相同时，帮条牌号可与主筋相同或低一个牌号。

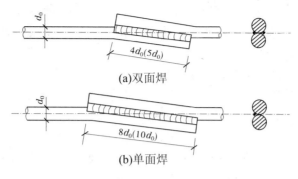

(a)双面焊

(b)单面焊

（图中括号内数值用于Ⅱ、Ⅲ级钢筋）

图 2-38　搭接焊接头

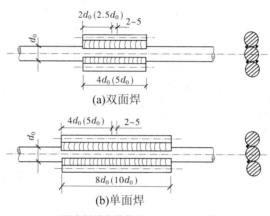

(a)双面焊

(b)单面焊

（图中括号内数值用于Ⅱ、Ⅲ级钢筋）

图 2-39　帮条焊接头

c. 坡口焊

坡口焊多用于装配式框架柱、梁钢筋对接焊。钢垫板厚度宜为 4~6 mm,长度宜为40~60 mm;平焊时,垫板宽度应为钢筋直径加 10 mm;横焊时,垫板宽度宜等于钢筋直径;焊缝的宽度应大于 V 形坡口的边缘 2~3 mm,焊缝余高为 2~4 mm,并平缓过渡至钢筋表面;钢筋与钢垫板之间,应加焊二、三层侧面焊缝,如图 2-40 所示。

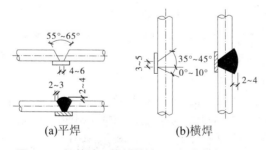

(a)平焊　　　　(b)横焊

图 2-40　钢筋坡口焊接接头　（尺寸单位:mm）

电弧焊接头的质量检验,应分批进行外观检查和力学性能检验,应符合以下要求:

（1）在现浇混凝土结构中,应以 300 个同牌号钢筋、同型式接头作为一批;在房屋结构中,应在不超过二楼层中 300 个同牌号钢筋、同型式接头作为一批。每批随机切取 3 个接头,做拉伸试验。在装配式结构中,可按生产条件制作模拟试件,每批 3 个,做拉伸试验。钢筋与钢板电弧搭接焊接头可只进行外观检查;在同一批中若有几种不同直径的钢筋焊接接头,应在最大直径钢筋接头和最小直径钢筋接头中分别切取 3 个试件进行拉伸试验。

(2)电弧焊接头外观检查结果应符合下列要求:焊缝表面应平整,不得有凹陷或焊瘤;焊接接头区域不得有肉眼可见的裂纹;咬边深度、气孔、夹渣等缺陷允许值及接头尺寸的允许偏差应符合规范的规定;坡口焊接头的焊缝余高应为 2~4 mm。

3)电渣压力焊

电渣压力焊是将两钢筋安放成竖向对接形式,利用焊接电流通过两钢筋端面间隙,在焊剂层下形成电弧过程和电渣过程,产生电弧热和电阻热,熔化钢筋,加压完成的一种压焊方法。适用于施工现场直径 14~40 mm 的竖向或斜向(倾斜度 4:1)钢筋的焊接接长。

施工要点如下:

(1)焊接夹具的上下钳口应夹紧于上、下钢筋上;钢筋一经夹紧,应同心,且不得晃动。

(2)引弧可采用直接引电弧法或铁丝圈(焊条芯)引弧法。

(3)引燃电弧后,应先进行电弧过程,然后加快上钢筋下送速度,使上钢筋端面插入液态渣池约 2 mm,转变为电渣,最后在断电的同时,迅速下压上钢筋,挤出熔化金属和熔渣。

(4)接头焊毕,应稍作停歇,方可回收焊剂和卸下焊接夹具;敲去渣壳后,四周焊包凸出钢筋表面的高度,当钢筋直径为 25 mm 及以下时不得小于 4 mm;当钢筋直径为 28 mm 及以上时不得小于 6 mm。

电渣压力焊接头的质量检验,应分批进行外观检查和力学性能检验,可参照电弧焊接头的质量检验。

4)电阻点焊

电阻点焊是将两钢筋安放成交叉叠接形式,压紧于两电极之间,利用电阻热熔化母材金属,加压形成焊点的一种压焊方法。钢筋焊接骨架和钢筋焊接网可由 HPB300、HRB335、HRBF335、HRB400、HRBF400、HRB500、CRB550 级钢筋制成。

当两根钢筋直径不同,焊接骨架较小钢筋直径小于或等于 10 mm 时,大、小钢筋直径之比不宜大于 3;当钢筋直径为 12~16 mm 时,大、小钢筋直径之比不宜大于 2。焊接网较小钢筋直径不得小于较大钢筋直径的 0.6 倍。

电阻点焊的工艺过程包括预压、通电、锻压三个阶段。

焊接骨架和焊接网的质量检验应包括外观检查和力学性能检验,并按规定抽取试样。

(1)凡钢筋牌号、直径及尺寸相同的焊接骨架和焊接网应视为同一类型制品,且每 300件作为一批,一周内不足 300 件的也应按一批计算。

(2)外观检查应按同一类型制品分批检查,每批抽查 5%,且不得少于 10 件。

(3)力学性能检验的试样,应从每批成品中切取;切取过试样的制品,应补焊同牌号、同直径的钢筋,其每边的搭接长度不应小于 2 个孔格的长度。

(4)当焊接骨架所切取试样的尺寸小于规定的试样尺寸,或受力钢筋直径大于 8 mm时,可在生产过程中制作模拟焊接试验网片,从中切取试样。

(5)由几种直径钢筋组合的焊接骨架或焊接网,应对每种组合的焊点做力学性能检验。

(6)热轧钢筋的焊点应做剪切试验,试样数量为 3 个;对冷轧带肋钢筋还应沿钢筋焊接网两个方向各截取一个试样进行拉伸试验。

(7)焊接骨架外观质量检查结果应符合下列要求:每件制品的焊点脱落、漏焊数量不得超过焊点总数的4%,且相邻两焊点不得有漏焊及脱落;应量测焊接骨架的长度和宽度,并应抽查纵、横方向3~5个网格的尺寸,其允许偏差应符合表2-31的规定。当外观检查结果不符合上述要求时,应逐件检查,并剔除不合格品。对不合格品经整修后,可提交二次验收。

表2-31　焊接骨架的允许偏差　　　　　　　　　　(单位:mm)

项目		允许偏差
焊接骨架	长度	±10
	宽度	±5
	高度	±5
骨架钢筋间距		±10
受力主筋	间距	±15
	排距	±5

3. 机械连接施工工艺

钢筋机械连接是通过钢筋与连接件的机械咬合作用或钢筋端面的承压作用,将一根钢筋中的力传递至另一根钢筋的连接方法。常用的机械连接方法有三种:套筒挤压连接、锥螺纹连接和直螺纹连接。

1)套筒挤压连接

套筒挤压连接是将两根待连接钢筋插入一个特制钢套筒内,采用挤压机和压模在常温下对套筒加压,使两根钢筋紧密咬合,达到连接的目的。

按挤压方式又可分为径向挤压和轴向挤压套筒连接。由于轴向挤压连接现场施工不方便及接头质量不够稳定,没有得到推广。现在工程中使用的套筒挤压连接接头都是径向挤压连接。

径向挤压套筒连接工艺流程:钢筋套筒验收→钢筋断料,刻划钢筋套入长度,定出标记→套筒套入钢筋→安装挤压机→起动液压泵,逐渐加压套筒至接头成形→卸下挤压机→接头外形检查→质量检验→完工。

2)锥螺纹连接

锥螺纹连接是利用锥形螺纹套筒将两根钢筋端头对接在一起,利用螺纹的机械咬合传递力。锥螺纹钢筋连接克服了套筒挤压连接技术存在的不足,但存在螺距单一的缺陷,已逐渐被直螺纹连接接头所代替。

3)直螺纹连接

直螺纹连接是利用直螺纹套筒将两根钢筋端头对接在一起,也是利用螺纹的机械咬合传递力。其可分为钢筋冷镦直螺纹连接、钢筋滚压直螺纹连接和钢筋剥肋滚压直螺纹连接,其中冷镦直螺纹连接由于镦头质量较难控制,所以近年已很少使用。剥肋滚压直螺纹连接和滚压直螺纹连接操作工艺基本相同,唯一的区别是增加了钢筋的剥肋工序,使成型螺纹精度高,滚丝轮寿命长,是目前直螺纹套筒连接的主流技术。

剥肋滚压直螺纹连接工艺流程:加工前检查,就位→剥肋滚压螺纹→螺纹质量检验→套丝保护→连接套筒检验→现场连接→接头检验。

4. 钢筋连接接头的质量验收要求

1）主控项目

（1）纵向受力钢筋的连接方式应符合设计要求。

（2）在施工现场，应按国家现行标准《钢筋机构连接通用技术规程》（JGJ 107）、《钢筋焊接及验收规程》（JGJ 18）的规定抽取钢筋机械连接接头、焊接接头试件做力学性能检验，其质量应符合有关规程的规定。接头试件应从工程实体中截取。

（3）螺纹接头应检验拧紧扭矩值，挤压接头应量测压痕直径，检验结果应符合《钢筋机械连接技术规程》（JGJ 107）的相关规定。

2）一般项目

（1）钢筋的接头宜设置在受力较小处。同一纵向受力钢筋不宜设置两个或两个以上接头。接头末端至钢筋弯起点的距离不应小于钢筋直径的 10 倍。

（2）在施工现场，应按国家现行标准《钢筋机械连接通用技术规程》（JGJ 107）、《钢筋焊接及验收规程》（JGJ 18）的规定对钢筋机械连接接头、焊接接头的外观进行检查，其质量应符合有关规程的规定。

（3）当受力钢筋采用机械连接接头或焊接接头时，设置在同一构件内的接头宜相互错开。纵向受力钢筋机械连接接头及焊接接头连接区段的长度为 $35d$（d 为纵向受力钢筋的较大直径）且不小于 500 mm，凡接头中点位于该连接区段长度内的接头均属于同一连接区段。同一连接区段内，纵向受力钢筋机械连接及焊接的接头面积百分率为该区段内有接头的纵向受力钢筋截面面积与全部纵向受力钢筋截面面积的比值。

同一连接区段内，纵向受力钢筋的接头面积百分率应符合设计要求。当设计无具体要求时，应符合下列规定：在受拉区不宜大于 50%；接头不宜设置在有抗震设防要求的框架梁端、柱端的箍筋加密区；当无法避开时，对等强度高质量机械连接接头，不应大于 50%；直接承受动力荷载的结构构件中，不宜采用焊接接头；当采用机械连接接头时，不应大于 50%。

检查数量：在同一检验批内，对梁、柱和独立基础，应抽查构件数量的 10%，且不少于 3 件；对墙和板，应按有代表性的自然间抽查 10%，且不少于 3 间；对大空间结构，墙可按相邻轴线间高度 5 m 左右划分检查面，板可按纵横轴线划分检查面，抽查 10%，且均不少于 3 面。

（4）同一构件中相邻纵向受力钢筋的绑扎搭接接头宜相互错开。绑扎搭接接头中钢筋的横向净距不应小于钢筋直径，且不应小于 25 mm。

钢筋绑扎搭接接头连接区段的长度为 $1.3l_a$（l_a 为搭接长度），凡搭接接头中点位于该连接区段长度内的搭接接头均属于同一连接区段。同一连接区段内，纵向钢筋搭接接头面积百分率为该区段内有搭接接头的纵向受力钢筋截面面积与全部纵向受力钢筋截面面积的比值，如图 2-41 所示。

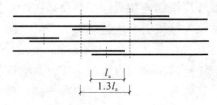

（注：图中所示搭接接头同一连接区段内的搭接钢筋为两根，当各钢筋直径相同时，接头面积百分率为 50%。）

图 2-41　钢筋绑扎搭接接头连接区段及接头面积百分率

同一连接区段内，纵向受拉钢筋搭接接头面积百分率应符合设计要求。当设计无具体要求时，应符合下列规定：对梁类、板类及墙类构件，不宜大于 25%；对柱类构件，不宜大于

50%。当工程中确有必要增大接头面积百分率时,对梁类构件,不应大于50%;对其他构件,可根据实际情况放宽。

检查数量:在同一检验批中,对梁、柱和独立基础,应抽查构件数量的10%,且不少于3件;对墙和板,应按有代表性的自然间抽查10%,且不少于3间;对大空间结构,墙可按相邻轴线间高度5 m左右划分检查面,板可按纵、横轴线划分检查面,抽查10%,且均不少于3面。

(5)在梁、柱类构件的纵向受力钢筋搭接长度范围内,应按设计要求配置箍筋。当设计无具体要求时,应符合下列规定:箍筋直径不应小于搭接钢筋较大直径的0.25倍;受拉搭接区段的箍筋间距不应大于搭接钢筋较小直径的5倍,且不应大于100 mm;受压搭接区段的箍筋间距不应大于搭接钢筋较小直径的10倍,且不应大于200 mm;当柱中纵向受力钢筋直径大于25 mm时,应在搭接接头两个端面外100 mm范围内各设置两个箍筋,其间距宜为50 mm。

检查数量:在同一检验批内,对梁、柱和独立基础,应抽查构件数量的10%,且不少于3件;对墙和板,应按有代表性的自然间抽查10%,且不少于3间;对大空间结构,墙可按相邻轴线间高度5 m左右划分检查面,板可按纵、横轴线划分检查面,抽查10%,且均不少于3面。

(六)钢筋的安装

1.施工工艺

(1)底板及承台钢筋绑扎:弹出钢筋位置线→先绑扎承台、地梁钢筋→铺底板下层钢筋→摆放钢筋马凳→绑扎上层钢筋。

(2)柱子钢筋绑扎:安柱主筋→安箍筋→绑垫块→吊线绑扎。

(3)梁钢筋安装:安纵筋→加垫筋→套箍筋→绑扎。

(4)板、墙钢筋网安装:同基础。

2.施工要点

(1)核对成品钢筋与料单及图纸是否相符,确定绑扎先后顺序及方法,确定钢筋保护层厚度。

(2)钢筋的布放位置要准确,绑扎要牢固。钢筋绑扎前要先弹出钢筋位置线,确保钢筋位置准确。钢筋现场绑扎之前要核对型号、直径、形状、尺寸及数量。绑扎用20～22号镀锌铁丝。绑扎完成后,要及时核对钢筋级别、直径、根数、位置、间距是否与图纸设计相符。

(3)受力钢筋的绑扎接头位置和接头面积百分率要符合设计及施工验收规范要求。

(4)钢筋在混凝土中的保护层厚度,可用塑料卡垫在钢筋与模板之间进行控制,垫块应布置成梅花形,其相互间距不大于1 m,上下双层钢筋之间的尺寸可用绑扎短钢筋来控制。

(5)对于双向双层板钢筋,为确保钢筋位置准确,垫以钢筋马凳,其间距不大于1 m。

(6)楼板支座处的附加钢筋和悬挑构件的受力筋的保护层采用钢筋马凳控制,间距为1 000 mm,保证受力筋不变形、不产生位移。

3.质量要求

1)主控项目

钢筋安装时,受力钢筋的品种、级别、规格和数量必须符合设计要求。

2）一般项目

钢筋安装位置的偏差应符合表 2-32 的规定。

表 2-32　钢筋安装位置的允许偏差和检验方法

项目			允许偏差（mm）	检验方法
绑扎钢筋网	长、宽		±10	钢尺检查
	网眼尺寸		±20	钢尺量连续三档,取最大值
绑扎钢筋骨架	长		±10	钢尺检查
	宽、高		±5	钢尺检查
受力钢筋	间距		±10	钢尺量两端、中间各一点,取最大值
	排距		±5	
	保护层厚度	基础	±10	钢尺检查
		柱、梁	±5	钢尺检查
		板、墙、壳	±3	钢尺检查
绑扎箍筋、横向钢筋间距			±20	钢尺量连续三档,取最大值
钢筋弯起点位置			20	钢尺检查
预埋件	中心线位置		5	钢尺检查
	水平高差		+3,0	钢尺和塞尺检查

注:1. 检查预埋件中心线位置时,应沿纵、横两个方向量测,并取其中的较大值。

　　2. 表中梁类、板类构件上部纵向受力钢筋保护层厚度的合格点率应达到 90% 及以上,且不得有超过表中数值 1.5 倍的尺寸偏差。

检查数量:在同一检验批内,对梁、柱和独立基础,应抽查构件数量的 10%,且不少于 3 件;对墙和板,应按有代表性的自然间抽查 10%,且不少于 3 间;对大空间结构,墙可按相邻轴线间高度 5 m 左右划分检查面,板可按纵、横轴线划分检查面,抽查 10%,且均不少于 3 面。

三、混凝土工程

混凝土工程施工包括制备、搅拌、运输、浇筑、振捣和养护等施工过程。

（一）混凝土制备

1. 混凝土施工配合比

混凝土配合比应按《普通混凝土配合比设计规程》（JGJ 55—2011）的有关规定,根据混凝土强度等级、耐久性和工作性等要求进行设计。混凝土配合比设计应符合下列要求,并应经试验确定。

（1）应在满足混凝土强度、耐久性和工作性要求的前提下,减少水泥和水的用量。

（2）当有抗冻、抗渗、抗氯离子侵蚀和化学腐蚀等耐久性要求时,尚应符合现行国家标准《混凝土结构耐久性设计规范》（GB/T 50476）的有关规定。

（3）应分析环境条件对施工及工程结构的影响。

（4）试配所用的原材料应与施工实际使用的原材料一致。

遇有下列情况时,应重新进行配合比设计:当混凝土性能指标有变化或有其他特殊要求时;当原材料品质发生显著改变时;同一配合比的混凝土生产间断三个月以上时。

2. 施工配合比换算

施工配料时影响混凝土质量的因素主要有两方面:一是称量不准;二是未按砂、石集料实际含水量的变化进行施工配合比的换算。

(1)要严格控制混凝土配合比,严格对每盘混凝土的原材料过秤计量,每盘称量允许偏差为水泥及掺合料±2%,砂石±3%,水及外加剂±2%。

(2)施工时应测定砂、石集料的含水量,并将混凝土配合比换算成在实际含水量情况下的施工配合比。

设混凝土实验室配合比为水泥:砂子:石子:水 $=1:x:y:w$,测得砂子的含水量为 w_x,石子的含水量为 w_y,则施工配合比应为 $1:x(1+w_x):y(1+w_y):(w-xw_x-yw_y)$。

【例2-3】 已知 C30 混凝土的实验室配合比为 1:2.53:5.10:0.65,即水灰比为 0.65,经测定砂的含水量为 3%,石子的含水量为 1%,每 1 m^3 混凝土的水泥用量 300 kg,求施工配合比。

解 $1:2.53\times(1+3\%):5.10\times(1+1\%):(0.65-2.53\times3\%-5.10\times1\%)$
$$=1:2.61:5.15:0.52$$

每 1 m^3 混凝土材料用量为

水泥:300 kg

砂子:$300\times2.61=783(kg)$

石子:$300\times5.10=1\ 545(kg)$

水:$300\times0.52=156(kg)$

(二)混凝土搅拌

混凝土搅拌是将水、水泥、粗集料和细集料进行均匀拌和及混合的过程。同时,通过搅拌还要使材料达到强化、塑化的作用。混凝土的搅拌,除零星分散且用于非重要部位的可采用人工拌制外,均应采用机械搅拌。混凝土搅拌机按搅拌原理分为自落式和强制式两种,混凝土宜采用强制式搅拌机搅拌。

自落式搅拌机适用于搅拌塑性混凝土和低流动性混凝土,但搅拌力小、动力消耗大、效率低,正日益被强制式搅拌机所取代;强制式搅拌机适于搅拌干硬性混凝土和轻集料混凝土,也可以搅拌低流动性混凝土。强制式搅拌机又分为立轴式和卧轴式两种。

为拌制出均匀优质的混凝土,除合理地选择搅拌机的类型外,还必须合理地确定搅拌制度,其内容包括进料容量、搅拌时间与投料顺序三个方面。

1. 进料容量

进料容量是搅拌前将各种材料的体积累积起来的容量,又称干料容量。进料容量与搅拌机搅拌筒的几何容量有一定的比例关系。进料容量一般是搅拌机几何容量的 1/2～1/3,出料容量通常为装料容量的 0.55～0.72。进料过多,会使材料在搅拌筒内无充分的空间进行拌和,影响混凝土均匀性;反之,进料过少,又不能充分发挥机械的效能。

2. 搅拌时间

混凝土的搅拌时间是指从砂、石、水泥和水等全部材料投入搅拌筒起,到开始卸料为止所经历的时间。搅拌时间与混凝土的搅拌质量密切相关,随搅拌机类型和混凝土的和易性不同而变化。在一定范围内,随搅拌时间的延长,强度有所提高,但过长则降低生产率,还降低了混凝土的和易性或产生分层离析现象,影响混凝土的质量。加气混凝土还会因搅拌时间过长而使含气量下降。搅拌时间过短则混凝土拌和不均匀。

为获得搅拌均匀、强度和工作性能满足要求的混凝土所需的最低限度的搅拌时间称为最短搅拌时间,混凝土搅拌的最短时间可按表2-33采用,当能保证搅拌均匀时可适当缩短搅拌时间。搅拌强度等级C60及以上的混凝土时,搅拌时间应适当延长。

表2-33　混凝土搅拌的最短时间　　　　　　　　　　　　（单位:s）

混凝土坍落度(mm)	搅拌机机型	搅拌机出料量		
		<250 L	250~500 L	>500 L
≤40	强制式	60	90	120
>40 且 <100	强制式	60	60	90
≥100	强制式	60		

注:1.混凝土搅拌的最短时间是指全部材料装入搅拌筒中起,到开始卸料止的时间。

　　2.当掺有外加剂与矿物掺合料时,搅拌时间应适当延长。

　　3.采用自落式搅拌机时,搅拌时间宜延长30 s。

　　4.当采用其他形式的搅拌设备时,搅拌的最短时间也可按设备说明书的规定或经试验确定。

3.投料顺序

投料顺序应从提高搅拌质量、减少拌和物与搅拌筒的黏结、减少水泥飞扬、改善工作环境、提高混凝土的强度、节约水泥等诸方面综合考虑确定。常用的有一次投料法、两次投料法和水泥裹砂法等。

1)一次投料法

在料斗中先装石子,再加水泥和砂,将水泥夹于砂与石子之间,依次投入搅拌筒内加水搅拌。这是目前最普遍采用的方法。

2)两次投料法

它可分为预拌水泥砂浆法和预拌水泥净浆法。预拌水泥砂浆法是先将水泥、砂和水加入搅拌筒内进行充分搅拌,成为均匀的水泥砂浆后,再加入石子搅拌成均匀的混凝土。预拌水泥净浆法是先将水泥和水充分搅拌成均匀的水泥净浆后,再加入砂和石搅拌成混凝土。两次投料法搅拌的混凝土与一次投料法相比较,混凝土的强度可提高15%,在强度相同的情况下,可节约水泥15% ~20%。

3)水泥裹砂法

水泥裹砂法又称SEC法,它是分两次加水,两次搅拌。首先加适量的水使砂表面湿润,再加石子与湿砂拌匀,然后将全部水泥投入与砂石共同拌和,使水泥在砂石表面形成一层低水灰比的水泥浆壳,最后将剩余的水和外加剂加入搅拌成混凝土。水泥裹砂法制备的混凝土与一次投料法相比,强度可提高20% ~30%,混凝土不易产生离析和泌水现象,工作性好。

(三)混凝土运输

1.运输要求

(1)保证混凝土的浇筑量。混凝土运输须保证浇筑工作能连续进行,应按混凝土的最大浇筑量来选择混凝土运输方法及运输设备的型号和数量。

（2）保证混凝土在初凝前浇筑完毕。应以最短的时间和最少的转运次数将混凝土从搅拌地点运至浇筑地点，混凝土从搅拌机卸出后到振捣完毕的延续时间按表2-34的规定。

表2-34　混凝土从搅拌机卸出后到振捣完毕的延续时间　　　　　　（单位:min）

混凝土强度等级	气候	
	≤25 ℃	>25 ℃
≤C30	120	90
>C30	90	60

（3）保证混凝土在运输过程中的均匀性。不应产生分层离析、水泥浆流失、坍落度变化以及产生初凝现象。

2.运输工具的选择

混凝土运输分地面水平运输、垂直运输和楼面水平运输等三种。

（1）地面水平运输时，短距离多用双轮手推车、机动翻斗车;长距离宜用自卸汽车、混凝土搅拌运输车、混凝土泵等。

混凝土搅拌运输车适用于建有混凝土集中搅拌站的城市内混凝土输送,容量一般为6～12 m³。运输途中搅拌筒以2～4 r/min的转速搅动筒内混凝土拌和料,以保证混凝土在长途运输中不致离析;混凝土泵适用于水平距离在1 500 m内、需连续进行浇筑的混凝土输送。

（2）垂直运输可采用各种井架、龙门架、塔式起重机和混凝土泵作为垂直运输工具。对于浇筑量大、浇筑速度比较稳定的大型设备基础和高层建筑,宜采用混凝土泵。

3.混凝土泵

混凝土泵可一次完成水平及垂直输送,将混凝土直接输送至浇筑地点,是一种高效的混凝土运输和浇筑机具。

（1）混凝土泵的选择及布置应符合下列规定:

①输送泵的选型应根据工程特点、混凝土输送高度和距离、混凝土工作性确定。

②输送泵的数量应根据混凝土浇筑量和施工条件确定,必要时宜设置备用泵。

③输送泵设置的位置应满足施工要求,场地应平整、坚实,道路应畅通。

④输送泵的作业范围不得有阻碍物,输送泵设置的位置应有防范高空坠物的设施。

（2）混凝土输送管。

混凝土输送管有直管、弯管、锥形管和浇筑软管等,一般由合金钢、橡胶、塑料等材料制成,直径一般为110 mm、125 mm、150 mm。管径的选择根据混凝土集料的最大粒径、输送距离、输送高度及其他施工条件确定。混凝土输送泵管的选择与支架的设置应符合下列规定:

①混凝土输送泵管应根据输送泵的型号、拌和物性能、总输出量、单位输出量、输送距离以及粗集料粒径等进行选择。

②混凝土粗集料最大粒径不大于25 mm时,可采用内径不小于125 mm的输送泵管;混凝土粗集料最大粒径不大于40 mm时,可采用内径不小于150 mm的输送泵管。

③输送泵管安装接头应严密,输送泵管道转向宜平缓。

④输送泵管应采用支架固定,支架应与结构牢固连接,输送泵管转向处支架应加密。支

架应通过计算确定,必要时还应对设置位置的结构进行验算。

⑤垂直向上输送混凝土时,地面水平输送泵管的直管和弯管总的折算长度不宜小于垂直输送高度的0.2倍,且不宜小于15 m。

⑥输送泵管倾斜或垂直向下输送混凝土,且高差大于20 m时,应在倾斜或垂直管下端设置直管或弯管,直管或弯管总的折算长度不宜小于高差的1.5倍。

⑦垂直输送高度大于100 m时,混凝土输送泵出料口处的输送泵管位置应设置截止阀。

⑧混凝土输送泵管及其支架应经常进行过程检查和维护。

(3)泵送混凝土施工中应注意以下问题:

①输送管的布置宜短直,尽量减少弯管数,转弯宜缓,管段接头要严密,少用锥形管。

②混凝土的供料应保证混凝土泵能连续工作,不间断;正确选择集料级配,严格控制配合比。

③泵送前,为减少泵送阻力,应先用适量与混凝土内成分相同的水泥浆或水泥砂浆润滑输送管内壁。

④泵送过程中,泵的受料斗内应充满混凝土,防止吸入空气形成阻塞。

⑤若停歇时间超过45 min,应立即用压力或其他方法冲洗管内残留的混凝土;泵送结束后,要及时清洗泵体和管道。

(四)混凝土浇筑

1.混凝土浇筑前的准备工作

(1)检查模板的位置、标高、尺寸、强度和刚度是否符合要求,接缝是否严密,预埋件位置和数量是否符合图纸要求,清理模板内垃圾、积水和钢筋上的油污,高温天气下模板宜浇水湿润。

(2)检查钢筋的规格、数量、位置、接头和保护层厚度是否正确,做好钢筋工程隐蔽记录。

(3)准备和检查材料、机具等,做好施工组织和技术、安全交底工作。

2.混凝土浇筑的一般规定

(1)浇筑前混凝土不应发生初凝和离析现象,混凝土运到现场后,其坍落度应满足表2-35的要求。

表2-35 混凝土浇筑时的坍落度 （单位:mm）

结构种类	坍落度
基础或地面等的垫层、无配筋的大体积结构 （挡土墙、基础等）或配筋稀疏的结构	10～30
板、梁和大型及中型柱子等	30～50
配筋密列的结构(薄壁、斗仓、筒仓、细柱等)	50～70
配筋特密的结构	70～90

注:1.本表系指采用机械振捣的混凝土坍落度,采用人工捣实时可适当增大。

2.需要配制大坍落度混凝土时,应掺用外加剂。

3.曲面或斜面结构的混凝土的坍落度值应根据实际需要另行选定。

4.轻集料混凝土的坍落度宜比表中数值减小10～20 mm。

(2)当混凝土自高处倾落,粗骨料粒径大于25 mm时自由倾落高度不宜超过3 m。粗骨料粒径小于或等于 25 mm 时,自由倾落高度不超过 6 m;否则应设串筒、斜槽、溜管或振动溜管等,如图 2-42 所示。

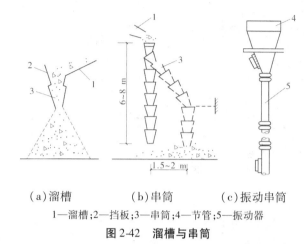

（a）溜槽 　　　　（b）串筒 　　　　（c）振动串筒

1—溜槽;2—挡板;3—串筒;4—节管;5—振动器

图 2-42　溜槽与串筒

（3）混凝土应分层进行浇筑,分层浇筑应符合表 2-36 分层振捣厚度要求,上层混凝土应在下层混凝土初凝之前浇筑完毕。

（4）混凝土的浇筑应连续进行,其最大间歇时间不应超过表 2-37 的规定。

（5）在浇筑墙、柱等竖向结构混凝土时,底部应先浇入 30 mm 厚与混凝土成分相同的水泥砂浆,以保证新、旧混凝土结合良好,避免产生烂根。

（6）混凝土浇筑的布料点宜接近浇筑位置,浇筑过程中应采取减少混凝土下料冲击的措施,并应符合下列规定:宜先浇筑竖向结构构件,后浇筑水平结构构件;浇筑区域结构平面有高差时,宜先浇筑低区部分再浇筑高区部分。

表 2-36　混凝土的浇筑层厚度　　　　　　　　　　（单位:mm）

项次	捣实混凝土的方法	浇筑层的厚度
1	振动棒	振捣器作用部分的 1.25 倍
2	表面振动器	200 mm
3	附着振动器	根据设置方式,通过试验确定

表 2-37　混凝土浇筑中的最大间歇时间　　　　　　（单位:min）

条件	气温	
	≤25 ℃	>25 ℃
不掺外加剂	180	150
掺外加剂	240	210

3.施工缝的留设与处理

由于技术或施工组织的原因,致使混凝土的浇筑不能连续进行,中间的间歇时间超过混凝土的初凝时间,则应留置施工缝。施工缝宜留在结构受力（剪力）较小且便于施工的部位。

1）施工缝留设位置

柱子的施工缝宜留在基础与柱子交接处的水平面上,或梁的下面,或吊车梁牛腿的下面,吊车梁的上面,无梁楼盖柱帽的下面,如图 2-43 所示。在框架结构中,如果梁的负筋向下弯入柱内,施工缝也可设置在这些钢筋的下端,以便绑扎。

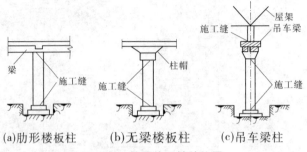

(a)肋形楼板柱　　(b)无梁楼板柱　　(c)吊车梁柱

图 2-43　柱子施工缝的位置

高度大于 1 m 的钢筋混凝土梁的水平施工缝,应留在楼板底面以下 20～30 mm 处,当板下有梁托时,留在梁托下部。单向平板的施工缝,可留在平行于短边的任何位置处;对于有主次梁的楼板结构,宜顺着次梁方向浇筑,施工缝应留在次梁跨度的中间 1/3 范围内,如图 2-44 所示。墙的施工缝应留置在门窗洞口过梁跨中的 1/3 范围内,也可留在纵、横墙交接处。楼梯施工缝应在梯段长度中间的 1/3 范围内,栏板施工缝与梯段施工缝相对应,栏板混凝土与踏步板一起浇捣。施工缝的表面应与构件的纵向轴线垂直,即柱与梁的施工缝表面垂直其轴线,板和墙的施工缝应与其表面垂直。

2)施工缝的处理

在施工缝处浇筑混凝土时,应待缝端混凝土的抗压强度不小于 1.2 MPa 方可进行。在浇筑混凝土之前,应除去施工缝表面的浮浆、松动石子和软弱混凝土层,并加以充分湿润和冲洗干净。在浇筑混凝土时,施工缝处宜先铺水泥浆(水泥:水 = 1:0.4)或与混凝土成分相同的水泥砂浆一层,厚度为 10～15 mm,以保证接缝的质量。浇筑混凝土过程中,施工缝应细致振捣,使其紧密结合。

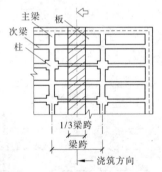

图 2-44　有梁板的施工缝位置

4.后浇带的留设与处理

后浇带是在建筑施工中为防止现浇钢筋混凝土结构由于温度变化、混凝土收缩或地基的不均匀沉降可能产生的有害裂缝,按照设计或施工规范要求,在基础底板、墙、梁相应位置留设临时施工缝。结构设计中由于考虑沉降而设计的后浇带,在施工中应严格按设计图纸留设;由于施工而需要设置后浇带时,应视工程具体情况而定,留设的位置应经设计单位认可。

1)后浇带的留置

后浇带应设在受力和变形较小且便于施工的部位,后浇带的间距由设计确定,间距宜为 30～60 m,宽度一般为 700～1 000 mm,后浇带处的钢筋不宜断开。

(1)地下室底板防水后浇带施工。

工艺流程:地下室底板防水施工→底板底层钢筋绑扎→后浇带两侧钢板止水带下侧先用短钢筋头(钢筋间距 400 mm)与板筋点焊→绑扎双层钢丝网于钢筋头上,钢丝网放置在先浇混凝土一侧→钢板止水带安置→钢板止水带上侧短钢筋头点焊及绑扎双层钢丝网于钢筋头上→后浇带两侧混凝土施工→后浇带处混凝土余浆清理→后浇带两侧混凝土养护→后浇带盖模板保护钢筋。

（2）地下室外墙防水后浇带施工。

工艺流程：外墙常规钢筋施工→钢板止水带安置→钢板处柱分离箍筋焊接（见图 2-45）→焊短钢筋头于止水钢板上和剪力墙竖筋上→绑扎双层钢丝网于钢筋头上，钢丝网放置在先浇混凝土一侧→封剪力墙外模，并加固牢固→后浇带两侧混凝土浇筑→后浇带两侧混凝土养护。

（3）楼板面后浇带施工。

工艺流程：后浇带模板支撑（应独立支撑）→楼板钢筋绑扎→焊短钢筋应于板面筋和底筋上→绑扎双层钢丝网于钢筋头上，钢丝网放置在先浇混凝土一侧→后浇带两侧混凝土浇筑→后浇带处混凝土余浆清理→后浇带两侧混凝土养护→后浇带盖模板保护钢筋。

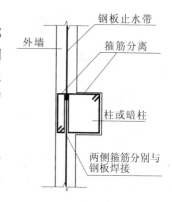

图 2-45　止水钢板处箍筋做法

2）后浇带混凝土浇筑

后浇带混凝土强度等级及性能应符合设计要求；当设计无要求时，后浇带混凝土强度等级宜比两侧混凝土提高一级，并宜采用减少收缩的技术措施进行浇筑。

（1）地下室底板后浇带混凝土浇筑。

工艺流程：凿毛并清洗混凝土界面→钢筋除锈、调整→清理后浇带处积水→安装止水条或止水带→混凝土界面放置与后浇带同强度砂浆或涂刷混凝土界面处理剂→后浇带混凝土施工→后浇带混凝土养护。

（2）地下室外墙防水后浇带混凝土浇筑。

工艺流程：清理先浇混凝土界面→钢筋除锈、调直→放置止水条或止水带（若采用钢板止水带，则无此项）→封后浇带模板，并加固牢固→浇水湿润模板→后浇带混凝土浇筑。

（3）楼板面后浇带混凝土浇筑。

工艺流程：清理先浇混凝土界面→检查原有模板的严密性与可靠性→调整后浇带钢筋并除锈→浇筑后浇带混凝土→后浇带混凝土养护。

5. 混凝土浇筑方法

1）钢筋混凝土框架结构的浇筑

混凝土的浇筑顺序：先浇捣柱子，在柱子浇捣完毕后，停歇 1～1.5 h，使混凝土达到一定强度后，再浇捣梁板。

（1）柱子混凝土的浇筑。

浇筑整排柱子时，应由两端由外向里对称顺序浇筑，以防柱模板在横向推力下向一方倾斜；柱子应分段浇筑，每段高度不大于 3.5 m，柱子高度不超过 3 m，可从柱顶直接下料浇筑，超过 3 m 时应采用串筒或在模板侧面开孔分段下料浇筑；柱子开始浇筑时应在柱底先浇筑一层 30 mm 厚与混凝土成分相同的水泥砂浆，然后分层下料和振捣。

（2）梁板混凝土的浇筑。

肋形楼板的梁板应同时浇筑，顺次梁方向从一端开始向前推进。浇筑方法应由一端开始用"赶浆法"，即先将梁根据梁高分层浇筑成阶梯形，当达到板底位置时再与板的混凝土一起浇筑,随着阶梯形不断延长,梁板混凝土浇筑连续向前推进。

（3）剪力墙混凝土的浇筑。

剪力墙应分段浇筑,每段高度不大于 3 m。门窗洞口应两侧对称下料浇筑,以防门窗洞口位移或变形。窗口位置应注意先浇窗台下部,后浇窗间墙,以防窗台位置出现蜂窝孔洞。

（4）楼梯的浇筑。

楼梯混凝土应自下而上一次浇筑,先振捣底板混凝土,达到踏步位置时再与踏步混凝土一起振捣,若有钢筋混凝土栏板,应随同踏步一起浇筑。楼梯浇筑完毕后,用抹子自上而下将踏步抹平。

2）大体积混凝土的浇筑

大体积混凝土是指混凝土结构物实体最小尺寸不小于 1 m 的大体积混凝土,或预计会因混凝土中胶凝材料水化引起的温度变化和收缩而导致有害裂缝产生的混凝土。多为工业建筑中的设备基础、高层建筑中厚大的桩基承台或基础底板和转换构件等。

大体积混凝土浇筑后释放大量水化热,水化热积聚在内部不易散发,而混凝土表面散热很快,形成较大的内外温差,当超过混凝土的抗拉强度时,在混凝土表面产生裂纹;在浇筑后期,混凝土内部又会因收缩产生拉应力,当拉应力超过混凝土当时龄期的极限抗拉强度时,就会产生裂缝,严重时会贯穿整个混凝土基础。

（1）浇筑方案。

大体积混凝土施工时应分层浇筑、分层捣实,但又要保证上下层混凝土在初凝前结合好,浇筑方案一般分为全面分层、分段分层和斜面分层三种,如图 2-46 所示。

①全面分层。即在第一层浇筑完毕后,在初凝前回来浇筑第二层,逐层浇筑,施工时从短边开始,沿长边逐层进行,直至完工。其适用于平面尺寸不大的基础。

②分段分层。混凝土从底层开始浇筑,进行一定距离后回来浇筑第二层,同样依次浇筑各层。其适用于厚度不大而面积或长度较大的基础。

③斜面分层。浇筑工作从浇筑层的下端开始,逐渐上移。其适用于结构长度大大超过厚度 3 倍的情况。

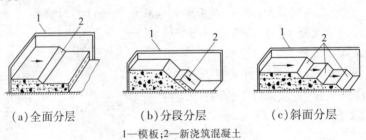

（a）全面分层　　　　　（b）分段分层　　　　　（c）斜面分层

1—模板;2—新浇筑混凝土

图 2-46　大体积混凝土浇筑方案

（2）大体积混凝土的浇筑应符合下列规定:

①混凝土每层浇筑厚度应根据所用振捣器的作用深度及混凝土的和易性确定,整体连续浇筑时宜为 300 ~ 500 mm。

②整体分层连续浇筑或推移式连续浇筑,应缩短间歇时间,并应在前层混凝土初凝之前将次层混凝土浇筑完毕。层间最长的间歇时间不应大于混凝土的初凝时间。混凝土的初凝时间应通过试验确定。当层间间歇时间超过混凝土的初凝时间时,层面应按施工缝处理。

③混凝土浇筑宜从低处开始,沿长边方向自一端向另一端进行。当混凝土供应量有保证时,也可多点同时浇筑。

④混凝土浇筑宜采用二次振捣工艺。

（3）大体积混凝土裂缝控制措施。

优先选用水化热低的水泥(如矿渣水泥、火山灰水泥或粉煤灰水泥等);降低水泥用量,掺入适量的粉煤灰;掺入具有缓凝、微膨胀或减缩作用的外加剂;采取蓄水法或覆盖法降温,或人工降温措施,控制内外温差≤25 ℃;减小约束刚度或摩擦系数;分段、分层浇筑,降低浇筑速度和减小浇筑层厚度等。

（五）混凝土振捣

混凝土振捣方式分为人工振捣和机械振捣两种。人工振捣是利用捣锤或插钎等工具的冲击力来使混凝土密实成型,效率低、效果差;机械振捣是将振动器的振动力传给混凝土,使之发生强迫振动而密实成型,效率高、质量好。

混凝土振动机械按其工作方式分为内部振动器(振动棒)、表面振动器、外部振动器和振动台等,如图2-47所示。这些振动机械的构造原理,主要是利用偏心轴或偏心块的高速旋转,使振动器因离心力的作用而振动。

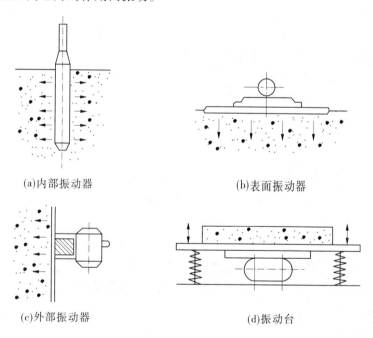

(a)内部振动器　　　　　　　　　　　(b)表面振动器

(c)外部振动器　　　　　　　　　　　(d)振动台

图2-47　振动机械示意图

1. 内部振动器

内部振动器又称插入式振动器,适用于振捣梁、柱、墙等构件和大体积混凝土。插入式振动器的振捣方法有两种:一是垂直振捣,即振动棒与混凝土表面垂直;二是斜向振捣,即振动棒与混凝土表面的夹角为40°~45°。

内部振动器的操作要做到快插慢拔、插点均匀、逐点移动、顺序进行、不得遗漏。混凝土分层浇筑时,应将振动棒上下来回抽动50~100 mm;同时,还应将振动棒深入下层混凝土中

50 mm 左右。每一振捣点的振捣时间一般为 20 ~ 30 s。使用振动器时,不允许将其支承在结构钢筋上或碰撞钢筋,不宜紧靠模板振捣。

振动棒振捣混凝土应符合下列规定:

(1)应按分层浇筑厚度分别进行振捣,振动棒的前端应插入前一层混凝土中,插入深度不应小于 50 mm。

(2)振动棒应垂直于混凝土表面并快插慢拔、均匀振捣;当混凝土表面无明显塌陷、有水泥浆出现、不再冒气泡时,可结束该部位振捣。

(3)振动棒与模板的距离不应大于振动棒作用半径的 0.5 倍,振捣插点间距不应大于振动棒作用半径的 1.4 倍。

2. 表面振动器

表面振动器又称平板振动器,适用于振捣楼板、空心板、地面和薄壳等薄壁结构。表面振动器振捣混凝土应符合下列规定:

(1)表面振动器振捣应覆盖振捣平面边角。

(2)表面振动器移动间距应覆盖已振实部分混凝土边缘。

(3)倾斜表面振捣时,应由低处向高处进行振捣。

3. 外部振动器

外部振动器又称附着式振动器,适用于振捣断面较小或钢筋较密的柱子、梁、板等构件。附着式振动器振捣混凝土应符合下列规定:

(1)附着式振动器应与模板紧密连接,设置间距应通过试验确定。

(2)附着式振动器应根据混凝土浇筑高度和浇筑速度,依次从下往上振捣。

(3)模板上同时使用多台附着式振动器时,应使各振动器的频率一致,并应交错设置在相对面的模板上。

4. 振动台

振动台一般在预制厂用于振实干硬性混凝土和轻集料混凝土。

特殊部位的混凝土应采取下列措施加强振捣:宽度大于 0.3 m 的预留洞底部区域应在洞口两侧进行振捣,并应适当延长振捣时间;宽度大于 0.8 m 的洞口底部,应采取特殊的技术措施;后浇带及施工缝边角处应加密振捣点,并应适当延长振捣时间;钢筋密集区域或型钢与钢筋结合区域应选择小型振动棒辅助振捣、加密振捣点,并应适当延长振捣时间;基础大体积混凝土浇筑流淌形成的坡顶和坡脚应适时振捣,不得漏振。

(六)混凝土养护

混凝土浇捣后能逐渐凝结硬化,主要是由于水泥水化作用的结果,而水化作用需要适当的湿度和温度。因此,在混凝土浇筑完毕后,应在 12 h 以内加以覆盖和浇水。干硬性混凝土浇筑完毕后应立即进行养护。

1. 混凝土的养护时间

(1)采用硅酸盐水泥、普通硅酸盐水泥或矿渣硅酸盐水泥配制的混凝土,不应少于 7 d;采用其他品种水泥时,养护时间应根据水泥性能确定。

(2)采用缓凝型外加剂、大掺量矿物掺合料配制的混凝土,不应少于 14 d。

(3)抗渗混凝土、强度等级 C60 及以上的混凝土,不应少于 14 d。

(4)后浇带混凝土的养护时间不应少于 14 d;地下室底层墙、柱和上部结构首层墙、柱宜适当增加养护时间;基础大体积混凝土养护时间应根据施工方案确定。

2.常用混凝土的养护方法

常用混凝土的养护方法是自然养护法,自然养护又可分为洒水养护和塑料薄膜养护两种。洒水养护是用吸水保温能力较强的材料(如草帘、芦席、麻袋、锯末等)将混凝土覆盖,浇水保持湿润;塑料薄膜养护是以塑料薄膜为覆盖物,使混凝土与空气隔绝,水分不再蒸发,水泥靠混凝土中的水分完成水化作用而凝结硬化,其又可分为塑料布覆盖养护和喷涂塑料薄膜养护。

(1)洒水养护应符合下列规定:

①洒水养护宜在混凝土裸露表面覆盖麻袋或草帘后进行,也可采用直接洒水、蓄水等养护方式;洒水养护应保证混凝土处于湿润状态。

②洒水养护用水应符合现行行业标准《混凝土用水标准》(JGJ 63)的有关规定。

③当日最低温度低于5 ℃时,不应采用洒水养护。

(2)覆盖养护应符合下列规定:

①覆盖养护宜在混凝土裸露表面覆盖塑料薄膜、塑料薄膜加麻袋、塑料薄膜加草帘进行。

②塑料薄膜应紧贴混凝土裸露表面,塑料薄膜内应保持有凝结水。

③覆盖物应严密,覆盖物的层数应按施工方案确定。

(3)喷涂养护剂养护应符合下列规定:

①应在混凝土裸露表面喷涂覆盖致密的养护剂进行养护。

②养护剂应均匀喷涂在结构构件表面,不得漏喷;养护剂应具有可靠的保湿效果,保湿效果可通过试验检验。

③养护剂使用方法应符合产品说明书的有关要求。

3.混凝土构件养护的具体规定

(1)基础大体积混凝土裸露表面应采用覆盖养护方式。当混凝土表面以内40 ~80 mm位置的温度与环境温度的差值小于25 ℃时,可结束覆盖养护。覆盖养护结束但尚未到达养护时间要求时,可采用洒水养护方式直至养护结束。

(2)地下室底层和上部结构首层柱、墙混凝土带模养护时间,不宜少于3 d;带模养护结束后可采用洒水养护方式继续养护,必要时也可采用覆盖养护或喷涂养护剂养护方式继续养护;其他部位柱、墙混凝土可采用洒水养护;必要时,也可采用覆盖养护或喷涂养护剂养护。

(七)混凝土施工质量验收

1.混凝土的强度检测

1)主控项目

(1)混凝土的强度等级必须符合设计要求。用于检查结构构件混凝土强度的试件,应在混凝土的浇筑地点随机抽取。取样与试件留置应符合下列规定:

①每拌制100 盘且不超过100 m³ 的同配合比的混凝土,取样不得少于一次。

②每工作班拌制的同一配合比的混凝土不足100 盘时,取样不得少于一次。

③当一次连续浇筑超过1 000 m³ 时,同一配合比的混凝土每200 m³ 取样不得少于一次。

④每一楼层、同一配合比的混凝土,取样不得少于一次。

⑤每次取样应至少留置一组标准养护试件,同条件养护试件的留置组数应根据实际需

要确定。

（2）对有抗渗要求的混凝土结构,其混凝土试件应在浇筑地点随机取样。同一工程、同一配合比的混凝土,取样不应少于一次,留置组数可根据实际需要确定。

（3）混凝土原材料每盘称量的偏差应符合表2-38的规定。

表2-38　混凝土原材料每盘称量的允许偏差

材料名称	允许偏差(%)
水泥、掺合料	±2
粗、细集料	±3
水、外加剂	±2

注:1. 各种衡器应定期校验,每次使用前应进行零点校核,保持计量准确。

　　2. 当遇雨天或含水量有显著变化时,应增加含水量检测次数,并及时调整水和集料的用量。

检查数量:每工作班抽查不应少于一次。

（4）混凝土运输、浇筑及间歇的全部时间不应超过混凝土的初凝时间。同一施工段的混凝土应连续浇筑,并应在底层混凝土初凝之前将上一层混凝土浇筑完毕。当底层混凝土初凝后浇筑上一层混凝土时,应按施工技术方案中施工缝的要求进行处理。

检查数量:全数检查。

2）一般项目

（1）施工缝的位置应在混凝土浇筑前按设计要求和施工技术方案确定。施工缝的处理应按施工技术方案执行。

检查数量:全数检查。

（2）后浇带的留置位置应按设计要求和施工技术方案确定。后浇带混凝土浇筑应按施工技术方案进行。

检查数量:全数检查。

（3）混凝土浇筑完毕后,应按施工技术方案及时采取有效的养护措施,并应符合下列规定:应在浇筑完毕后的12 h以内对混凝土加以覆盖并保湿养护;混凝土浇水养护的时间,对采用硅酸盐水泥、普通硅酸盐水泥或矿渣硅酸盐水泥拌制的混凝土,不得少于7 d,对掺用缓凝型外加剂或有抗渗要求的混凝土,不得少于14 d;浇水次数应能保护混凝土处于湿润状态;混凝土养护用水应与拌制用水相同;采用塑料布覆盖养护的混凝土,其敞露的全部表面应覆盖严密,并应保证塑料布内有凝结水;混凝土强度达到1.2 N/mm^{2}前,不得在其上踩踏或安装模板及支架。

检查数量:全数检查。

2. 混凝土的外观质量

1）主控项目

现浇结构不应有影响结构性能和使用功能的尺寸偏差。混凝土设备基础不应有影响结构性能和设备安装的尺寸偏差。对超过尺寸允许偏差且影响结构性能和安装、使用功能的部位,应由施工单位提出技术处理方案,并经监理(建设)单位认可后进行处理。对经处理的部位,应重新检查验收。现浇结构混凝土常见外观质量缺陷如表2-39所示。

表2-39　现浇结构混凝土常见外观质量缺陷

名称	现象	严重缺陷	一般缺陷
露筋	构件内钢筋未被混凝土包裹而外露	纵向受力钢筋有露筋	其他钢筋有少量露筋
蜂窝	混凝土表面缺少水泥砂浆面,形成石子外露	构件主要受力部位有蜂窝	其他部位有少量蜂窝
孔洞	混凝土中孔穴深度和长度均超过保护层厚度	构件主要受力部位有孔洞	其他部位有少量孔洞
夹渣	混凝土中夹有杂物且深度超过保护层厚度	构件主要受力部位有夹渣	其他部位有少量夹渣
疏松	混凝土中局部不密实	构件主要受力部位有疏松	其他部位有少量疏松
裂缝	缝隙从混凝土表面延伸至混凝土内部	构件主要受力部位有影响结构性能或使用功能的裂缝	其他部位有少量不影响结构性能或使用功能的裂缝
连接部位缺陷	构件连接处混凝土缺陷及连接钢筋、连接件松动	连接部位有影响结构传力性能的缺陷	连接部位有基本不影响结构传力性能的缺陷
外形缺陷	缺棱掉角、棱角不直、翘曲不平、飞边凸肋等	清水混凝土构件有影响使用功能或装饰效果的外形缺陷	其他混凝土构件有不影响使用功能的外形缺陷
外表缺陷	构件表面麻面、掉皮、起砂、沾污等	具有重要装饰效果的清水混凝土构件有外表缺陷	其他混凝土构件有不影响使用功能的外表缺陷

2)一般项目

现浇结构尺寸偏差应符合表2-40的规定。

检查数量:按楼层、结构缝或施工段划分检验批。在同一检验批内,对梁、柱和独立基础,应抽查构件数量的10%,且不少于3件;对墙和板,应按有代表性的自然间抽查10%,且不少于3间;对大空间结构,墙可按相邻轴线间高度5 m左右划分检查面,板可按纵、横轴线划分检查面,抽查10%,且均不少于3面;对电梯井,应全数检查;对设备基础,应全数检查。

检查数量:全数检查。

表 2-40 现浇结构尺寸允许偏差和检验方法

项目		允许偏差(mm)	检验方法
轴线位置	基础	15	钢尺检查
	独立基础	10	
	墙、柱、梁	8	
	剪力墙	5	
垂直度	层高 ≤5 m	8	经纬仪或吊线、钢尺检查
	层高 >5 m	10	经纬仪或吊线、钢尺检查
	全高 H	$H/1\,000$ 且 ≤30	经纬仪、钢尺检查
标高	层高	±10	准仪或拉线、钢尺检查
	全高	±30	
截面尺寸		+8, −5	钢尺检查
电梯井	井筒长、宽对定位中心线	+25,0	钢尺检查
	井筒全高(H)垂直度	$H/1\,000$ 且 ≤30	经纬仪、钢尺检查
表面平整度		8	2 m 靠尺和塞尺检查
预埋设施中心线位置	预埋件	10	钢尺检查
	预埋螺栓	5	
	预埋管	5	
预留洞中心线位置		15	钢尺检查

注:检查轴线、中心线位置时,应沿纵、横两个方向量测,并取其中的较大值。

第六节 钢结构工程施工方案

钢结构工程是指采用钢板和型钢通过机械加工组装而成的结构,它具有强度高、结构轻、施工周期短和精度高等特点,在建筑工程中被广泛采用。

一、钢构件加工

钢结构构件一般是按设计图纸在工厂加工制作,包括放样、画线、切割下料、边缘加工、矫正、弯卷成型、制孔、折边、组装等工艺过程。钢材在进厂之前,根据《钢结构工程施工质量验收规范》(GB 50205—2001)的规定,对主要材料、零(部)件、成品件、标准件等产品进场验收,检查其质量合格证明文件、中文标志及检验报告等。

(一)放样

放样是钢结构制作工艺中的第一道工序,是根据产品施工详图或零、部件图样要求的形状和尺寸,把产品或零部件的加工边线、坡口尺寸、孔径和弯折、滚圆半径等以 1∶1 的比例从图纸上准确地放置到样板和样杆上,求取实长并制成样板的过程。

放样作为钢结构制作的一道关键工序,其工作的准确与否将直接影响到整个产品的质量,为了提高放样的精度和效率,应尽可能采用计算机辅助设计。

（二）画线

画线是指利用样板和样杆提供的零部件的材料、尺寸、数量,在钢材上画出构件的实样和零部件形状的加工边线,并注明图号、零件号、数量等各种加工记号,为钢材的切割下料作准备。

（三）切割下料

切割是指将放样和划线的零件从原材料上进行下料分离。常用的切割方法有气割、机械切割和等离子切割三种方法,切割时按其厚度、形状、加工工艺、设计要求,选择最适合的方法进行。切割后的飞边、毛刺应清理干净切割面或剪切面应无裂纹、夹渣、分层和大于 1 mm 的缺棱。这些缺陷在气割后都能较明显地暴露出来,一般观察(用放大镜)检查即可;但有特殊要求的气割面或剪切时则不然,除观察外,必要时应采用渗透、磁粉或超声波探伤检查。

气割是利用氧气和燃料燃烧时产生的高温来熔化钢材,并用高压氧气流予以氧化和吹扫而形成一条狭小而整齐的割缝,达到切割金属的目的。这种切割不适用于火焰温度难以熔化的材料。根据《钢结构工程施工质量验收规范》(GB 50205—2001)的规定,气割的允许偏差应符合表 2-41 的规定,检查数量按切割面数抽查 10% ,且不应少于 3 个。

表 2-41　气割的允许偏差　　　　　　　　　　　　（单位:mm）

项目	允许偏差
零件宽度、长度	±3.0
切割面的平面度	0.05 t ,且不应大于 2.0
裂纹深度	0.3
局部缺口深度	1.0

注: t 为切割面厚度。

气割法有手动气割、半自动气割和自动气割。手动气割割缝宽度为 4 mm,自动气割割缝宽度为 3 mm。气割法设备灵活、费用低、精度高,能切割各种厚度的钢材,尤其是带曲线的零件或厚钢板,是目前使用最广泛的切割方法。

机械切割是利用上、下剪刀的相对运动来切断钢材,有冲剪切割、切削切割和摩擦切割三种切割方法。

根据《钢结构工程施工质量验收规范》(GB 50205—2001)的规定,机械剪切的允许偏差应符合表 2-42 的规定,检查数量按切割面抽查 10% ,且不应少于 3 个。

表 2-42　剪切的允许偏差　　　　　　　　　　　　（单位:mm）

项目	允许偏差
零件宽度、长度	±3.0
边缘缺棱	1.0
型钢端部垂直度	2.0

机械切割的零件厚度不宜大于 12.0 mm,剪切面应平整。碳素结构钢在环境温度低于 −20 ℃、低合金结构钢在环境温度低于 −15 ℃时,不得进行剪切、冲孔。

等离子切割是利用高温等离子电弧的热量使工件切口处的金属局部熔化(和蒸发),并借助高速等离子的动量排除熔融金属以形成切口的一种加工方法。

（四）边缘加工

在钢结构加工中，除图纸要求的边缘加工外，为消除切割对主体钢材造成的冷作硬化和热影响的不利影响，使加工边缘加工达到设计规范中关于加工边缘应力取值和压杆曲线的有关要求，需要对剪切或气割过的钢板边缘进行加工。

边缘加工可采用气割和机械加工方法，对边缘有特殊要求时宜采用精密切割。为消除切割对主体钢材造成的冷作硬化和热影响的不利影响，使加工边缘加工达到设计规范中关于加工边缘应力取值和压杆曲线的有关要求，要求边缘加工的最小刨削量不应小于 2.0 mm。

边缘加工的常用方法有刨边、铣边、铲边、碳弧气刨等。

边缘加工的允许偏差如表 2-43 所示。检查数量按加工面数抽查 10%，且不应少于 3 个。

表 2-43　边缘加工的允许偏差 （单位:mm）

项目	允许偏差
零件宽度、长度	±1.0 mm
加工边直线度	$L/3\,000$，且不应大于 2.0 mm
相邻两边夹角	±6′
加工面垂直度	$0.025\,t$，且不应大于 0.5 mm
加工面表面粗糙度	$Ra \leqslant 50\ \mu m$

注：t 为加工面厚度，L 为加工边长度。

（五）矫正

钢材在运输、存放吊装和加工成型过程中会产生变形，因此在画线切割前需对不符合技术标准的钢材、构件进行矫正。钢结构的矫正，是通过外力或加热作用迫使钢材反变形，使钢材或构件达到技术标准要求的平直或几何形状，常用的有机械矫正、加热矫正、加热与机械联合矫正等方法。

根据《钢结构工程施工规范》（GB 50755—2012）的规定，碳素结构钢在环境温度低于 −16 ℃、低合金结构钢在环境温度低于 −12 ℃时，不应进行冷矫正和冷弯曲。碳素结构钢和低合金结构钢在加热矫正时，加热温度应为 700~800 ℃，最高温度严禁超过 900 ℃，最低温度不得低于 600 ℃。低合金结构钢在加热矫正后应自然冷却。矫正后的钢材表面，不应有明显的凹面或损伤，画痕深度不得大于 0.5 mm，且不应大于该钢材厚度负允许偏差的 1/2。检查数量为全数检查。钢材矫正的允许偏差如表 2-44 所示，检查数量按矫正件数量抽查 10%，且不应少于 3 个。

（六）弯曲成型

钢板卷曲是通过旋转辊轴对板料进行连续三点弯曲所形成的。钢板卷曲包括预弯、对中和卷曲三个过程。型钢弯曲时断面会发生畸变，弯曲半径越小，则畸变越大，因此应控制型钢的最小弯曲半径。构件的曲率半径较大，宜采用冷弯；构件的曲率半径较小，宜采用热弯。钢管弯曲在自由状态下弯曲时截面会变形，外侧管壁会减薄，内侧管壁会增厚，弯制方法是管中加入填充物(砂)或穿入芯棒进行弯曲,或用滚轮和滑槽在管外进行弯曲。

表 2-44　钢筋矫正的允许偏差　　　　　　　　　(单位:mm)

项目		允许偏差	图例
钢板的局部平面度	$t \leqslant 14$	1.5	
	$t > 14$	1.0	
型钢弯曲矢高		$L/1\,000$,且不应大于 5.0	
角钢肢的垂直度		$b/100$ 双肢栓接角钢的角度不得大于 90°	
槽钢翼缘对腹板的垂直度		$b/80$	
工字钢、H 型钢翼缘对腹板的垂直度		$b/100$,且不大于 2.0	

根据《钢结构工程施工规范》(GB 50755—2012)的规定,当零件采用热加工成型时,可根据材料的含碳量,选择不同的加热温度。加热温度应控制在 900 ~ 1 000 ℃,也可控制在1 100 ~ 1 300 ℃;碳素结构钢和低合金结构钢在温度分别下降到 700 ℃和 800 ℃前,应结束加工;低合金结构钢应自然冷却。热加工成型温度应均匀,同一构件不应反复进行热加工;温度冷却到 200 ~ 400 ℃时,严禁捶打、弯曲和成型。

(七)制孔和折边

1. 制孔

钢结构零件中制孔方法主要有冲孔和钻孔两种。制孔主要包括铆钉孔、普通螺栓孔、高强螺栓孔和地脚螺栓孔等。

冲孔是在冲孔机上进行,一般适用于冲较薄的钢板、型钢和非圆孔,且冲孔孔径一般大于钢材的厚度。由于冲孔质量较差,因此一般用于质量要求不高的孔,在钢结构构件中较少采用这种制孔方法。钻孔是在转床上用钻孔机进行,由于孔的质量较好,因此钻孔是钢结构制孔普遍采用的方法,适用于任何厚度的钢材。钻孔的加工方法主要分为钻模钻孔、画线钻孔和数控钻孔三种。

成孔后任意两孔间距离的允许偏差应符合表 2-45 的规定。检查数量按钢构件数量抽查 10%，且不应少于 3 个。

当螺栓孔的偏差超过表 2-45 所规定的允许值时，允许采用与母材材质相匹配的焊条补焊后重新制孔，严禁采用钢块填塞。

表 2-45　孔距的允许偏差 （单位:mm）

项目	允许偏差			
	≤500	501～1 200	1 201～3 000	>3 000
同一组内任意两孔间距离	±1.0	±1.5	—	—
相邻两组的端孔间距离	±1.5	±2.0	±2.5	±3.0

注:孔的分组规定:
(1)在节点中连接板与一根杆件相连的所有连接孔划为一组。
(2)接头处的孔:通用接头取半个拼接板上的孔为一组;阶梯接头取两接头之间的孔为一组。
(3)在两相邻节点间或接头间的连接孔为一组,但不包括(1)、(2)所指的孔。
(4)受弯构件翼缘上,每 1 m 长度内的孔为一组。

2. 折边

把构件的边缘压弯成倾角或一定形状的操作过程称为折边,折边可提高构件的强度和刚度。弯曲折边应利用折边机进行。

（八）组装

组装也称装配,是指把加工好的半成品和零件按施工图的要求装配成构件或部件,然后将其连接的过程。组装必须按工艺要求的次序进行,当有隐蔽焊缝时,必须先施焊,经检验合格后方可覆盖。当复杂部位不易施焊时,亦须按工艺规定分别先后拼装和施焊。

二、钢构件连接

钢结构的连接是将型钢或钢板等组合成基本构件,然后将各构件运到现场后通过组装连接成整个结构的节点和关键部件。钢结构的连接方法主要有焊接、螺栓连接和铆钉连接三种。

（一）焊接

焊接连接是现代钢结构最主要的连接方法,适用于任何形状的结构。其优点是构造简单;不削弱截面,省工省材;加工方便,可实现自动化操作;密闭性好,结构的刚度大。

1. 常用的焊接方法

目前钢结构常用的焊接方法有手工电弧焊、埋弧焊、气体保护焊和电阻点焊等。

1)手工电弧焊

手工电弧焊是目前最常用的一种焊接方法,它是利用电弧产生的高温、高热量进行焊接。手工电弧焊的设备简单,操作灵活方便,适用于各种位置的焊接,特别适于焊接短焊缝,是建筑工地应用最广泛的焊接方法,主要用于普通钢结构的焊接。其缺点是生产效率低,劳动强度大,焊接质量与焊工的技术水平有很大关系。

2)埋弧焊

埋弧焊是电弧在焊剂层下燃烧的一种电弧焊方法,分为自动埋弧焊和半自动埋弧焊。埋弧焊具有较高的生产率,技术要求低,工艺条件稳定,焊件变形小,宜于工厂中使用。其主要用于有规律直焊缝的焊接或短焊缝的焊接。

3）气体保护焊

气体保护焊是利用二氧化碳气体或其他惰性气体作为保护介质的一种电弧熔焊方法，它直接依靠保护气体在电弧周围形成局部保护层，以防止有害气体的侵入，保证焊接质量的稳定。

气体保护焊焊接速度快，焊件熔深大，所形成的焊缝强度比手工电弧焊高，塑性和抗腐蚀性好，适用于全位置的焊接，但焊时应避风，主要用于薄钢板和其他金属的焊接。其缺点是焊缝熔深浅，只适合于焊接小于 6 mm 的薄板。

4）电阻点焊

电阻点焊是利用电流通过焊件接触点表面电阻所产生的热来熔化金属，再通过加压使其焊合。电阻点焊适用于建筑工地的对焊和点焊，主要用于钢筋对焊、钢筋网点焊和预埋件焊接。

2. 焊接工艺

工艺流程：焊前准备→引弧→沿焊缝纵向直线运动，并做横向摆动→向焊件送焊条→熄弧。

施工要点如下：

（1）焊前准备。根据钢材品种、板厚、接头的约束度和焊缝金属中含氢量等因素来决定预热温度和方法。预热区域范围为焊接坡口两侧各 80～100 mm，预热时应尽可能均匀，防止焊接延迟裂纹的产生。

（2）引弧。引弧有碰击法和划擦法两种。碰击法是指焊条垂直于构件进行碰击，然后迅速保持一定距离；划擦法是指将焊条端头轻轻划过工件，然后保持一定距离。严禁在焊缝区以外的母材上打火引弧，在坡口内引弧的局部面积应熔焊一次，不得留下弧坑。

对接和 T 形接头的焊缝，引弧应从焊件的引入板开始。引弧处不应产生熔合不良和夹渣，熄弧处和焊缝终端为了防止裂缝应充分填满坑口。

（3）运条方法。焊接过程中焊条沿焊缝方向移动，移动速度的快慢应根据焊条直径、焊接电流、构件厚度及接缝装配情况而定。移动速度太快，易造成未焊透；移动速度太慢，构件过热，会引起变形增加或烧穿。为获得一定宽度的焊缝，焊条必须横向摆动。横向摆动时，焊缝的宽度一般为焊条直径的 1.5 倍左右。

（4）焊接顺序如下：①焊缝相交时，先焊纵向焊缝，待冷却至常温后，再焊横向焊缝；②不要把热量集中在一个部位，应尽可能均匀分散；③平行的焊缝尽可能地沿同一焊接方向同时进行焊接；④从结构的中心向外进行焊接；⑤从板的厚处向薄处焊接。

（5）熄弧及焊后处理。熄弧应在焊件的引出板终止。焊接结束后的焊缝及其两侧，必须彻底清除焊渣、飞溅和焊瘤等。如发现焊缝出现裂纹，焊工不得擅自处理，应申报技术负责人查清原因后，订出修补措施方可处理。

3. 焊接工程质量要求

1）主控项目

（1）焊条、焊丝、焊剂、电渣焊熔嘴等焊接材料与母材的匹配应符合设计要求及国家现行行业标准《建筑钢结构焊接技术规程》（JGJ 81）的规定。焊条、焊剂、药芯焊丝、熔嘴等在使用前，应按其产品说明书及焊接工艺文件的规定进行烘焙和存放。

检查数量:全数检查。

(2)焊工必须经考试合格并取得合格证书。持证焊工必须在其考试合格项目及其认可范围内施焊。

检查数量:全数检查。

(3)施工单位对其首次采用的钢材、焊接材料、焊接方法、焊后热处理等,应进行焊接工艺评定,并应根据评定报告确定焊接工艺。

检查数量:全数检查。

(4)设计要求全焊透的一级、二级焊缝应采用超声波探伤进行内部缺陷的检验,超声波探伤不能对缺陷作出判断时,应采用射线探伤,其内部缺陷分级及探伤方法应符合现行国家标准《钢焊缝手工超声波探伤方法和探伤结果分级》(GB/T 11345)或《钢熔化焊对接接头射结照相和质量分级》(GB 3323)的规定。

焊接球节点网架焊缝、螺栓球节点网架焊缝及圆管 T、K、Y 形点相贯线焊缝,其内部缺陷分级及探伤方法应分别符合《焊接球节点钢网架焊缝超声波探伤方法及质量分级法》(JG/T 3034.1)、《螺栓球节点钢网架焊缝超声波探伤方法及质量分级法》(JG/G 3034.2)和《建筑钢结构焊接技术规程》(JGG 81)的规定。一级、二级焊缝质量等级及缺陷分级应符合表 2-46 的规定。

表 2-46　一级、二级焊缝质量等级及缺陷分级

焊缝质量等级		一级	二级
内部缺陷 超声波探伤	评定等级	Ⅱ	Ⅲ
	检验等级	B 级	B 级
	探伤比例	100%	20%
内部缺陷 射线探伤	评定等级	Ⅱ	Ⅲ
	检验等级	AB 级	AB 级
	探伤比例	100%	20%

注:探伤比例的计数方法应按以下原则确定:

(1)对工厂制作焊缝,应按每条焊缝计算百分比,且探伤长度应不小于 200 mm,当焊缝长度不足 200mm 时,应对整条焊缝进行探伤。

(2)对现场安装焊缝,应按同一类型、同一施焊条件的焊缝条数计算百分比,探伤长度应不小于 200mm,并应不少于 1 条焊缝。

检查数量:全数检查。

检验方法:检查超声波或射线探伤记录。

(5)T 形接头、十字接头、角接接头等要求熔透的对接和角对接组合焊缝,其焊脚尺寸不应小于 $t/4$;设计有疲劳验算要求的吊车梁或类似构件的腹板与上翼缘连接焊缝的焊脚尺寸为 $t/2$,且不应小于 10 mm。焊脚尺寸的允许偏差为 0~4 mm。

检查数量:资料全数检查;同类焊缝抽查 10%,且不应少于 3 条。

(6)焊缝表面不得有裂纹、焊瘤等缺陷。一级、二级焊缝不得有表面气孔、夹渣、弧坑裂纹、电弧擦伤等缺陷,且一级焊缝不许有咬边、未焊满、根部收缩等缺陷。

检查数量:每批同类构件抽查 10%,且不应少于 3 件;被抽查构件中,每一类型焊缝按

条数抽查5%,且不应少于1条;每条检查1条,总抽查数不应少于10处。

2)一般项目

(1)对于需要进行焊前预热或焊后热处理的焊缝,其预热温度或后热温度应符合国家现行有关标准的规定或通过工艺试验确定。预热区在焊道两侧,每侧宽度均应大于焊件厚度的1.5倍以上,且不应小于100mm;后热处理应在焊后立即进行,保温时间应根据板厚按每25mm板厚1 h确定。

检查数量:全数检查。

(2)二级、三级焊缝外观质量标准应符合表2-47的规定。三级对接焊缝应按二级焊缝标准进行外观质量检验。

表2-47　二级、三级焊缝外观质量标准　　　　　　　　　　(单位:mm)

项目	允许偏差	
缺陷类型	二级	三级
未焊满(指不满足设计要求)	≤0.2+0.02t,且≤1.0	≤0.2+0.04t,且≤2.0
	每100.0焊缝内缺陷总长≤25.0	
根部收缩	≤0.2+0.02t,且≤1.0	≤0.2+0.04t,且≤2.0
	长度不限	
咬边	≤0.05t,且≤0.5;连续长度≤100.0,且焊缝两侧咬边总长≤10%焊缝全长	≤0.1t且≤1.0,长度不限
弧坑裂纹	—	允许存在个别长度≤5.0的弧坑裂纹
电弧擦伤	—	允许存在个别电弧擦伤
接头不良	缺口深度0.05t,且≤0.5	缺口深度0.1t,且≤1.0
	每1 000.0焊缝不应超过1处	
表面夹渣	—	深≤0.2t、长≤0.5t,且≤2.0
表面气孔	—	每50.0焊缝长度内允许直径≤0.4t,且≤3.0的气孔2个,孔距≥6倍孔径

注:t为连接处较薄的板厚。

检查数量:每批同类构件抽查10%,且不应少于3件;被抽查构件中,每一类型焊缝按条数抽查5%,且不应少于1条;每条检查1条,总抽查数不应少于10处。

(3)焊缝尺寸允许偏差应符合表2-48的规定。

表 2-48　焊缝尺寸允许偏差　　　　　　　　（单位:mm）

序号	项目	图例	允许偏差	
			一级、二级	三级
1	对接焊缝余高 C		$B<20:0\sim3.0$ $B\geqslant20:0\sim4.0$	$B<20:0\sim4.0$ $B\geqslant20:0\sim5.0$
2	对接焊错边 d		$d>0.15\,t$, 且 $\leqslant2.0$	$d<0.15\,t$, 且 $\leqslant3.0$

注:t 为连接处较薄的板厚。

检查数量:每批同类构件抽查 10%,且不应少于 3 件;被抽查构件中,每种焊缝按条数各抽查 5%,但不应少于 1 条;每条检查 1 条,总抽查数不应少于 10 处。

(4)焊出凹形的角焊缝,焊缝金属与母材间应平缓过渡;加工成凹形的角焊缝,不得在其表面留下切痕。

检查数量:每批同类构件抽查 10%,且不应少于 3 件。

(5)焊缝观感应达到:外形均匀、成型较好,焊道与焊道、焊道与基本金属间过渡比较平滑,焊渣和飞溅物基本清除干净。

检查数量:每批同类构件抽查 10%,且不应少于 3 件;被抽查构件中,每种焊缝按数量各抽查 5%,总抽查处不应少于 5 处。

(二)螺栓连接

1.常用的螺栓连接

螺栓连接主要分为普通螺栓连接和高强度螺栓连接两种。

1)普通螺栓连接

普通螺栓连接是指将普通螺栓、螺母、垫圈和连接件连接在一起形成的连接方式。按制作精度分为 A、B、C 三级,A 级与 B 级为精制螺栓,C 级为粗制螺栓;按形式分为六角头螺栓、栓头螺栓和沉头螺栓等。

A、B 级精制螺栓制作和安装复杂,价格较高,已很少在钢结构中采用;C 级螺栓由未经加工的圆钢压制而成,一般可用于沿螺栓杆轴向受拉的连接中,以及次要结构的抗剪连接或安装时的临时固定。

2)高强度螺栓连接

高强度螺栓一般采用 45 号钢、40B 钢和 20MnTiB 钢加工制作而成。高强度螺栓根据其外形可分为大六角头型(见图 2-48(a))和扭剪型(见图 2-48(b))两种;根据其受力形式可分为摩擦型连接、摩擦 – 承压型连接、承压型连接和张拉型连接四种,其中摩擦型连接是目前应用广泛的基本连接形式。高强度螺栓安装时通过特别的扳手,以较大的扭矩上紧螺帽,使螺杆产生很大的预拉力,将被连接的部件夹紧。

2.螺栓连接工艺

工艺流程:作业准备→接头组装→安装螺栓→螺栓紧固→检查验收。

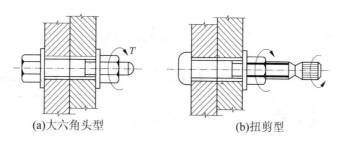

(a)大六角头型   (b)扭剪型

图 2-48　高强度螺栓连接

1）普通螺栓施工要点

（1）对于一般的螺栓连接，螺栓头和螺母下面应放置平垫圈。垫置在螺母下面的垫圈不应多于 2 个，垫置在螺栓头下面的垫圈不应多于 1 个。

（2）对于承受动荷载或重要部位的螺栓连接，应在螺母下面按设计要求放置弹簧垫圈；对于工字钢、槽钢等型钢应尽量使用斜垫圈垫平；对于设计有要求防松动的螺栓、锚固螺栓，应采用有防松装置的螺栓或弹簧垫圈。

（3）对于永久性螺栓紧固应牢固、可靠，以操作者的手感及连接接头的外形控制为准。螺栓的紧固次序应从中间开始，对称地向两边进行，对大型接头应采用复拧。外露丝数量不应少于 2 扣。

（4）螺栓紧固必须从中心开始，对称施拧；大型接头采用复拧，即"两次紧固法"。

2）高强度螺栓施工要点

（1）安装高强度螺栓前要做好接头摩擦面清理，不允许有毛刺、铁屑、油污、焊接飞溅物等，并用钢丝刷沿受力垂直方向除去浮锈。摩擦面应干燥，没有结露、积霜、积雪，并不得在雨天进行安装。

（2）高强度螺栓应自由穿入螺栓孔内。扩孔时，铁屑不得掉入板层间。扩孔数量不得超过一个接头螺栓孔的 1/3，扩孔直径不得大于原孔径再加 2 mm。严禁用气割进行高强度螺栓的扩孔工作。

（3）高强度螺栓的紧固顺序从刚度大的部位向不受约束的自由端进行，从中间向四周进行。紧固时，要分初拧和终拧两次紧固；对于大型节点，可分为初拧、复拧和终拧。初拧、复拧轴力宜为 60% ~80% 标准轴力，终拧轴力为标准轴力。严禁一步到位的方法直接终拧。

（4）紧固完毕检查。高强度大六角头螺栓检查包括是否有漏拧和施工扭矩值；扭剪型高强度螺栓检查时，观察其尾部被拧掉，即可判断螺栓终拧合格。对于某些原因无法使用专用电动扳手终拧掉梅花头时，则可参照高强度大六角头螺栓的检查方法，采用扭矩法或转角法进行终拧并标记。

3. 螺栓连接质量要求

1）主控项目

（1）普通螺栓作为永久性连接螺栓时，当设计有要求或对其质量有异议时，应进行螺栓实物最小拉力载荷复验，其结果应符合现行国家标准《紧固件机械性能螺栓、螺钉和螺柱》（GB 3098）的规定。

检查数量：每一规格螺栓抽查 8 个。

（2）连接薄钢板采用的自攻钉、拉铆钉、射钉等规格尺寸应与连接钢板相匹配，其间距、边距等应符合设计要求。

检查数量:按连接节点数抽查1%,且不应少于3个。

(3)进行高强度螺栓连接摩擦面的抗滑移系数试验和复验,现场处理的构件摩擦应单独进行摩擦面抗滑移系数试验,其结果应符合设计要求。

检查数量:用3套同材质、同处理方法的试件进行复验,同时附有3套同材质、同处理方法的试件供安装前复验。

(4)高强度大六角头螺栓连接副终拧完成1 h后、48 h内应进行终拧扭矩检查,检查结果应符合规范的规定。

检查数量:按节点数检查10%,且不应少于10个;每个被抽查节点按螺栓数抽查10%,且不应少于2个。

(5)扭剪型高强度螺栓连接副终拧后,除因构造原因无法使用专用扳手终拧掉梅花头者外,未在终拧中拧掉梅花头的螺栓数不应大于该节点螺栓数的5%。对所有梅花头未拧掉的扭剪型高强度螺栓连接副应采用扭矩法或转角法进行终拧并标记,且终拧完成1 h后、48 h内应进行终拧扭矩检查。

检查数量:按节点数抽查10%,但不应少于10节点,被抽查节点中梅花头未拧掉的扭剪型高强度螺栓连接副全数进行终拧扭矩检查。

2)一般项目

(1)永久普通螺栓紧固应牢固、可靠,外露丝扣不应少于2扣。

检查数量:按连接节点数抽查10%,且不应少于3个。

(2)自攻螺栓、钢拉铆钉、射钉等与连接钢板应紧固密贴,外观排列整齐。

检查数量:按连接节点数抽查10%,且不应少于3个。

(3)高强度螺栓连接副的施拧顺序和初拧、复拧扭矩应符合设计要求和国家现行行业标准《钢结构高强度螺栓连接的设计施工及验收规程》(JGJ 82)的规定。

检查数量:全数检查资料。

(4)高强度螺栓连接副拧后,螺栓丝扣外露应为2~3扣,其中允许有10%的螺栓丝扣外露1扣或4扣。

检查数量:按节点数抽查5%,且不应少于10个。

(5)高强度螺栓连接副摩擦面应保持干燥、整洁,不应有飞边、毛刺、焊接飞溅物、焊疤、氧气铁皮、污垢等,除设计要求外,摩擦面不应涂漆。

检查数量:全数检查。

(6)高强度螺栓应自由穿入螺栓孔。高强度螺栓孔不应采用气割扩孔,扩孔数量应征得设计同意,扩孔后的孔径不应超过$1.2 d(d$ 为螺栓直径)。

检查数量:被扩螺栓孔全数检查。

三、单层钢结构安装

单层钢结构在安装过程中,应及时安装临时柱间支撑或稳定缆绳,以形成稳定空间结构体系后再扩展安装。单层钢结构安装过程中形成的临时空间结构稳定体系应能承受结构自重、风荷载、雪荷载、施工荷载以及吊装过程中冲击荷载的作用。对于单跨结构宜从跨端一侧向另一侧、中间向两端或两端向中间的顺序进行吊装。多跨结构,宜先吊主跨、后吊副跨;当有多台起重设备共同作业时,也可多跨同时吊装。

（一）钢柱的安装

工艺流程:预埋锚栓交接验收→钢柱就位→钢柱安装→校正→锚拉栓紧固→检验→柱间撑安装→系杆安装→检验→二次灌浆。

1. 施工要点

（1）临时平台搭设应平整和稳固,要有临时固定措施,以防钢柱预拼中发生位移变形。

（2）焊接。为减少焊接变形,一般采用对称焊,未焊好前夹具和临时固定不要拆除,待两面都施焊完后拆除临时固定装置。

（3）起吊绑扎。选好绑扎点(即吊点),钢柱绑扎点一般选在重心的上部或牛腿的下部。根据钢柱的长度、重量选择吊车及吊装方法,单机吊装通常用滑移法或旋转法,双机抬吊通常用递送法。

（4）钢柱起吊前,将调节螺母先拧到锚拉栓上,钢柱起吊后,当柱底板距锚拉栓 30~40 cm 时,要将柱底板螺栓孔与锚拉栓对正,这时缓慢落钩,就位。同时将钢柱定位线与基础轴线对齐,初步校正,戴上紧固螺母,临时固定后脱钩。

（5）钢柱就位后要用经纬仪或线锤进行校直,并用双螺母进行柱底调平,调节范围超出设计尺寸时,事先要用垫板找平。

（6）固定。钢柱整体校正后,要将紧固螺母拧紧,并做临时加固,待其他钢构件全部安装检查无误后,浇筑细石混凝土。钢柱校正固定后,将柱间撑系杆安装固定。

2. 质量要求

（1）钢柱等主要构件的中心线及标高基准点等标记应齐全。

检查数量:按同类构件数抽查 10%,且不应少于 3 件。

（2）钢柱安装的允许偏差和检验方法应符合表 2-49 的规定。

检查数量:按钢柱数抽查 10%,且不应少于 3 件。

表 2-49　钢柱安装的允许偏差和检验方法

项次	项目			允许偏差(mm)	检验方法
1	柱脚底座中心线对定位轴线的偏移			5.0	用钢尺检查
2	柱基准点标高		有吊车梁的柱	+3.0 -5.0	用水准仪检查
			无吊车梁的柱	+5.0 -8.0	
3	挠曲矢高			$H/1\,000$ 15.0	用钢尺检查
4	柱轴线垂直度	单层柱	$H \leqslant 10$	10.0	用经纬仪或吊线和钢尺检查
			$H > 10$	$H/1\,000$ 15.0	
		多节柱	底层柱	10.0	
			柱全高	35.0	

注:H 为柱全高。

(二)钢梁的安装

1. 施工要点

(1)钢吊车梁安装前,将两端的钢垫板先安装在钢柱牛腿上,并标出吊车梁安装的中心位置。

(2)钢吊车梁绑扎一般采用两点对称绑扎,吊升时用溜绳控制吊升过程构件的空中姿态,方便对位及避免碰撞。

(3)钢吊车梁吊起后,旋转起重臂杆,使吊车梁中心线与牛腿的定位轴线对准,并将与柱子连接的螺栓上齐后,方可卸钩。

(4)钢吊车梁的校正包括标高、垂直度、平面位置(中心轴线)和跨距。一般除标高外,应在钢柱校正和屋盖吊装完成并校正固定后进行,以避免因屋架吊装校正引起的钢柱跨间移位。

2. 质量要求

(1)当钢桁架(或梁)安装在混凝土柱上时,其支座中心对定位轴线的偏差不应大于10 mm;当采用大型混凝土屋面板时,钢桁架(或梁)间距的偏差不应大于10 mm。

检查数量:按同类构件数抽查10%,且不应少于3榀。

(2)钢吊车梁安装的允许偏差和检验方法应符合表2-50的规定。

表2-50 钢吊车梁安装的允许偏差和检验方法

项次	项目		允许偏差(mm)	检验方法
1	梁的跨中垂直度		$h/500$	吊线和钢尺检查
2	侧向弯曲矢高		$l/1\,500$, 且不应大于10.0	拉线和钢尺检查
3	垂直上拱矢高		10.0	拉线和钢尺检查
4	两端支座 中心位移	安装在钢柱上时,对牛腿中心的偏移	5.0	拉线和钢尺检查
		安装在混凝土柱上时,对定位轴线的偏移	5.0	
5	吊车梁支座加劲板中心与柱子承压加劲板中心的偏移		$t/2$	吊线和钢尺检查
6	同跨间内同一横 截面吊车梁顶面 高差	连接处	10.0	用经纬仪、水准仪和钢尺检查
		其他处	15.0	
7	同跨间内同一横截面下挂式吊车梁底面高差		10.0	用经纬仪、水准仪和钢尺检查
8	同列相邻两柱间吊车梁顶面高差		$l/1\,500$, 且不应大于10.0	用水准仪或钢尺检查
9	相邻两吊车梁 接头部位	中心错位	3.0	用钢尺检查
		上承式顶面高差	1.0	用钢尺检查
		下承式底面高差	1.0	用钢尺检查
10	同跨间任一截面的吊车梁中心跨距		±10.0	用经纬仪或钢尺检查
11	轨道中心对吊车梁腹板轴线的偏移		$t/2$	用吊线和钢尺检查

注:1. h 为吊车梁高度,l 为梁长度,t 为梁腹的厚度。

　　2. 检查数量:按各种构件数各抽查10%,但均不少于3件。

检查数量:按钢柱数抽查10%,且不应少于3件。

第七节　防水工程施工方案

一、防水等级和设防要求

在进行防水工程设计和施工前,应根据建(构)筑物类别与工程性质确定防水等级和设防要求,并以此制订防水方案和选择防水材料。

(一)屋面防水等级和设防要求

根据《屋面工程技术规范》(GB 50345—2012)的规定,屋面防水工程应根据建筑物的类别、重要程度、使用功能要求确定防水等级,并应按相应等级进行防水设防;对防水有特殊要求的建筑屋面,应进行专项防水设计。屋面防水等级和设防要求应符合表2-51的规定。

表2-51　屋面防水等级和设防要求

防水等级	建筑类别	设防要求
Ⅰ级	重要建筑和高层建筑	二道防水设防
Ⅱ级	一般建筑	一道防水设防

(二)地下工程防水等级

地下防水工程包括工业与民用建筑地下工程、防护工程、隧道及地下铁道等建(构)筑物的工程实体。根据《地下防水工程质量验收规范》(GB 50208—2011)的规定,将地下工程的防水等级划分为4个等级,详见表2-52。

表2-52　地下工程防水等级标准

防水等级	防水标准
1级	不允许渗水,结构表面无湿渍
2级	不允许漏水,结构表面可有少量湿渍; 房屋建筑地下工程:总湿渍面积不大于总防水面积(包括顶板、墙面、地面)的1‰;任意100 m^2 防水面积上的湿渍不超过2处,单个湿渍的最大面积不大于0.1 m^2; 其他地下工程:湿渍总面积不应大于总防水面积的2‰;任意100 m^2 防水面积上的湿渍不超过3处,单个湿渍的最大面积不大于0.2 m^2,其中,隧道工程平均渗水量不大于0.05 $L/(m^2 \cdot d)$,任意100 m^2 防水面积上的渗水量不大于0.15 $L/(m^2 \cdot d)$
3级	有少量漏水点,不得有线流和漏泥沙; 任意100 m^2 防水面积上的漏水或湿渍点数不超过7处,单个漏水点的最大漏水量不大于2.5 L/d,单个湿渍的最大面积不大于0.3 m^2
4级	有漏水点,不得有线流和漏泥沙; 整个工程平均漏水量不大于2 $L/(m^2 \cdot d)$,任意100 m^2 防水面积上的平均漏水量不大于4 $L/(m^2 \cdot d)$

二、屋面防水工程

屋面防水工程是房屋建筑的一项重要工程,主要有卷材防水屋面、涂膜防水屋面和刚性防水屋面。卷材、涂膜屋面防水等级和防水做法应符合表2-53的规定。

表2-53　卷材、涂膜屋面防水等级和防水做法

防水等级	防水做法
Ⅰ级	卷材防水层和卷材防水层、卷材防水层和涂膜防水层、复合防水层
Ⅱ级	卷材防水层、涂膜防水层、复合防水层

注:在Ⅰ级屋面防水做法中,防水层仅作单层卷材时,应符合有关单层防水卷材屋面技术的规定。

(一)卷材防水屋面施工

卷材防水屋面是指用胶粘剂或热熔法将卷材逐层粘贴所形成的防水屋面,是目前屋面防水的一种主要方法,特别是在工业与民用建筑中应用十分广泛。其主要有高聚物改性沥青防水卷材和合成高分子防水卷材等。

1. 施工工艺

工艺流程:基层清理→细部节点处理→刷基层处理剂→卷材铺设→保护层施工。

2. 施工要点

1)找平层施工

一般采用水泥砂浆、细石混凝土或沥青砂浆作屋面的整体找平层。

(1)找平层表面应压实平整,排水坡度应符合设计要求。采用水泥砂浆作找平层在抹平收水后,应二次压光并充分养护,不得有酥松、起砂、起皮现象。

(2)找平层厚度和技术要求见表2-54。平屋面采用结构找坡时不应小于3%,材料找坡时宜为2%;天沟、檐沟纵向找坡不应小于1%,沟底水落差不得超过200 mm。

表2-54　找平层厚度和技术要求

类别	基层种类	厚度(mm)	技术要求
水泥砂浆	整体现浇混凝土	15~20	1:2.5 水泥砂浆
	整体材料保温层	20~25	
细石混凝土	装配式混凝土板	30~35	C20 混凝土,宜加钢筋网片
	板状材料保温层		C20 混凝土

(3)找平层设置分隔缝时纵横间距不宜大于6 m,缝宽宜为5~20 mm,并用密封材料密封。

(4)找平层与突出屋面结构(女儿墙、立墙、天窗壁、变形缝、烟囱等)的连接处,以及找平层的转角处(水落口、檐口、天沟、檐沟、屋脊等)均应做成圆弧,且应整齐平顺。圆弧半径应根据卷材种类依照表2-55选用。

表2-55　转角处圆弧半径　　　　　　　　　(单位:mm)

卷材种类	圆弧半径
高聚物改性沥青防水卷材	50
合成高分子防水卷材	20

2）保温层施工

保温层施工前基层应平整、干燥和干净,保温板应紧贴(靠)基层、铺平垫稳,分层铺设时上下层接缝错开,拼缝严密,板间缝隙应采用同类型材料嵌填密实,粘贴应贴严、粘牢,找坡正确。保温层可分为纤维材料保温层、板状保温层及整体现浇保温层三种。

（1）纤维材料保温层的施工:基层应平整、干燥、干净;含水量应符合设计要求;松散保温材料应分层铺设并压实,压实的程度与厚度应经试验确定;保温层材料施工完毕后,应及时进行找平层和防水层的施工;雨季施工时,保温层应采取遮盖措施。

（2）板状保温层的施工:基层应平整、干燥、干净;板状保温材料应紧靠在需保温的基层表面上,并应铺平垫稳;分层铺设的板块上下层接缝应相互错开,板间缝隙应采用同类材料填密实;粘贴的板状保温材料应贴严、粘牢。

（3）整体现浇保温层的施工:沥青膨胀蛭石、沥青膨胀珍珠岩宜用机械搅拌,并应色泽一致、无沥青团;压实程度根据试验确定,其厚度应符合设计要求,表面应平整;硬质聚氨酯泡沫塑料应按配合比准确计量,发泡厚度均匀一致。

3）防水层施工

a. 卷材防水层铺贴顺序和方向

卷材防水层施工时,应先进行细部构造处理,做好泛水处理,然后由屋面最低标高向上铺贴;檐沟、天沟卷材施工时,宜顺檐沟、天沟方向铺贴,搭接缝应顺流水方向;卷材宜平行屋脊铺贴,上下层卷材不得相互垂直铺贴;当铺贴连续多跨或高低跨屋面时,应按先高跨后低跨、先远后近的顺序进行。

b. 卷材的搭接方法和搭接宽度

卷材的搭接方法和搭接宽度应根据屋面坡度、主导方向和卷材材料确定。平行屋脊的搭接缝应顺流水方向,相邻两幅卷材短边搭接缝应错开且不小于 500 mm,上下两层卷材应错开 1/3 幅卷材宽度。叠层铺贴的各层卷材,在天沟与屋面的交接处,应采用叉接法搭接,搭接缝应错开,搭接缝宜留在屋面与天沟侧面,不宜留在沟底。各种卷材搭接宽度应符合表 2-56 的要求。

表 2-56　卷材搭接宽度 （单位:mm）

卷材类别		搭接宽度
合成高分子防水卷材	胶粘剂	80
	胶粘带	50
	单缝焊	60,有效焊接宽度不小于 25
	双缝焊	80,有效焊接宽度 10×2＋空腔宽
高聚物改性沥青防水卷材	胶粘剂	100
	自粘	80

c. 铺贴方法

防水卷材的主要铺贴方法有冷粘法、热熔法和自粘法。

冷粘法铺贴时,应符合以下规定:

（1）胶粘剂涂刷应均匀,不得露底、堆积,卷材空铺、点粘、条粘时,应按规定的位置及面积涂刷胶粘剂。

(2)应根据胶粘剂的性能与施工环境、气温条件等,控制胶粘剂涂刷与卷材铺贴的间隔时间。

(3)铺贴卷材时应排除卷材下面的空气,并应辊压粘贴牢固;铺贴的卷材应平整顺直,搭接尺寸应准确,不得扭曲、皱折。搭接部位的接缝应满涂胶粘剂,辊压应粘贴牢固。

(4)合成高分子卷材铺好压粘后,应将搭接部位的粘合面清理干净,并应采用与卷材配套的接缝专用胶粘剂,在搭接缝黏合面上应涂刷均匀,不得露底、堆积,应排除缝间的空气,并用辊压粘贴牢固。

(5)合成高分子卷材搭接部位采用胶粘带黏结时,黏合面应清理干净,必要时可涂刷与卷材及胶粘带材性相容的基层胶粘剂,撕去胶粘带隔离纸后应及时黏合接缝部位的卷材,并应辊压粘贴牢固;低温施工时,宜采用热风机加热;搭接缝口应用材性相容的密封材料封严。

热熔法铺贴时,应符合以下规定:

(1)火焰加热器的喷嘴距卷材面的距离应适中,幅宽内加热应均匀,应以卷材表面熔融至光亮黑色为度,不得过分加热卷材;厚度小于 3 mm 的高聚物改性沥青防水卷材,严禁采用热熔法施工。

(2)卷材表面沥青热熔后应立即滚铺卷材,滚铺时应排除卷材下面的空气。

(3)搭接缝部位宜以溢出热熔的改性沥青胶结料为度,溢出的改性沥青胶结料宽度宜为 8 mm,并宜均匀顺直;当接缝处的卷材上有矿物粒或片料时,应用火焰烘烤及清除干净后再进行热熔和接缝处理。

(4)铺贴卷材时应平整顺直,搭接尺寸应准确,不得扭曲。

自粘法铺贴时,应符合以下规定:

(1)铺粘卷材前,基层表面应均匀涂刷基层处理剂,干燥后应及时铺贴卷材。

(2)铺贴卷材时应将自粘胶底面的隔离纸完全撕净。

(3)铺贴卷材时应排除卷材下面的空气,并应辊压粘贴牢固。

(4)铺贴的卷材应平整顺直,搭接尺寸应准确,不得扭曲、皱折;低温施工时,立面、大坡面及搭接部位宜采用热风机加热,加热后应随即粘贴牢固。

(5)搭接缝口应采用材性相容的密封材料封严。

4)保护层施工

防水层上的保护层施工,应待卷材铺贴完毕或涂料固化成膜,并经检验合格后进行。块体材料做保护层时,宜设置分格缝,分格缝纵横间距不应大于 10 m,分格缝宽宜为 20 mm。在砂结合层上铺设块体时,砂结合层应平整,块体间应预留 10 mm 的缝隙,缝内应填砂,并应用 1:2 的水泥砂浆勾缝。用水泥砂浆做保护层时,表面应抹平压光,并应设表面分格缝,分格面积宜为 1 m²。在水泥砂浆结合层上铺设块体时,应先在防水层上做隔离层,块体间应预留 10 mm 的缝隙,缝内应用 1:2 的水泥砂浆勾缝。用细石混凝土做保护层时,混凝土应振捣密实,表面应抹平压光,分格缝纵横间距不应大于 6 m,分格缝宽宜为 10 ~ 20 mm。

水泥砂浆及细石混凝土保护层铺设前,应在防水层上做隔离层。细石混凝土铺设不宜留施工缝,当施工间隙超过规定时,应对接槎进行处理。刚性保护层与女儿墙、山墙之间应预留宽度为 30 mm 的缝隙,并用密封材料嵌填严密。

3. 质量要求

1）找平层质量要求

a. 主控项目

（1）找平层所用材料的质量及配合比必须符合设计要求。

检验方法：检查出厂合格证、质量检验报告和计量措施。

（2）屋面（含天沟、檐沟）找平层的排水坡度必须符合设计要求。

检验方法：用水平仪（水平尺）、拉线和尺量检查。

b. 一般项目

（1）基层与突出屋面结构的交接处和基层的转角处均应做成圆弧形，且整齐平顺。

检验方法：观察和尺量检查。

（2）水泥砂浆、细石混凝土找平层应平整、压光，不得有酥松、起砂、起皮现象；沥青砂浆找平层不得有拌和不匀、蜂窝现象。

检验方法：观察检查。

（3）找平层分缝的位置和间距应符合设计要求。

检验方法：观察和尺量检查。

（4）找平层表面平整度的允许偏差为 5 mm。

检验方法：用 2 m 靠尺和楔形塞尺检查。

2）保温层质量要求

a. 主控项目

（1）板状材料保温层保温材料质量、厚度应符合设计要求，厚度正偏差应不限，负偏差应为 5%，且不得大于 4 mm；热桥部位处理应符合设计要求。

（2）纤维材料保温层保温材料质量、厚度应符合设计要求，厚度正偏差应不限，毡不得有负偏差，板负偏差应为 4%，且不得大于 3 mm；热桥部位处理应符合设计要求。

（3）喷涂硬泡聚氨酯保温层的材料质量、配合比及热桥部位处理应符合设计要求，保温层厚度正偏差应不限，不得有负偏差。

（4）现浇泡沫混凝土保温层的保温材料厚度正负偏差均应为 5%，且不得大于 5 mm。

b. 一般项目

（1）板状材料保温层保温材料铺设应紧贴基层，铺平垫稳，拼缝应严密，粘贴应牢固；固定件的规格、数量和位置应符合设计要求；保温层表面平整度允许偏差为 5 mm，接缝高低差允许偏差为 2 mm。

（2）纤维材料保温层保温材料铺设应紧贴基层，拼缝应严密，表面平整；固定件的规格、数量和位置应符合设计要求；屋面坡度较大时，宜采用金属或塑料专用固定件；装配式骨架和水泥纤维板应铺钉牢固平整，龙骨间距和板材厚度应符合设计要求；具有抗水蒸气渗透外覆面的玻璃棉制品，其外覆面应朝向室内，拼缝应用防水密封胶带封严。

（3）硬泡聚氨酯应分遍喷涂，牢固性及表面平整度应符合要求。

（4）现浇泡沫混凝土保温层应分层施工，黏结应牢固；不得有贯通性裂缝以及疏松、起砂、起皮现象；表面平整度应符合要求。

3）防水层质量要求

a. 主控项目

（1）防水卷材及配套材料的质量、卷材防水层在细部构造部位的防水构造应符合设计要求。

检验方法:检查出厂合格证、质量检验报告和现场抽样复验报告。

(2)卷材防水层不得有渗漏和积水现象。

检验方法:雨后或淋水、蓄水检验。

(3)卷材防水层在天沟、檐沟、檐口、水落口、泛水、变形缝和伸出屋面管道的防水构造必须符合设计要求。

检验方法:观察检查。

b. 一般项目

(1)卷材防水层的搭接缝应黏结或焊结牢固,密封应严密,不得扭曲、皱折和翘边;卷材防水层的收头应与基层粘接,钉压应牢固,密封应严密。

检验方法:观察检查。

(2)卷材的铺贴方向应正确,卷材搭接宽度的允许偏差为 -10 mm。

检验方法:观察和尺量检查。

(3)屋面排气构造的排气道应纵横贯通,不得堵塞;排气管应安装牢固,位置正确,封闭应严密。

检验方法:观察检查。

4)保护层质量要求

a. 主控项目

(1)所用材料的质量及配合比、强度等级应符合设计要求。

检验方法:检查出厂合格证、质量检验报告和计量措施。

(2)块体材料、水泥砂浆或细石混凝土保护层的强度等级符合设计要求。

检验方法:检查块体材料、水泥砂浆和混凝土抗压强度试验报告。

(3)排水坡度应符合设计要求。

检验方法:坡度尺检查。

b. 一般项目

(1)块体材料保护层表面应干净,接缝应平整,周边应顺直,镶嵌应准确,应无空鼓现象。

检查方法:小锤轻击和观察检查。

(2)水泥砂浆和细石混凝土保护层不得有裂纹、脱皮、麻面和起砂等现象。

检验方法:观察检查。

(3)保护层的允许偏差和检验方法应符合表 2-57 的规定。

表 2-57　保护层的允许偏差和检验方法

项目	允许偏差(mm)			检验方法
	块体材料	水泥砂浆	细石混凝土	
表面平整度	4.0	4.0	5.0	2 m 靠尺和塞尺检查
缝格平直	3.0	3.0	3.0	拉线和尺量检查
接缝高低差	1.5	—	—	直尺和塞尺检查
板块间隙宽度	2.0	—	—	尺量检查
保护层厚度	设计厚度的10%,且不得大于 5 mm			钢针插入和尺量检查

(二)涂膜防水屋面施工

涂膜防水屋面是以高分子合成材料为主体的涂料,涂布在经嵌缝处理的屋面找平层上,形成具有防水效能的胶状涂膜。其主要有合成高分子防水涂膜、聚合物水泥防水涂膜和高聚物改性沥青防水涂膜。每道涂膜防水层最小厚度应符合表2-58的规定。

表2-58 每道涂膜防水层最小厚度 (单位:mm)

防水等级	合成高分子防水涂膜	聚合物水泥防水涂膜	高聚物改性沥青防水涂膜
Ⅰ级	1.5	1.5	2.0
Ⅱ级	2.0	2.0	3.0

1. 施工工艺

工艺流程:基层表面清理、修理→喷涂基层处理剂→特殊部位附加增强处理→涂布防水涂料及铺贴胎体增强材料→清理及检查修理→保护层施工。

2. 施工要点

(1)涂膜防水屋面的基层应坚实、平整、干净,应无孔隙、起砂和裂缝。基层的干燥程度应根据所选用的防水涂料特性确定;当采用溶剂型、热熔型和反应固化型防水涂料时,基层应干燥。结构层、找平层做法与卷材防水屋面基本相同。

(2)涂膜间夹铺胎体增强材料时,宜边涂布边铺胎体;胎体应铺贴平整,应排除气泡,并应与涂料黏结牢固。在胎体上涂布涂料时,应使涂料浸透胎体,并应覆盖完全,不得有胎体外露现象。最上面的涂膜厚度不应小于1.0 mm。

(3)涂膜施工应先做好细部处理,再进行大面积涂布;防水涂料应多遍均匀涂布,待先涂的涂层干燥成膜后,方可涂布后一遍涂料,且前后两遍涂料的涂布方向应相互垂直。屋面转角及立面的涂膜应薄涂多遍,不得流淌和堆积。涂膜总厚度应符合设计要求。

(4)涂膜防水层施工工艺应符合下列规定:水乳型及溶剂型防水涂料宜选用滚涂或喷涂法施工;反应固化型防水涂料宜选用刮涂或喷涂法施工;热熔型防水涂料和聚合物水泥防水涂料宜选用刮涂法施工;所有防水涂料用于细部构造时,宜选用刷涂或喷涂法施工。

3. 涂膜防水质量要求

1)主控项目

(1)防水涂料和胎体增强材料的质量,应符合设计要求。

检验方法:检查出厂合格证、质量检验报告和进厂检验报告。

(2)涂膜防水层不得有渗漏或积水现象。

检验方法:雨后观察或淋水、蓄水试验。

(3)涂膜防水层在天沟、檐沟、檐口、水落口、泛水、变形缝和伸出屋面管道的防水构造应符合设计要求。

检验方法:观察检查。

(4)涂膜防水层的平均厚度应符合设计要求,最小厚度不应小于设计厚度的80%。

检验方法:针测法或取样量测。

2)一般项目

(1)涂膜防水层与基层应黏结牢固,表面平整,涂刷均匀,无流淌、皱折、起泡和露胎体等缺陷。涂膜防水的收头应多遍涂抹。

检验方法:观察检查。

(2)铺贴胎体增强材料应平整顺直,搭接尺寸应准确,应排除气泡,并应与涂料黏结牢固;胎体增强材料搭接宽度的允许偏差为 – 10 mm。

检验方法:观察和尺量检查。

(三)刚性防水屋面施工

刚性防水屋面常采用普通细石混凝土防水屋面,适用于防水等级为 I ~ III 级的屋面防水,不能用于设有松散材料保温层的屋面、受较大振动或冲击的屋面和坡度大于 15% 的屋面。

1.施工工艺

工艺流程:基层清理→节点处理→隔离层施工→分格缝留设→钢筋绑扎→细石混凝土浇筑→混凝土养护→填缝处理→分格缝保护层铺贴。

2.施工要点

(1)细石混凝土屋面防水层施工前,应将基层表面清理干净。钢筋混凝土预制板屋面,应做完灌缝。刚性防水层应在与女儿墙等立墙及突出屋面结构部位留设缝隙,并用柔性密封材料进行处理,防止刚性防水层的温度变形推裂女儿墙。

(2)隔离层施工可采用干铺卷材、涂刷隔离剂或乳化沥青。卷材要铺贴严密,隔离剂和乳化沥青要涂刷均匀,不得漏涂。涂刷隔离剂和乳化沥青后应撒干粉料。

(3)为避免受温度影响产生裂缝,细石混凝土防水层应设置分格缝。分格缝设在屋面板的支承端、屋面转折处、防水层与突出屋面结构的交接处,并与板缝对齐,其纵横间距不宜大于 6 m。分格缝采用木条留设,上口宽 30 mm,下口宽 20 mm,待混凝土初凝后取出,分格缝内嵌填油膏等密封材料,缝口上还需做覆盖保护层。

(4)细石混凝土按分格缝分块浇筑,每个分块的细石混凝土必须一次浇筑完成,不得留施工缝。浇筑混凝土时应保证钢筋网片设置在防水层中部,混凝土应机械振捣密实,表面泛浆后抹平,收水后再次压光。

(5)细石混凝土层浇筑完成后,应在 12 h 内加以覆盖和浇水,养护时间不少于 7 d。浇水次数应能保持砂浆面层具有足够的湿润状态。

3.细石混凝土防水质量要求

1)主控项目

(1)细石混凝土的原材料及配合比必须符合设计要求。

检验方法:检查出厂合格证、质量检验报告、计量措施和现场抽样复验报告。

(2)细石混凝土防水层不得有渗漏或积水现象。

检验方法:雨后或淋水、蓄水检验。

(3)细石混凝土防水层在天沟、檐沟、檐口、水落口、泛水、变形缝和伸出屋面管道的防水构造必须符合设计要求。

检验方法:观察检查和检查隐蔽工程验收记录。

2)一般项目

(1)细石混凝土防水层应表面平整、压实抹光,不得有裂缝、起壳、起砂等缺陷。

检验方法:观察检查。

(2)细石混凝土防水层的厚度和钢筋位置应符合设计要求。

检验方法:观察和尺量检查。

(3)细石混凝土分格缝的位置和间距应符合设计要求。

检验方法:观察和尺量检查。

(4)细石混凝土防水层表面平整度的允许偏差为5 mm。

检验方法:用2 m靠尺和楔形塞尺检查。

三、地下防水工程

由于地下工程常年受到潮湿和地下水的影响,所以对地下工程防水要求更加严格,主要有防水混凝土结构、水泥砂浆防水层和卷材防水层。

(一)防水混凝土结构施工

防水混凝土结构是依靠混凝土材料本身的密实性而具有防水能力的钢筋混凝土结构。它既是承重结构、围护结构,又能满足抗渗、耐腐蚀和耐侵蚀等结构要求。

防水混凝土适用于抗渗等级不低于P6的地下混凝土结构,不适用于环境温度高于80 ℃的地下工程。处于侵蚀性介质中,防水混凝土的耐侵蚀性要求应符合现行国家标准《工业建筑防腐蚀设计规范》(GB 50046)和《混凝土结构耐久性设计规范》(GB 50476)的有关规定。

1. 施工工艺

工艺流程:钢筋、模板检查→混凝土搅拌→混凝土输送→混凝土浇筑→养护→拆模。

2. 施工要点

(1)支模模板严密不漏浆,有足够的刚度、强度和稳定性。防水混凝土结构内部设置的各种钢筋或绑扎铁丝,不得接触模板。用于固定模板的螺栓必须穿过混凝土结构时,可采用工具式螺栓或螺栓加堵头,螺栓上应加焊方形止水环。拆模后应将留下的凹槽用密封材料封堵密实,并应用聚合物水泥砂浆抹平。

(2)搅拌应符合一般普通混凝土的搅拌原则。防水混凝土拌和物应采用机械搅拌,搅拌时间不宜小于2 min。掺外加剂时,搅拌时间应根据外加剂的技术要求确定。

(3)防水混凝土拌和物在运输后如出现离析,必须进行二次搅拌。当坍落度损失后不能满足施工要求时,应加入原水胶比的水泥浆或掺加同品种的减水剂进行搅拌,严禁直接加水。

(4)浇筑、振捣前应清理模板内的杂质、积水,模板应湿水。防水混凝土应分层连续浇筑,分层厚度不得大于500 mm。

(5)防水混凝土应连续浇筑,宜少留施工缝。当留设施工缝时,应符合下列规定:墙体水平施工缝不应留在剪力最大处或底板与侧墙的交接处,应留在高出底板表面不小于300 mm的墙体上;拱(板)墙结合的水平施工缝,宜留在拱(板)墙接缝线以下150~300 mm处;墙体顶留孔洞时,施工缝距孔洞边缘不应小于300 mm;垂直施工缝应避开地下水和裂隙水较多的地段,并宜与变形缝相结合。

(6)养护与拆模对防水混凝土的抗渗性能影响很大,特别是早期湿润养护更为重要,如果早期失水,将导致防水混凝土的抗渗性大幅度降低。因此,防水混凝土终凝后应立即进行养护,养护时间不得少于14 d。

3. 质量要求

1）主控项目

（1）防水混凝土的原材料、配合比及坍落度必须符合设计要求。

检验方法：检查产品合格证、产品性能检测报告、计量措施和材料进场检验报告。

（2）防水混凝土的抗压强度和抗渗性能必须符合设计要求。

检验方法：检查混凝土抗压强度、抗渗性能检验报告。

（3）防水混凝土结构的变形缝、施工缝、后浇带、穿墙管、埋设件等设置和构造必须符合设计要求。

检验方法：观察检查和检查隐蔽工程验收记录。

2）一般项目

（1）防水混凝土结构表面应坚实、平整，不得有露筋、蜂窝等缺陷；埋设件位置应准确。

检验方法：观察检查。

（2）防水混凝土结构表面的裂缝宽度不应大于 0.2 mm，且不得贯通。

检验方法：用刻度放大镜检查。

（3）防水混凝土结构厚度不应小于 250 mm，其允许偏差应为 +8 mm、−5 mm；主体结构迎水面钢筋保护层厚度不应小于 50 mm，其允许偏差为 ±5 mm。

检验方法：尺量检查和检查隐蔽工程验收记录。

（二）水泥砂浆防水层施工

水泥砂浆防水层是在混凝土或砌砖的基层上用多层抹面的水泥砂浆等构成的防水层，它是利用抹压均匀、密实，并交替施工构成坚硬封闭的整体，具有较高的抗渗能力，以达到阻止压力水的渗透作用。

水泥砂浆防水层适用于地下工程主体结构的迎水面或背水面，不适用于受持续振动或环境温度高于 80 ℃的地下工程。防水砂浆包括聚合物水泥防水砂浆、掺外加剂或掺合料的防水砂浆。

1. 施工工艺

工艺流程：基层清理→冲筋贴灰饼→水泥砂浆配制→水泥砂浆摊铺→水泥砂浆抹压→养护。

2. 施工要点

（1）基层清理。基层表面应平整、坚实、粗糙、清洁并充分湿润、无积水。基层表面的孔洞、缝隙应采用与防水层相同的防水砂浆堵塞并抹平。

（2）水泥砂浆防水层的厚度宜为 15～20 mm，施工时须分层铺抹或喷射，水泥浆每层厚度宜为 2 mm，水泥砂浆每层厚度宜为 5～10 mm。铺抹时应压实，表面应提浆压光。

（3）水泥砂浆防水层各层应紧密贴合，每层宜连续施工，如必须留施工缝，留槎应符合下列规定：

①平面留槎采用阶梯坡形槎，接槎要依层次顺序操作，层层搭接紧密。接槎位置一般宜在地面上，亦可在墙面上，但须离开阴阳角处 200 mm。

②基础面与墙面防水层转角留槎见图 2-49。

（4）水泥砂浆防水层终凝后，应及时进行养护，养护温度不宜低于 5 ℃，并应保持砂浆表面湿润，养护时间不得少于 14 d。聚合物水泥防水砂浆未达到硬化状态时，不得浇水养护或直

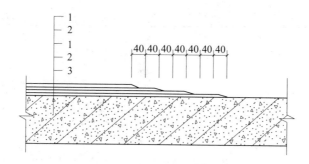

1—砂浆层;2—水泥浆层;3—围护结构

图2-49 平面留槎示意图 （单位:mm）

接受雨水冲刷,硬化后应采用干湿交替的养护方法。潮湿环境中,可在自然条件下养护。

3.质量要求

1)主控项目

(1)防水砂浆的原材料及配合比必须符合设计规定。

检验方法:检查产品合格证、产品性能检测报告、计量措施和材料进场检验报告。

(2)防水砂浆的黏结强度和抗渗性能必须符合设计规定。

检验方法:检查砂浆黏结强度、抗渗性能检测报告。

(3)水泥砂浆防水层与基层之间应结合牢固,无空鼓现象。

检验方法:观察和用小锤轻击检查。

2)一般项目

(1)水泥砂浆防水层表面应密实、平整,不得有裂纹、起砂、麻面等缺陷。

检验方法:观察检查。

(2)水泥砂浆防水层施工缝留槎位置应正确,接槎应按层次顺序操作,层层搭接紧密。

检验方法:观察检查和检查隐蔽工程验收记录。

(3)水泥砂浆防水层的平均厚度应符合设计要求,最小厚度不得小于设计值的85%。

检验方法:用针测法检查。

(4)水泥砂浆防水层表面平整度的允许偏差应为5 mm。

检查方法:用2 m靠尺和楔形塞尺检查。

（三）卷材防水层施工

卷材防水层适用于经常处在地下水环境,受侵蚀性介质作用或受振动作用的地下工程,且应铺设在混凝土结构的迎水面。卷材防水层包括高聚物改性沥青防水卷材和合成高分子防水卷材,所选用的基层处理剂、胶粘剂、密封材料等均应与铺贴的卷材相匹配。卷材防水层的卷材品种可按表2-59选用,卷材防水层的厚度应符合表2-60的要求。

表2-59 **卷材防水层的卷材品种**

类别	品种名称
高聚物改性沥青类防水卷材	弹性体改性沥青防水卷材
	改性沥青聚乙烯胎防水卷材
	自粘聚合物改性沥青防水卷材

类别	品种名称
合成高分子防水卷材	三元乙丙橡胶防水卷材 聚氯乙烯防水卷材 聚乙烯丙纶复合防水卷材 高分子自粘胶膜防水卷材

表 2-60　不同品种卷材厚度　　　　　　　（单位:mm）

卷材品种	高聚物改性沥青类防水卷材			合成高分子防水卷材			
	弹性体改性沥青防水卷材、改性沥青聚乙烯胎防水卷材	自粘聚合物改性沥青防水卷材		三元乙丙橡胶防水卷材	聚氯乙烯防水卷材	聚乙烯丙纶复合防水卷材	高分子自粘胶膜防水卷材
		聚酯毡胎体	无胎体				
单层厚度	≥4	≥3	≥1.5	≥1.5	≥1.5	卷材:≥0.9 粘接料:≥1.3 芯材厚度≥0.6	≥1.2
双层总厚度	≥(4+3)	≥(3+3)	≥(1.5+1.5)	≥(1.2+1.2)	≥(1.2+1.2)	卷材:≥(0.7+0.7) 粘接料:≥(1.3+1.3) 芯材厚度≥0.5	—

1. 施工工艺

卷材防水层施工的铺贴方法,按其与地下防水结构施工的先后顺序分为外防外贴法和外防内贴法两种。

工艺流程:基层清理→细部节点处理→刷基层处理剂→卷材铺设→保护层施工。

2. 施工要点

(1)卷材防水层的基面应坚实、平整、清洁,阴阳角处应做成圆弧或折角,基层阴阳角应做成圆弧或45°坡角,其尺寸应根据卷材品种确定;在转角处、变形缝、施工缝、穿墙管等部位应铺贴卷材加强层,加强层宽度不应小于500 mm。

(2)结构底板垫层混凝土部位的卷材可采用空铺法或点粘法施工,其黏结位置、点粘面积应按设计要求确定;侧墙采用外防外贴法的卷材及顶板部位的卷材应采用满粘法施工。

(3)防水卷材的搭接宽度应符合表2-61的要求。铺贴双层卷材时,上下两层和相邻两幅卷材的接缝应错开1/3～1/2幅宽,且两层卷材不得相互垂直铺贴。

(4)铺贴自粘聚合物改性沥青防水卷材时,应排除卷材下面的空气,辊压粘贴牢固,卷材表面不得有扭曲、皱折和起泡现象;低温施工时,宜对卷材和基面适当加热,然后铺贴卷材。

(5)铺贴三元乙丙橡胶防水卷材应采用冷粘法施工,胶粘剂涂刷与卷材铺贴的间隔时间应根据胶粘剂的性能控制;搭接部位的粘合面应清理干净,并应采用接缝专用胶粘剂或胶结带黏结。

<表 2-61 防水卷材的搭接宽度>

表 2-61　防水卷材的搭接宽度　　　　　　　　（单位:mm）

卷材品种	搭接宽度
弹性体改性沥青防水卷材	100
改性沥青聚乙烯胎防水卷材	100
自粘聚合物改性沥青防水卷材	80
三元乙丙橡胶防水卷材	100/60(胶粘剂/胶结带)
聚氯乙烯防水卷材	60/80(单面焊/双面焊)
	100(胶结剂)
聚乙烯丙纶复合防水卷材	100(粘结料)
高分子自粘胶膜防水卷材	70/80(自粘胶/胶结带)

(6)铺贴聚氯乙烯防水卷材,接缝采用焊接法施工时,应符合下列规定:卷材的搭接缝可采用单焊缝或双焊缝。单焊缝搭接宽度应为 60 mm,有效焊接宽度不应小于 30 mm;双焊缝搭接宽度应为 80 mm,中间应留设 10~20 mm 的空腔,有效焊接宽度不宜小于 10 mm;应先焊长边搭接缝,后焊短边搭接缝。

(7)铺贴聚乙烯丙纶复合防水卷材应采用配套的聚合物水泥防水黏结材料;卷材与基层粘贴应采用满粘法,黏结面积不应小于 90%;固化后的粘结料厚度不应小于 1.3 mm。

(8)高分子自粘胶膜防水卷材宜采用预铺反粘法施工,并应符合下列规定:卷材宜单层铺设;在潮湿基面铺设时,基面应平整坚固、无明显积水;卷材长边应采用自结边搭接,短边应采用胶结带搭接,卷材端部搭接区应相互错开;立面施工时,在自粘边位置距离卷材边缘 10~20 mm 内,应每隔 400~600 mm 进行机械固定,并应保证固定位置被卷材完全覆盖。

(9)采用外防外贴法铺贴卷材防水层时,应符合下列规定:应先铺平面,后铺立面,交接处应交叉搭接;临时性保护墙宜采用石灰砂浆砌筑,内表面宜做找平层;从底面折向立面的卷材与永久性保护墙的接触部位,应采用空铺法施工;卷材与临时性保护墙或围护结构模板的接触部位,应将卷材临时贴附在该墙上或模板上,并应将顶端临时固定;卷材接槎的搭接长度,高聚物改性沥青类卷材应为 150 mm,合成高分子类卷材应为 100 mm;当使用两层卷材时,卷材应错槎接缝,上层卷材应盖过下层卷材。

(10)用外防内贴法铺贴卷材防水层时,应符合下列规定:混凝土结构的保护墙内表面应抹厚度为 20 mm 的 1:3水泥砂浆找平层,然后铺贴卷材;卷材宜先铺立面,后铺平面;铺贴立面时,应先铺转角,后铺大面。

(11)卷材防水层经检查合格后,应及时做保护层,保护层应符合下列规定:顶板卷材防水层上的细石混凝土保护层厚度,采用机械碾压回填土时,不宜小于 70 mm;采用人工回填土时,保护层厚度不宜小于 50 mm;防水层与保护层之间宜设置隔离层;底板卷材防水层上的细石混凝土保护层厚度不应小于 50 mm;侧墙卷材防水层宜采用软质保护材料或铺抹 20 mm 厚 1:2.5 水泥砂浆层。

3.质量要求

1)主控项目

(1)卷材防水层所用卷材及其配套材料必须符合设计要求。

检验方法:检查产品合格证、产品性能检测报告和材料进场检验报告。

(2)卷材防水层在转角处、变形缝、施工缝、穿墙管等部位做法必须符合设计要求。

检验方法:观察检查和检查隐蔽工程验收记录。

2)一般项目

(1)卷材防水层的搭接缝应粘贴或焊接牢固,密封严密,不得有扭曲、皱折、翘边和起泡等缺陷。

检验方法:观察检查。

(2)采用外防外贴法铺贴卷材防水层时,立面卷材接槎的搭接宽度:高聚物改性沥青类卷材应为 150 mm,合成高分子类卷材应为 100 mm,且上层卷材应盖过下层卷材。卷材搭接宽度的允许偏差应为 -10 mm。侧墙卷材防水层的保护层与防水层应结合紧密,保护层厚度应符合设计要求。

检验方法:观察和尺量检查。

第八节　建筑节能工程施工方案

由于日益严峻的能源紧张和建筑能耗浪费,绿色建筑、节能建筑得到普遍推广,建筑节能保温工程施工已日趋普遍,其中又以外墙保温隔热的发展最为迅速。现在,在一些发达国家,外墙保温隔热体系多达几十种,使绝热效果越来越好,建筑节能日益提高。

一、建筑节能质量验收规范的基本规定与验收划分

(一)基本规定

(1)承担建筑节能工程的施工企业应具备相应的资质,施工现场应建立有效的质量管理体系、施工质量控制和检验制度,具有相应的施工技术标准。

(2)设计变更不得降低建筑节能效果。当设计变更涉及建筑节能效果时,应经原施工图设计审查机构审查,在实施前应办理设计变更手续,并获得监理单位或建设单位的确认。

(3)建筑节能工程采用的新技术、新设备、新材料、新工艺,应按照有关规定进行评审、鉴定及备案。施工前应对新的或首次采用的施工工艺进行评价,并制订专门的施工技术方案。

(4)单位工程的施工组织设计应包括建筑节能工程施工内容。建筑节能工程施工前,施工企业应编制建筑节能工程施工技术方案并经监理(建设)单位审查批准。施工单位应对从事建筑节能工程施工作业的专业人员进行技术交底和必要的实际操作培训。

(二)验收划分

建筑节能工程为单位建筑工程的一个分部工程。其分项工程和检验批的划分应符合下列规定:

(1)建筑节能分项工程应按照表 2-62 划分。

(2)建筑节能分项工程应按照分项工程进行验收。当建筑节能分项工程的工程量较大时,可以将分项工程划分为若干个检验批进行验收。

表 2-62　建筑节能分项工程划分

序号	分项工程	主要验收内容
1	墙体节能工程	主体结构基层、保温材料、饰面层等
2	幕墙节能工程	主体结构基层、隔热材料、保温材料、隔汽层、幕墙玻璃、单元式幕墙板块、通风换气系统、遮阳设施、冷凝水收集排放系统等
3	门窗节能工程	门、窗、玻璃、遮阳设施等
4	屋面节能工程	基层、保温隔热层、保护层、防水层、面层等
5	地面节能工程	基层、保温隔热层、保护层、面层等
6	采暖节能工程	系统制式、散热器、阀门与仪表、热力入口装置、保温材料、调试等
7	通风与空气调节节能工程	系统制式、通风与空气调节设备、阀门与仪表、绝热材料、调试等
8	空调与采暖系统的冷热源和附属设备及其管网节能工程	系统制式、冷热源设备,辅助设备,管网,阀门与仪表,绝热、保温材料,调试等
9	配电与照明节能工程节能工程	低压配电电源,照明光源、灯具,附属装置,控制功能,调试等
10	监测与控制	冷、热源系统的监测控制系统,空调水系统的监测控制系统,通风与空调系统的监测控制系统,监测与计量装置,供配电的监测控制系统,照明自动控制系统,综合控制系统等

（3）当建筑节能验收难以按照上述要求进行划分时,可由建设、监理、设计、施工等各方协商进行划分。但验收项目、验收内容、验收标准和验收记录均应遵守相应规范的规定。

（4）建筑节能分项工程和检验批的验收应单独填写验收记录,节能验收资料应单独组卷。

二、墙体节能工程

外墙保温有外墙外保温和外墙内保温,后者因为存在冷桥、占用建筑面积等因素,应用越来越少。因此,本节仅讨论建筑外墙外保温施工。

（一）粘贴泡沫塑料保温板外保温系统

粘贴泡沫塑料保温板外保温系统（简称粘贴保温板系统）由粘结层、保温层、抹面层和饰面层构成。粘结层材料为胶粘剂,保温层材料可为 EPS 板、PU 板和XPS 板,抹面层材料为抹面胶浆,抹面胶浆中满铺增强网;饰面层材料可为涂料或饰面砂浆,如图 2-50 所示。当建筑物高度在 20 m 以上时,在受负风压作用较大的部位宜使用锚栓辅助固定。

1. 施工工艺

工艺流程:基层墙体清理→抄平放线→涂抹界面剂→配聚合物黏结剂→粘贴 EPS 板→隐蔽工程验

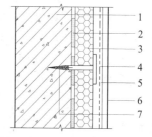

1—基层;2—胶粘剂;3—EPS 板;4—玻纤网;
5—薄抹面层;6—饰面涂层;7—锚栓

图 2-50　粘贴泡沫塑料保温板外保温系统

收→配制抗裂砂浆→抹底层抗裂砂浆→安装锚栓、铺挂玻纤网(养护7 d)→施工饰面层。

2. 施工要点

(1)基层墙面处理。基层表面应清洁,无油污、脱模剂等妨碍黏结的附着物。凸起、空鼓和疏松部位应剔除并找平。找平层应与墙体黏结牢固,不得有脱层、空鼓、裂缝,面层不得有粉化、起皮、爆灰等现象。

(2)对要求做界面处理的基层应涂满界面砂浆,用辊刷扫帚将界面砂浆均匀涂刷。

(3)粘贴EPS板时,应将胶粘剂涂在EPS板背面,涂胶粘剂面积不得小于EPS板面积的40%。EPS板应按顺砌方式粘贴,竖缝应逐行错缝。EPS板应粘贴牢固,不得有松动和空鼓。

(4)EPS板粘贴时,竖缝应逐行错缝搭接,搭接长度不小于10 cm。墙角处EPS板应交错互锁(见图2-51)。门窗洞口四角处EPS板不得拼接,应采用整块EPS板切割成形,EPS板接缝应离开角部至少200 mm(见图2-52)。

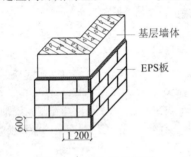

图2-51 EPS 板排板图

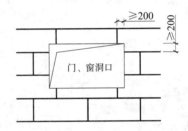

图2-52 门窗洞口 EPS 板排列

(5)涂好胶粘剂后立即将EPS板贴在墙面上,动作要迅速,以防止黏结剂结皮而失去黏结作用。EPS板贴在墙上时,应用2 m靠尺进行压平操作,保证其平整度和黏结牢固。板与板之间要挤紧,不得有较大的缝隙。若因保温板面不方正或裁切不直形成大于2 mm的缝隙,应用EPS板条塞入并打磨平。

(6)EPS板贴完后至少24 h,且待黏结剂达到一定黏结强度时,用专用打磨工具对EPS板表面不平处进行打磨。打磨后应用刷子将打磨操作产生的碎屑清理干净。

(7)在EPS板上先抹2 mm厚抗裂砂浆,待抗裂砂浆初凝后,分段铺挂玻纤网并安装锚栓(锚栓呈梅花状布置,6~8 个/m²),锚栓锚入墙体孔深应大于50 mm。在底层抗裂砂浆终凝前再抹一道抹面砂浆罩面,厚度2~3 mm,以覆盖玻纤网轮廓为宜。

(二)胶粉 EPS 颗粒保温浆料外保温系统

胶粉EPS颗粒保温浆料外保温系统(简称保温浆料系统)由界面层、胶粉EPS颗粒保温浆料保温层、抗裂砂浆薄抹面层和饰面层组成,如图2-53所示。胶粉EPS颗粒保温浆料经现场拌和后喷涂或抹在基层上形成保温层。薄抹面层中应满铺玻纤网。

1. 施工工艺

工艺流程:基层墙体处理→墙体基层涂刷专用界面砂浆→吊垂直、套方、弹控制线→配制保温浆料→用保温浆料作灰饼、作口→抹保温浆料(每遍约20 mm)→晾置干燥,厚度、平整度和垂直度验收→配制抗裂砂浆→抹抗裂砂浆→铺玻纤网(养护7 d)→施工饰面层。

2. 施工要点

(1)基层墙面处理。墙体表面应清洁,无油污和脱模剂等妨碍黏结的附着物,空鼓、疏松部位应剔除。

(2)吊垂直、套方作口,按厚度控制线,拉垂直、水平通线,套方作口,按厚度线用胶粉聚苯颗粒保温浆料做标准厚度灰饼冲筋。

(3)胶粉 EPS 颗粒保温浆料宜分遍抹灰,每遍间隔时间应在 24 h 以上,每遍厚度不宜超过 20 mm。第一遍抹灰应压实,最后一遍应找平,并用大杠搓平。保温层固化干燥(用手掌按不动表面,一般约 5 d)后方可进行抗裂保护层施工。

(4)抹抗裂砂浆,铺贴玻纤网。玻纤网按楼层间尺寸预先裁好,抹抗裂砂浆一般分两遍完成,第一遍厚度 3~4 mm,随即竖向铺设玻纤网,用抹

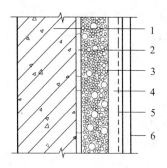

1—基层;2—界面砂浆;3—胶粉 EPS 颗粒保温浆料;
4—抗裂砂浆薄抹面层;5—玻纤网;6—饰面层

图 2-53　保温浆料系统

子将玻纤网压入砂浆,搭接宽度不应小于 40 mm,先压入一侧,抹抗裂砂浆,随即再压入另一侧,严禁干搭。玻纤网铺贴要尽可能平整,饱满度应达到 100%,抹第二遍找平抗裂砂浆时,将玻纤网包覆于抗裂砂浆之中,使抗裂砂浆的总厚度控制在(10±2)mm,抗裂砂浆面层必须平整。

(三)EPS 钢丝网架板现浇混凝土外保温系统

EPS 钢丝网架板现浇混凝土外保温系统以现浇混凝土为基层,EPS 单面钢丝网架板置于外墙外模板内侧,并安装钢筋作为辅助固定件。浇筑混凝土后,EPS 单面钢丝网架板挑头钢丝和钢筋与混凝土结合为一体,EPS 单面钢丝网架板表面抹掺外加剂的水泥砂浆形成厚抹面层,外表做饰面层,如图 2-54 所示。以涂料做饰面层时,应加抹玻纤网抗裂砂浆薄抹面层。

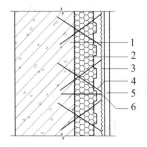

1—现浇混凝土外墙;2—EPS 单面钢丝网架板;
3—掺外加剂的水泥砂浆厚抹面层;
4—钢丝网架;5—饰面层;6—φ6 钢筋

图 2-54　有网现浇系统

1.施工工艺

工艺流程:在外墙外模板内侧固定 EPS 钢丝网架板,并安装 φ6 钢筋→安装外墙模板→浇筑混凝土→拆模、整修 EPS 钢丝网架板表面→隐蔽验收→配制掺外加剂水泥砂浆→抹水泥砂浆厚抹面层(养护 7 d)→施工饰面层。

2.施工要点

(1)L 形 φ6 钢筋每平方米应设 4 根,锚固深度不得小于 100 mm。如用锚栓每平方米应设 4 个,锚固深度不得小于 50 mm。

(2)EPS 单面钢丝网架板每平方米斜插腹丝不得超过 200 根,斜插腹丝应为镀锌钢丝,板两面应预喷刷界面砂浆。

(3)在每层层间宜留水平抗裂分隔缝,层间保温板外钢丝网应断开,抹灰时嵌入层间塑料分隔条或泡沫塑料棒,外表用建筑密封膏嵌缝。垂直抗裂分隔缝宜按墙面面积设置,在板式建筑中不宜大于 30 m²,在塔式建筑中可视具体情况而定,宜留在阴角部位。垂直抗裂分隔缝间距不宜大于 8 m。

（4）有网现浇系统 EPS 钢丝网架板厚度、每平方米腹丝数量和表面荷载值应通过试验确定。EPS 钢丝网架板构造设计和施工安装应考虑现浇混凝土侧压力影响,抹面层厚度应均匀,钢丝网应完全包覆于抹面层中。

（5）应采用钢制大模板施工,并应采取可靠措施保证 EPS 钢丝网架板和辅助固定件安装位置准确。混凝土一次浇筑高度不宜大于 1 m,混凝土需振捣密实均匀,墙面及接槎处应光滑、平整。

（四）质量验收

墙体节能工程验收的检验批划分应符合下列规定:采用相同材料、工艺和施工做法的墙面每 500 ~ 1 000 m² 面积划分为一个检验批,不足 500 m² 也为一个检验批;检验批的划分也可根据与施工流程相一致且方便施工与验收的原则,由施工单位与监理(建设)单位共同商定。

1. 主控项目

（1）用于墙体节能工程的材料、构件等,其品种、规格应符合设计要求和相关标准的规定。

检验方法:观察、尺量检查;核查质量证明文件。

检验数量:按进场批次,每批随机抽取 3 个试样进行检查;质量证明文件应按照其出厂检验批进行核查。

（2）墙体节能工程使用的保温隔热材料,其导热系数、密度、抗压强度或压缩强度、燃烧性能应符合设计要求。

检验方法:核查质量证明文件及进场复验报告。

检验数量:全数检查。

（3）墙体节能工程采用的保温材料和黏结材料等,进场时应对其下列性能进行复验,复验应为见证取样送检:

①保温材料的导热系数、材料密度、抗压强度或压缩强度。

②黏结材料的黏结强度。

③增强网的力学性能、抗腐蚀性能。

检验方法:随机抽样送检,核查复验报告。

检验数量:同一厂家同一品种的产品,当单位工程建筑面积在 20 000 m² 以下时,各抽查不少于 3 次;当单位工程建筑面积在 20 000 m² 以上时,各抽查不少于 6 次。

（4）严寒和寒冷地区外保温使用的黏结材料,其冻融试验结果应符合该地区最低气温环境的使用要求。

检验方法:核查质量证明文件。

检验数量:全数检查。

（5）墙体节能工程施工前应按照设计和施工方案的要求对基层进行处理,处理后的基层应符合保温层施工方案的要求。墙体节能工程各层构造做法应符合设计要求,并应按照经过审批的施工方案施工。

检验方法:对照设计和施工方案观察检查,核查隐蔽工程验收记录。

检验数量:全数检查。

（6）墙体节能工程的施工,应符合下列规定:

①保温材料的厚度必须符合设计要求。

②保温板材与基层及各构造层之间的黏结或连接必须牢固,黏结强度和连接方式应符合设计要求,保温板材与基层的黏结强度应做现场拉拔试验。

③保温浆料应分层施工。当采用保温浆料做外保温时,保温层与基层之间及各层之间的黏结必须牢固,不应脱层、空鼓和开裂。

④当墙体节能工程的保温层采用预埋或后置锚固件固定时,锚固件数量、位置、锚固深度和拉拔力应符合设计要求。后置锚固件应进行锚固力现场拉拔试验。

检验方法:观察,手扳检查,保温材料厚度采用钢针插入或剖开尺量检查;黏结强度和锚固力核查试验报告;核查隐蔽工程验收记录。

检验数量:每个检验批抽查不少于3处。

(7)外墙采用预置保温板现场浇筑混凝土墙体时,保温板的验收应符合有关标准的规定;保温板的安装位置应正确、接缝严密,保温板在浇筑混凝土过程中不得移位、变形,保温板表面应采取界面处理措施,与混凝土黏结应牢固。

混凝土和模板的验收应按《混凝土结构工程施工质量验收规范》(GB 50204)的相关规定执行。

检验方法:观察检查,核查隐蔽工程验收记录。

检验数量:全数检查。

(8)当外墙采用保温浆料做保温层时,应在施工中制作同条件试件,检测其导热系数、干密度和压缩强度。保温浆料的同条件试件应见证取样送检。

检验方法:核查试验报告。

检验数量:每个检验批应抽样制作同条件养护试块不少于3组。

(9)墙体节能工程各类饰面层的基层及面层施工,应符合设计和《建筑装饰装修工程质量验收规范》(GB 50210)的要求,并应符合下列规定:

①饰面层施工的基层应无脱层、空鼓和裂缝,基层应平整、洁净,含水率应符合饰面层施工的要求。

②外墙外保温工程不宜采用粘贴饰面砖做饰面层;当采用时,其安全性与耐久性必须符合设计要求。饰面砖应做黏结强度拉拔试验,试验结果应符合设计和有关标准的规定。

③外墙外保温工程的饰面层不得渗漏。当外墙外保温工程的饰面层采用饰面板开缝安装时,保温层表面应具有防水功能或采取其他防水措施。

④外墙外保温层及饰面层与其他部位交接的收口处,应采取密封措施。

检验方法:观察检查,核查试验报告和隐蔽工程验收记录。

检验数量:全数检查。

(10)保温砌块砌筑的墙体,应采用具有保温功能的砂浆砌筑。砌筑砂浆的强度等级应符合设计要求。砌体的水平灰缝饱满度不应低于90%,竖直灰缝饱满度不应低于80%。

检验方法:对照设计核查施工方案和砌筑砂浆强度试验报告。用百格网检查灰缝砂浆饱满度。

检验数量:每楼层的每个施工段至少抽查一次,每次抽查5处,每处不少于3个砌块。

(11)采用预制保温墙板现场安装的墙体,应符合下列规定:

①保温墙板应有型式检验报告,型式检验报告中应包含安装性能的检验。

②保温墙板的结构性能、热工性能及与主体结构的连接方法应符合设计要求,与主体结构连接必须牢固。

③保温墙板的板缝处理、构造节点及嵌缝做法应符合设计要求。

④保温墙板板缝不得渗漏。

检验方法:核查型式检验报告、出厂检验报告、对照设计观察和淋水试验检查;核查隐蔽工程验收记录。

检验数量:型式检验报告、出厂检验报告全数核查;其他每个检验批抽查5%,并不少于3块(处)。

(12)当设计要求在墙体内设置隔汽层时,隔汽层的位置、使用的材料及构造做法应符合设计要求和相关标准的规定。隔汽层应完整、严密,穿透隔汽层处应采取密封措施。隔汽层冷凝水排水构造应符合设计要求。

检验方法:对照设计观察检查,核查质量证明文件和隐蔽工程验收记录。

检验数量:每个检验批抽查5%,并不少于3处。

(13)外墙或毗邻不采暖空间墙体上的门窗洞口四周的侧面,墙体上凸窗四周的侧面,应按设计要求采取节能保温措施。

检验方法:对照设计观察检查,必要时抽样剖开检查;核查隐蔽工程验收记录。

检验数量:每个检验批抽查5%,并不少于5个洞口。

(14)严寒和寒冷地区外墙热桥部位,应按设计要求采取节能保温等隔断热桥措施。

检验方法:对照设计和施工方案观察检查,核查隐蔽工程验收记录。

检验数量:按不同热桥种类,每种抽查20%,并不少于5处。

2.一般项目

(1)进场节能保温材料与构件的外观和包装应完整无破损,符合设计要求和产品标准的规定。

检验方法:观察检查。

检验数量:全数检查。

(2)当采用加强网作为防止开裂的措施时,加强网的铺贴和搭接应符合设计与施工方案的要求。表层砂浆抹压应密实,不得空鼓,加强网不得皱褶、外露。

检验方法:观察检查,核查隐蔽工程验收记录。

检验数量:每个检验批抽查不少于5处,每处不少于2 m^2。

(3)设置空调的房间,其外墙热桥部位应按设计要求采取隔断热桥措施。

检验方法:对照设计和施工方案观察检查,核查隐蔽工程验收记录。

检验数量:按不同热桥种类,每种抽查10%,并不少于5处。

(4)施工产生的墙体缺陷,如穿墙套管、脚手眼、孔洞等,应按照施工方案采取隔断热桥措施,不得影响墙体热工性能。

检验方法:对照施工方案观察检查。

检验数量:全数检查。

(5)墙体保温板材接缝方法应符合施工方案要求,且保温板接缝应平整严密。

检验方法:观察检查。

检验数量:每个检验批抽查10%,并不少于5处。

（6）墙体采用保温浆料时,保温浆料层宜连续施工;保温浆料厚度应均匀,接槎应平顺密实。

检验方法:观察、尺量检查。

检验数量:每个检验批抽查10%,并不少于10处。

（7）墙体上容易碰撞的阳角,门窗洞口及不同材料基体的交接处等特殊部位,其保温层应采取防止开裂和破损的加强措施。

检验方法:观察检查,核查隐蔽工程验收记录。

检验数量:按不同部位,每类抽查10%,并不少于5处。

（8）采用现场喷涂或模板浇注的有机类保温材料做外保温时,有机类保温材料应达到陈化时间后方可进行下道工序施工。

检查方法:对照施工方案和产品说明书进行检查。

检验数量:全数检查。

第九节　季节性工程施工方案

我国地域辽阔,气候变化大,冬期的低温和雨季的降水,常使土木工程施工无法正常进行,从而影响工程的进展。若能根据冬期与雨季施工特点,进行充分的施工准备,选择合理的施工技术进行冬期与雨季施工,对缩短工期、确保工程质量、降低工程费用都具有重要意义。

一、冬期施工

根据《建筑工程冬期施工规程》（JGJ/T 104—2011）的规定,冬期施工期限的划分原则是:根据当地多年气温资料统计,当室外日平均气温连续5 d稳定低于5 ℃即进入冬期施工;当室外日平均气温连续5 d高于5 ℃时即解除冬期施工。当未进入冬期施工前,突遇寒流侵袭气温骤降至0 ℃以下时,应按冬期施工方案对工程采取应急防护措施。

对于进行冬期施工的工程项目,应编制冬期施工专项方案;当出现有不能适应冬期施工要求的问题时,应及时与设计单位研究解决。

（一）建筑地基基础工程冬期施工

1. 地基土的保温防冻

地基土的保温防冻主要采用覆盖保温材料法等。

现阶段冬期大面积土壤保温工程较为少见,以前常用的松土耙平法和雪覆盖保温等方法浪费人工、能源和材料,现阶段基本上不采用。对于面积较小的基槽（坑）的地基土防冻,可在土层表面直接覆盖炉渣、锯末、草垫等保温材料,其宽度为土层冻结深度的两倍与基槽宽度之和。靠近基槽（坑）壁处,保温材料需加厚。

2. 冻土开挖

冻土开挖应根据冻土层的厚度,采用人工、机械和爆破等开挖方法。

1）人工开挖

人工开挖适用于面积较小的基坑（槽）和不适宜大型机械的地方,一般是用铁楔子劈冻土的方法分层进行开挖。铁锲子长度应根据冻土厚度确定,且宜为300～600 mm。

2）机械开挖

根据冻土层的厚度和工程量大小,选择适宜的破土机械施工。当冻土层厚度小于0.5 m时,可直接用铲运机、推土机、挖土机挖掘;当冻土层厚度为0.5~1.0 m时,可用挖掘机、松土机等土方机械开掘冻土层;当冻土层厚度为1.0~1.5 m时,可用打桩机破碎或重锤击碎冻土,然后用装载机或正、反铲装车运出。

3）爆破

当冻土深度达2 m左右时,采用打炮眼、填药的爆破方法将冻土破碎后,用机械挖掘施工。

3.回填土施工

（1）土方回填时,为了提高冬期回填土密实度,每层的虚铺厚度应比常温施工时减少20%~25%,预留沉陷量应比常温施工时增加。

（2）对于大面积的回填土和有路面的路基及人行道范围内的平整场地填方,可采用含有冻土块的土回填,但冻土块的粒径不得大于150 mm,其含量不得超过30%,以保证冻土融化后均匀融沉。铺填时冻土块应分散开,并应逐层夯实。

（3）室外的基槽（坑）或管沟可采用含有冻土块的土回填,冻土块粒径不得大于150 mm,含量不得超过15%,且应均匀分布。管沟底以上500 mm的范围内不得用含有冻土块的土回填。室内的基槽（坑）或管沟不得采用含有冻土块的土回填,施工应连续进行并应夯实。当采用人工夯实时,每层铺土厚度不得超过200 mm,夯实厚度宜为100~150 mm。

（4）冬期填方前,要清除基底的冰雪和保温材料,排除积水,挖除冻块或淤泥。填方的上层应用未冻的、不冻胀或透水性好的土料填筑,其厚度应符合设计要求。填方边坡表层1 m以内,不得采用含有冻土块的土填筑。

（5）填方宜连续进行,且应采取有效的保温防冻措施,以免地基土或已填土受冻。

（二）砌体工程冬期施工

1.砖石砌体冬期施工所用材料应符合的规定

（1）砖、砌块在砌筑前,应清除表面污物、冰雪等,不得使用遭水浸和受冻后表面结冰、污染的砖或砌块。

（2）砂浆宜采用普通硅酸盐水泥拌制,不得采用无水泥拌制的砂浆。

（3）拌制砂浆所用的砂,不得含有直径大于10 mm的冻结块或冰块。

（4）石灰膏、电石渣膏应防止受冻,如遭受冻结,应待融化后,方可使用。

（5）拌和砂浆时,水温不得超过80 ℃,砂的温度不得超过40 ℃。

2.砌体结构工程冬期施工方法

砌筑工程冬期施工宜选用外加剂法。拌制砂浆外加剂可使用氯盐或亚硝酸盐外加剂,氯盐应以氯化钠为主,当气温低于-15 ℃时,也可与氯化钙复合使用。对保温绝缘、装饰等有特殊要求的工程应采用其他方法。

1）掺盐砂浆法

采用外加剂法配制的砌筑砂浆,当设计无要求,且最低气温等于或低于-15 ℃时,砂浆强度等级应较常温施工提高一级。掺盐砂浆法砌筑时,应按"三一砌砖法"操作。每日砌筑高度不超过1.2 m,墙体留置的洞口,距交接墙处不应小于500 mm。

下列工程不得采用掺氯盐的砂浆砌筑砌体:对装饰有特殊要求的建筑物;使用环境湿度

大于80%的建筑物;配件、钢埋件无可靠防腐处理措施的砌体;接近高压电路的建筑物(如变电所、发电站等);经常处于地下水位变化范围内,以及在水下未设防水层的结构。

2)暖棚法

采用暖棚法施工,砂浆和块材在砌筑时的温度不应低于5 ℃,距离所砌结构底面0.5 m处的棚内温度也不应低于5 ℃。在暖棚内的砌体养护时间,应根据暖棚内温度,按表2-63确定。

表2-63 暖棚法砌体的养护时间

暖棚的温度(℃)	5	10	15	20
养护时间(d)	≥6	≥5	≥4	≥3

砌体的暖棚法施工,相当于常温下施工与养护,表2-63给出的养护时间是砂浆达到设计强度等级值30%时的时间,此时砂浆强度可以达到受冻临界强度。之后再拆除暖棚或停止加热时,砂浆不会产生冻结损伤。

冬期施工砂浆试块的留置,应增加不少于1组与砌体同条件养护的试块,测试检验28 d的强度。

(三)混凝土工程冬期施工

1.混凝土冬期施工的一般规定

1)对材料的要求

(1)冬期施工配制混凝土宜选用硅酸盐水泥或普通硅酸盐水泥。采用蒸汽养护时,宜选用矿渣硅酸盐水泥。混凝土最小水泥用量不宜低于280 kg/m³,水胶比不应大于0.55。

(2)用于冬期施工混凝土的粗、细集料应清洁,不得含有冰、雪冻块及其他易冻裂物质。掺加含有钾、钠离子的防冻剂混凝土,不得采用活性集料或在集料中含有此类物质的材料。

(3)冬期施工混凝土用外加剂应符合现行国家标准《混凝土外加剂应用技术规范》(GB 50119)的有关规定。采用非加热养护方法时,混凝土中宜掺入引气剂、引气型减水剂或含有引气组分的外加剂,混凝土含气量宜控制在3%~5%。

(4)冬期施工混凝土配合比应根据施工期间环境气温、原材料、养护方法、混凝土性能要求等经试验确定,并宜选择较小的水胶比和坍落度。

(5)钢筋混凝土掺用氯盐类防冻剂时,氯盐掺量不得大于水泥质量的1%。掺用氯盐的混凝土应振捣密实,且不宜采用蒸汽养护。

(6)冬期施工混凝土搅拌前,原材料的预热应符合下列规定:宜加热拌和水;当仅加热拌和水不能满足热工计算要求时,可加热集料;拌和水与集料的加热温度可通过热工计算确定,加热温度不应超过表2-64的规定;水泥、外加剂、矿物掺合料不得直接加热,应事先贮于暖棚内预热。

表2-64 拌和水及集料最高加热温度 (单位:℃)

水泥强度等级	拌和水	集料
42.5 以下	80	60
42.5、42.5R 及以上	60	40

(7)模板外和混凝土表面覆盖的保温层,不应采用潮湿状态的材料,也不应将保温材料直接铺盖在潮湿的混凝土表面,新浇混凝土表面应铺一层塑料薄膜。

2)混凝土的搅拌、运输、浇筑

(1)混凝土的搅拌应在搭设的暖棚内进行,应优先采用大容量的搅拌机,以减少混凝土的热量损失。混凝土搅拌前应对搅拌机械进行保温或采用蒸汽进行加温,搅拌时间应比常温搅拌时间延长 30~60 s。混凝土搅拌时应先投入骨料与拌和水,预拌后再投入胶凝材料与外加剂。胶凝材料、引气剂或含引气组分外加剂不得与 60 ℃ 以上热水直接接触。拌制混凝土最短时间应按表 2-65 的规定。混凝土拌和物的出机温度不宜低于 10 ℃,入模温度不应低于 5 ℃;对预拌混凝土或需远距离输送的混凝土,混凝土拌和物的出机温度可根据运输和输送距离经热工计算确定,但不宜低于 15 ℃。大体积混凝土的入模温度可根据实际情况适当降低。

表 2-65　混凝土搅拌的最短时间

混凝土的坍落度(mm)	搅拌机容积(L)	混凝土搅拌的最短时间(s)
≤80	<250	90
	250~500	135
	>500	180
>80	<250	90
	250~500	90
	>500	135

(2)混凝土运输、输送机具及泵管应采取保温措施。当采用泵送工艺浇筑时,应采用水泥浆或水泥砂浆对泵和泵管进行润滑、预热。混凝土运输、输送与浇筑过程中应进行测温,温度应满足热工计算的要求。

(3)冬期不得在强冻胀性地基土上浇筑混凝土,在弱冻胀性地基土上浇筑时,基土不得遭冻。

(4)混凝土分层浇筑时,分层厚度不应小于 400 mm。在被上一层混凝土覆盖前,已浇筑层的温度应满足热工计算要求,且不得低于 2 ℃。

2. 混凝土冬期施工方法

混凝土冬期施工方法很多,主要有蓄热法、蒸汽养护法、暖棚法等。

1)蓄热法

蓄热法是将混凝土的原材料,并利用水泥水化热,通过适当的保温措施,延缓混凝土的冷却,使混凝土温度降到 0 ℃ 以前达到受冻临界强度的一种常用施工方法。

综合蓄热法的基本原理与蓄热法相同,只是在蓄热保温法基础上,配制混凝土时采用快硬早强水泥,或掺用早强外加剂;在养护混凝土时采用早期短时加热,或采用棚罩加强围护保温,以延长正温养护期,加快混凝土强度的增长。

蓄热法适用于当室外最低温度不低于 −15 ℃ 时,地面以下的工程,或表面系数不大于 5 m^{-1} 的结构;综合蓄热法适用于当室外最低温度不低于 −15 ℃ 时,表面系数为 5~15 m^{-1} 的结构。

采用综合蓄热法养护时,混凝土中应掺加具有减水、引气性能的早强剂或早强型外加剂。

2)蒸汽养护法

蒸汽加热养护是利用饱和蒸汽对混凝土结构均匀加热,在适当温度和湿度条件下,以促进水化作用,使混凝土加快凝结硬化,可以在较短养护时间内,获得较高强度或达到设计要求的强度。

蒸汽养护混凝土时,采用普通硅酸盐水泥时最高养护温度不得超过80 ℃,采用矿渣硅酸盐水泥时可提高到85 ℃,但采用内部通气法最高加热温度不应超过60 ℃。

3)暖棚法

暖棚法是在建筑物或构件周围搭设大棚,通过人工加热使棚内空气保持正温,混凝土的浇筑和养护均在棚内进行的一种施工方法。适用于地下工程和混凝土构件比较集中的工程。

暖棚法施工时,应设专人监测混凝土及暖棚内温度,暖棚内各测点温度不得低于5 ℃。测温点应选择其有代表性位置进行布置。在离地面500 mm高度处应设测温点,每昼夜测温不应少于4次。养护期间应监测暖棚内的相对湿度,混凝土不得有失水现象,否则应及时采取增湿措施或在混凝土表面洒水养护。

混凝土浇筑后,模板和保温层应在混凝土达到要求强度,且混凝土表面温度冷却到5 ℃后再拆除。对墙、板等薄壁结构构件,宜延长模板拆除时间。当混凝土表面温度与环境温度之差大于20 ℃时,拆模后的混凝土表面应立即进行保温覆盖。冬期施工混凝土强度试件的留置除应符合现行国家标准《混凝土结构工程施工质量验收规范》(GB 50204)的有关规定外,尚应增设与结构同条件养护试件,养护试件不应少于2组。同条件养护试件应在解冻后进行试验。

二、雨期施工

(一)建筑地基基础工程雨期施工

(1)基坑(槽)开挖的施工面不宜过大,应逐段、逐片地分期完成。基坑(槽)挖到标高后,及时验收并浇筑混凝土垫层。

(2)土方开挖应从上至下分层、分段地依次施工,底部随时做成一定的坡度,以利于泄水;沿基坑(槽)边做小土堤,防止地表水流入基坑(槽)。

(3)雨期施工中,加强对边坡和支撑稳定状况的监测检查,防止边坡被雨水冲刷,造成塌方。

(4)地下结构完工后应抓紧基坑(槽)四周回填土施工和上部结构施工,应验算箱形基础抗浮稳定性、地下水对基础的浮力。

(二)砌体结构工程雨期施工

(1)雨天不宜在露天砌筑墙体,对下雨当日砌筑的墙体应进行遮盖。继续施工时,应复核墙体的垂直度,如果垂直度超过允许偏差,应拆除重新砌筑。

(2)雨期施工中,砌筑工程不准使用过湿的砖,以免砂浆流淌和砖块滑移造成墙体倒塌,每日砌筑的高度应控制在1.2 m以内。

(3)砌筑施工过程中,若遇雨应立即停止施工,并在砖墙顶面铺设一层干砖,避免雨水冲走灰缝的砂浆;雨后,受冲刷的新砌墙体应翻砌上面的 2 皮砖。

（4）稳定性较差的窗间墙、山尖墙,砌筑到一定高度应在砌体顶部加水平支撑,以防阵风袭击,维护墙体整体性。

（三）混凝土结构工程雨期施工

（1）雨期施工期间,对水泥和掺合料应采取防水、防潮措施,并应对粗、细集料含水量实时监测,及时调整混凝土配合比。

（2）雨期施工期间,对混凝土搅拌、运输设备和浇筑作业面应采取防雨措施,并应加强施工机械检查维修及接地接零检测工作。

（3）除采用防护措施外,小雨、中雨天气不宜进行混凝土露天浇筑,且不应开始大面积作业面的混凝土露天浇筑;大雨、暴雨天气不应进行混凝土露天浇筑。

（4）雨后应检查地基的沉降,并应对模板及支架进行检查。

（5）应采取防止基槽或模板内积水的措施。基槽或模板内和混凝土浇筑分层面出现积水时,应在排水后再浇筑混凝土。

（6）混凝土浇筑过程中,对因雨水冲刷致使水泥浆流失严重的部位,应采取补救措施后再继续施工。

（7）在雨天进行钢筋焊接时,应采取挡雨等安全措施。

（8）混凝土浇筑完毕后,应及时采取覆盖塑料薄膜等防雨措施。

（9）台风来临前,应对尚未浇筑混凝土的模板及支架采取临时加固措施;台风结束后,应检查模板及支架,已验收合格的模板及支架应重新办理验收手续。

第三章　施工组织设计

土木工程施工是一个复杂的组织和实施过程,开工之前,必须认真做好施工准备工作,以提高施工的计划性、预见性和科学性,从而保证工程质量,加快施工进度,降低工程成本,保证施工能够顺利进行。

第一节　概　述

一、工程建设项目

(一)建设工程项目

建设工程项目是指为完成依法立项的新建、扩建、改建等各类工程而进行的、有起止日期的、有预期的经济目标或社会目标,建成后可以独立形成生产能力或使用价值的建设工程。即为达到预期的目标,投入一定量的资本,在一定的约束条件下,经过决策与实施的必要程序形成固定资产的特定过程,主要包括策划、勘察、设计、采购、施工、试运行、竣工验收和考核评价等。

建设工程项目有其自身特点,即:项目在空间上的固定性及其生产的流动性;项目产品的多样性及其生产的单件性;项目产品体形大,生产周期长,因此,在组织施工中应予以充分重视。

根据不同的分类方法,可以将建设项目分为以下几种:

(1)按建设性质可划分为新建项目、扩建项目、改建项目、迁建项目和恢复项目。

(2)按投资作用可划分为生产性建设项目和非生产性建设项目。

(3)按建设规模可划分为大型项目、中型项目和小型项目。

(4)按投资来源可划分为政府投资项目和非政府投资项目。

(5)按项目的投资效益可划分为竞争性项目、基础性项目和公益性项目。

(二)建筑工程项目的划分

根据建筑工程项目的范围和功能,建筑工程项目可划分为以下几部分。

1. 建设项目

建设项目是在一个总体设计范围内,由一个或若干个单项工程组成,经济上实行统一核算,行政上具有独立组织形式,实行统一管理的建设单位。如一个工厂、一座矿山、一所学校、一家医院都可以作为一个建设项目。

2. 单项工程

单项工程是指具有独立的设计文件,可以单独组织施工,竣工后能独立发挥生产能力或投资效益的工程,如工厂中的一条生产线、市政工程的一座桥梁、民用建筑中的医院病房楼、学校综合教学楼等。

3. 单位工程

单位工程是单项工程的组成部分,单位工程一般是指具备单独设计条件、可独立组织施工,能形成独立使用功能的单体工程,但完工后不能单独发挥生产能力或投资效益的工程。如一栋建筑物的建筑工程与安装工程共同构成一个单位工程,室外给水排水、供热、煤气等又为一个单位工程。如某个车间是一个单项工程,则车间的厂房建筑是一个单位工程。

4.分部工程

分部工程是单位工程的组成部分,是按专业性质或工程部位划分确定的。一般建筑工程可划分为十大分部工程,即地基与基础工程、主体结构工程、装饰装修工程、屋面工程、建筑给水排水及采暖工程、电气工程、智能建筑工程、通风与空调工程、电梯、建筑节能工程。当分部工程较大或较复杂时,可按专业及类别划分为若干子分部工程。如主体结构可划分为混凝土结构、砌体结构、钢结构、木结构、网架或索膜结构等。

5.分项工程

分项工程是分部工程的组成部分,是按主要工种、材料、施工工艺、设备类别等进行划分的。如混凝土结构工程可划分为模板工程、钢筋工程、混凝土工程等,砌体结构工程可划分为砖砌体工程、混凝土小型空心砌块砌体工程、石砌体工程等。分项工程是计算工种、材料及资金消耗的最基本的构成要素

二、基本建设程序

(一)工程建设程序

建设程序是指建设项目从设想、选择、评估、决策、设计、施工到竣工验收、投入生产使用的整个建设过程。它是工程建设客观规律的反映,是项目科学决策和顺利进行的重要保证,是各项工作必须遵循的先后次序的法则,不可违反,必须共同遵守。

目前,我国基本建设程序的主要阶段包括决策阶段、设计阶段、建设准备阶段、建设实施阶段和竣工验收阶段。

1.决策阶段

决策阶段是建设前期工作,在这个阶段应形成工程建设项目的建设方案,并正式立项。其主要包括编制项目建议书和可行性研究报告两项工作内容。

2.设计阶段

设计阶段一般划分为两个阶段,即初步设计阶段和施工图设计阶段。对于大型复杂项目,可根据不同行业的特点和需要,在初步设计之后增加技术设计阶段,即三阶段设计(初步设计阶段、技术设计阶段和施工图设计阶段)。

3.建设准备阶段

建设准备阶段是指按规定做好施工各项准备工作,当具备开工条件后,建设单位申请开工,进入施工准备阶段。

4.建设实施阶段

建设实施阶段是将工程建设项目图纸实现为建筑产品的阶段。

5.竣工验收阶段

竣工验收阶段是全面考核建设成果、检验设计和施工质量的重要步骤,也是建设项目转入生产和使用的标志。所有建设项目都要及时组织验收,验收合格后,建设单位编制竣工决算,项目正式投入使用。

（二）建筑施工程序

建筑施工程序是指建设工程项目在整个施工过程中必须遵循的先后顺序,一般是指从接受施工任务到竣工验收所包括的各阶段的先后次序,主要包括确定施工任务阶段、施工规划阶段、施工准备阶段、组织施工阶段和竣工验收阶段五个阶段。

1. 确定施工任务阶段

我国建筑施工企业承接施工任务的方式主要有以下三种:国家或上级主管单位直接下达的任务;建设单位主动委托的任务;参加社会公开的投标而中标得到的任务。不论是哪种方式承接的任务,施工单位都要核查其项目是否是经过批准的正式文件、是否列入年度计划、资金是否到位等。

2. 施工规划阶段

施工企业与建设单位签订施工合同后,施工单位在调查分析资料的基础上,编制施工组织设计,规划施工现场,做好全面施工规划,为建设项目正式开工创造条件。

3. 施工准备阶段

施工准备工作是建筑施工顺利进行的根本保证,当施工企业做好各项准备工作后,即可向主管部门提出开工报告,经审查批准后,即可正式开工。

4. 组织施工阶段

施工阶段是把设计者的意图、建设单位的期望变成现实的建筑产品的过程,它是施工全过程中最重要的阶段。一般应按先场外后场内、先地下工程后地上工程、先基础后主体、先主体后装修的顺序进行。

5. 竣工验收阶段

竣工验收是建筑施工的最后一个阶段,同时也是建设项目建设程序的一个阶段。该阶段是检验工程质量和功能是否满足预定的目标和要求,具体进行工程的竣工验收,然后交付给建设方使用。

第二节 施工组织设计的分类和内容

一、施工组织设计的分类

施工组织设计是以施工项目为对象编制的,用以指导施工企业进行施工准备和施工活动的全面性的技术、经济和管理的综合文件,是指导现场施工的法规。施工组织设计按照编制对象及编制时间,可分为不同的类型。

（一）按编制对象分类

施工组织设计按编制对象的不同分为施工组织总设计、单位工程施工组织设计和分部（分项）工程施工组织设计。

1. 施工组织总设计

施工组织总设计以若干单位工程组成的群体工程或特大型项目为主要对象编制的施工组织设计,是规划整个项目施工过程的全局性、控制性的技术、经济文件。

在我国,大型房屋建筑工程标准一般指:25 层以上的房屋建筑工程;高度 100 m 及以上的构筑物或建筑物工程;单体建筑面积 3 万 m² 及以上的房屋建筑工程;单跨跨度 30 m 及以上的房屋建筑工程;建筑面积10万m²及以上的住宅小区或建筑群体工程;单项建安合同额1亿元及以上的房屋建筑工程。

2. 单位工程施工组织设计

单位工程施工组织设计是以单位(子单位)工程为主要对象编制的施工组织设计,对单位(子单位)工程的施工过程起指导和制约作用的技术、经济文件。

单位工程和子单位工程的划分原则,应根据《建筑工程施工质量验收统一标准》(GB 50300—2013)的规定确定。对于已经编制了施工组织总设计的项目,单位工程施工组织设计应是施工组织总设计的进一步具体化,直接指导单位工程的施工管理和技术经济活动。

3. 施工方案

施工方案是以分部(分项)工程或专项工程为编制对象,用以指导其施工过程的技术、经济文件。一般情况下,对于工程规模大、技术复杂或施工难度大的,或者缺乏施工经验的分部(分项)工程,在编制单位工程施工组织设计之后,需要编制施工方案(如复杂的基础工程、大型构件吊装工程等),用以指导施工。

一般情况下,一个大型工程项目,首先应编制包括整个建设工程的施工组织设计,作为对整个建设工程施工的指导性文件。然后,在此基础上对各单位工程,分别编制单位工程施工组织设计,若需要,还须编制某些分部工程的施工组织设计,用以指导具体施工。

(二)按编制时间分类

施工组织设计按照编制阶段的不同,分为投标阶段施工组织设计和实施阶段施工组织设计。

1. 投标阶段的施工组织设计

投标阶段的施工组织设计是为满足投标需要而编制的策划性和意向性的组织文件。它既用于施工投标竞争,也为中标后深化施工组织设计提供依据。

2. 实施阶段的施工组织设计

实施阶段的施工组织设计是指中标后根据投标时的施工组织设计,编制详细的施工组织设计文件,作为现场施工的组织与计划管理文件。

在实际操作中,编制投标阶段施工组织设计,强调的是符合招标文件要求,以中标为目的;编制实施阶段施工组织设计,强调的是可操作性,同时鼓励企业技术创新。

施工组织设计的编制,对施工的指导是卓有成效的,必须坚决执行,但是在编制上必须符合客观实际,在施工过程中,由于某些因素的改变,必须及时调整,以求施工组织的科学性、合理性,减少不必要的浪费。

二、施工组织设计的内容

施工组织设计根据其任务和作用,一般包括以下主要内容。

(一)施工组织总设计的内容

1. 工程概况

工程概况是对整个建设项目所作的一个简单扼要、重点突出的介绍,包括项目主要情况和项目主要施工条件两部分。

1)项目主要情况

项目主要情况的内容包括:

（1）施工总体部署、项目名称、性质、地理位置和建设规模。项目性质可分为工业和民用两大类,应简要介绍项目的使用功能;建设规模可包括项目的占地总面积、投资规模(产量)、分期分批建设范围等。

（2）项目的建设、勘察、设计和监理等相关单位的情况。

（3）项目设计概况。简要介绍项目的建筑面积、建筑高度、建筑层数、结构形式、建筑结构及装饰用料、建筑抗震设防烈度、安装工程和机电设备的配置等情况。

（4）项目承包范围及主要分包工程范围。

（5）施工合同或招标文件对项目施工的重点要求。

（6）其他应说明的情况。

2）项目主要施工条件

项目主要施工条件的内容包括:

（1）项目建设地点气象状况。简要介绍项目建设地点的气温、雨、雪、风和雷电等气象变化情况以及冬、雨期的期限和冬季土的冻结深度等情况。

（2）项目施工区域地形和工程水文地质状况。简要介绍项目施工区域地形变化和绝对标高,地质构造、土的性质和类别、地基土的承载力,河流流量和水质、最高洪水和枯水期水位,地下水位的高低变化,含水层的厚度、流向、流量和水质等情况。

（3）项目施工区域地上、地下管线及相邻的地上、地下建(构)筑物情况。

（4）与项目施工有关的道路、河流等状况。

（5）当地建筑材料、设备供应和交通运输等服务能力状况。简要介绍建设项目的主要材料、特殊材料和生产工艺设备供应条件及交通运输条件。

（6）当地供电、供水、供热和通信能力状况。根据当地供电、供水、供热和通信情况,按照施工需求描述相关资源提供能力及解决方案。

（7）其他与施工有关的主要因素。

2. 施工总体部署

施工总体部署的内容包括:

（1）确定项目施工总目标,包括进度、质量、安全、环境和成本目标。

（2）根据项目施工总目标的要求,确定项目分阶段(期)交付的计划。

（3）确定项目分阶段(期)施工的合理顺序及空间组织。

（4）对于项目施工的重点和难点应进行简要分析。

（5）总承包单位应明确项目管理组织机构形式,并宜采用框图的形式表示。

（6）对于项目施工中开发和使用的新技术、新工艺应作出部署。

（7）对主要分包项目施工单位的资质和能力应提出明确要求。

3. 施工总进度计划

施工总进度计划应依据施工合同、施工进度目标、有关技术经济资料,并按照总体施工部署确定的施工顺序和空间组织等进行编制。

施工总进度计划的内容应包括编制说明,施工总进度计划表(图),分期(分批)实施工程的开、竣工日期,工期一览表等。施工总进度计划宜优先采用网络计划表示。

4. 总体施工准备

总体施工准备应包括技术准备、现场准备和资金准备等。

技术准备包括施工过程所需技术资料的准备、施工方案编制计划、试验检验及设备调试工作计划等；现场准备包括现场生产、生活等临时设施，如临时生产、生活用房、临时道路、材料堆放场，临时用水、用电和供热、供气等的计划；资金准备应根据施工总进度计划编制资金使用计划。

5. 主要资源配置计划

主要资源配置计划应包括劳动力配置计划和物资配置计划等。

劳动力配置计划应包括：确定各施工阶段（期）的总用工量；根据施工总进度计划确定各施工阶段（期）的劳动力配置计划。物资配置计划应包括：根据施工总进度计划确定主要工程材料和设备的配置计划；根据总体施工部署和施工总进度计划确定主要施工周转材料与施工机具的配置计划。

6. 主要施工方法

主要施工方法应包括：对项目涉及的单位（子单位）工程和主要分部（分项）工程所采用的施工方法进行简要说明；对脚手架工程、起重吊装工程、临时用水用电工程、季节性施工等专项工程所采用的施工方法应进行简要说明。

7. 施工总平面布置

施工总平面布置图应包括下列内容：项目施工用地范围内的地形状况；全部拟建的建（构）筑物和其他基础设施的位置；项目施工用地范围内的加工设施、运输设施、存贮设施、供电设施、供水供热设施、排水排污设施、临时施工道路和办公、生活用房等；施工现场必备的安全、消防、保卫和环境保护等设施；相邻的地上、地下既有建（构）筑物及相关环境。

（二）单位工程施工组织设计的内容

单位工程施工组织设计应包括下列内容：

（1）工程概况。

工程概况应包括工程主要情况、各专业设计简介和工程施工条件等。

（2）施工部署。

（3）施工进度计划。

（4）施工准备。

施工准备包括技术准备、现场准备和资金准备等。

（5）资源配置计划。

资源配置计划应包括劳动力配置计划和物资配置计划等。

（6）主要施工方案。

（7）施工现场平面布置。

具体内容将在本章第三节的单位工程施工组织设计的编制中详述。

（三）施工方案的内容

1. 工程概况

工程概况应包括工程主要情况、设计简介和工程施工条件等。工程主要情况应包括分部（分项）工程或专项工程名称、工程参建单位的相关情况、工程的施工范围、施工合同、招标文件或总承包单位对工程施工的重点要求等；设计简介应主要介绍施工范围内的工程设计内容和相关要求；工程施工条件应重点说明与分部（分项）工程或专项工程相关的内容。

2. 施工安排

（1）确定工程施工目标，包括进度、质量、安全、环境和成本等目标，各项目标应满足施工合同、招标文件和总承包单位对工程施工的要求。

（2）确定工程施工顺序及施工流水段。

（3）针对工程施工的重点和难点，进行施工安排并简述主要管理和技术措施。

（4）确定工程管理的组织机构及岗位职责，并应符合总承包单位的要求。

3. 施工进度计划

分部（分项）工程或专项工程施工进度计划应按照施工安排，并结合总承包单位的施工进度计划进行编制。施工进度计划可采用网络图或横道图表示，并附必要说明。

4. 施工准备

施工准备应包括下列内容：

（1）技术准备：包括施工所需技术资料的准备、图纸深化和技术交底的要求、试验检验和测试工作计划、样板制作计划以及与相关单位的技术交接计划等。

（2）现场准备：包括生产、生活等临时设施的准备以及与相关单位进行现场交接的计划等。

（3）资金准备：编制资金使用计划等。

5. 资源配置计划

资源配置计划应包括下列内容：

（1）劳动力配置计划：确定工程用工量并编制专业工种劳动力计划表。

（2）物资配置计划：包括工程材料和设备配置计划、周转材料和施工机具配置计划以及计量、测量和检验仪器配置计划等。

6. 施工方法及工艺要求

（1）明确分部（分项）工程或专项工程施工方法并进行必要的技术核算，对主要分项工程（工序）明确施工工艺要求。

（2）对易发生质量通病、易出现安全问题、施工难度大、技术含量高的分项工程（工序）等应作出重点说明。

（3）对开发和使用的新技术、新工艺以及采用的新材料、新设备应通过必要的试验或论证并制订计划。

（4）对季节性施工应提出具体要求。

第三节　施工组织设计的编制

一、施工组织设计编制的基本原则和依据

（一）施工组织设计的编制原则

施工组织设计的编制必须遵循工程建设程序，并应符合下列原则：

（1）符合施工合同或招标文件中有关工程进度、质量、安全、环境保护、造价等方面的要求。

（2）积极开发、使用新技术和新工艺，推广应用新材料和新设备。

（3）坚持科学的施工程序和合理的施工顺序，采用流水施工和网络计划等方法，科学配置资源，合理布置现场，采取季节性施工措施，实现均衡施工，达到合理的经济技术指标。

（4）采取技术和管理措施，推广建筑节能和绿色施工。

（5）与质量、环境和职业健康安全三个管理体系有效结合。

（二）施工组织设计的编制依据

施工组织设计的编制依据应包括：

（1）与工程建设有关的法律、法规和文件。

（2）国家现行有关标准和技术经济指标。

（3）工程所在地区行政主管部门的批准文件，建设单位对施工的要求。

（4）工程施工合同或招标投标文件。

（5）工程设计文件。

（6）工程施工范围内的现场条件，工程地质及水文地质、气象等自然条件。

（7）与工程有关的资源供应情况。

（8）施工企业的生产能力、机具设备状况、技术水平等。

（三）施工组织设计的编制和审批

（1）施工组织设计应由项目负责人主持编制，可根据需要分阶段编制和审批。

（2）施工组织总设计应由总承包单位技术负责人审批；单位工程施工组织设计应由施工单位技术负责人或技术负责人授权的技术人员审批；施工方案应由项目技术负责人审批；重点、难点分部（分项）工程和专项工程施工方案应由施工单位技术部门组织相关专家评审，施工单位技术负责人批准。

根据《建设工程安全生产管理条例》（国务院令第393号）的规定，对达到一定规模的危险性较大的分部（分项）工程应编制专项施工方案，并附具安全验算结果，经施工单位技术负责人、总监理工程师签字后实施。这些工程包括：①基坑支护与降水工程；②土方开挖工程；③模板工程；④起重吊装工程；⑤脚手架工程；⑥拆除爆破工程；⑦国务院建设行政主管部门或者其他有关部门规定的其他危险性较大的工程。

对上述所列工程中涉及深基坑、地下暗挖工程、高大模板工程的专项施工方案，施工单位还应当组织专家进行论证和审查。除上述《建设工程安全生产管理条例》中规定的分部（分项）工程外，施工单位还应根据项目特点和地方政府部门的有关规定，对具有一定规模的重点、难点分部（分项）工程进行相关论证。

（3）由专业承包单位施工的分部（分项）工程或专项工程的施工方案，应由专业承包单位技术负责人或技术负责人授权的技术人员审批；有总承包单位时，应由总承包单位项目技术负责人核准备案。

（4）规模较大的分部（分项）工程与专项工程的施工方案应按单位工程施工组织设计进行编制和审批。

（四）施工组织设计的编制程序

不同阶段的施工组织设计的编制程序各不相同，根据工程的特点和施工条件，编制内容和编制方法亦不尽一致。下面简要介绍施工组织总设计和单位工程施工组织设计这两种最常用的施工组织设计的编制程序。根据工程经验，施工组织总设计的编制程序如图3-1所示，单位工程施工组织设计的编制程序如图3-2所示。从这两个图中可以看出，编制程序基本相同，都是从工程基本情况以及施工条件出发，先计算工程量，确定工程方案，然后进行进度安排，随后根据进度计划安排有关资源，最后进行施工图平面布置。具体内容如下。

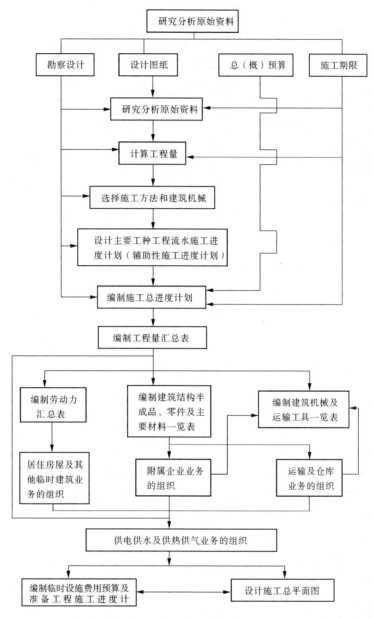

图 3-1　施工组织总设计编制程序

1. 计算工程量

通常可以利用工程预算中的工程量,因此工程量计算准确,才能保证劳动力和资源需要量计算的正确和分层分段流水作业的合理组织,故工程必须根据图纸和较为准确的定额资料进行计算。

2. 确定施工方案

如果施工组织总设计已有原则规定,则该项工作的任务就是进一步具体化,否则应全面加以考虑。需要特别注意的是主要分部工程、分项工程的施工方法和施工机械的选择,因为它对整个单位工程的施工具有决定性的作用。同具体施工顺序的安排和流水段的划分,也是需要考虑的主要内容。

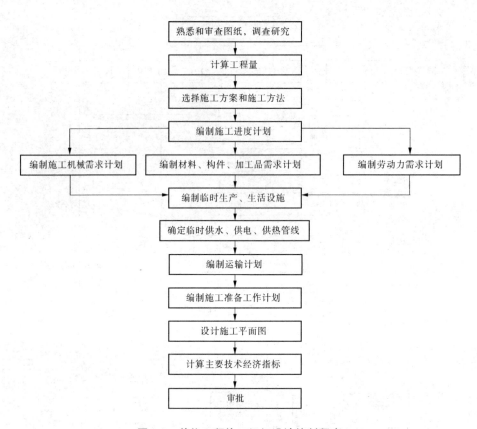

图 3-2　单位工程施工组织设计编制程序

3. 组织流水作业,排定施工进度

根据流水作业的基本原理,按照工期要求、工作面的情况、工程结构对分层分段的影响以及其他因素,组织施工流水作业,决定劳动力和机械的具体需要量以及各工序的作业时间,编制网络计划,并按工作日排出施工进度。

4. 计算各种资源的需要量和确定供应计划

依据采用的劳动定额和工程量及进度可以确定劳动量(以工日为单位)和每日的工人需要量。依据有关定额、工程量及进度,就可以计算确定材料和加工预制品的主要种类和数量及其供应计划。

5. 平衡劳动力、材料物资和施工机械的需要量并修正进度计划

根据对劳动力和材料物资的计算就可绘制出相应的曲线以检查其平衡状况。如果发现有过大的高峰或低谷,即应将进度计划作适当的调整与修改,使其尽可能趋于平衡,以便使劳动力的利用和物资的供应更为合理。

6. 设计施工平面图

施工平面图应使生产要素在空间上的位置合理、互不干扰,从而加快施工进度。

二、单位工程施工组织设计的编制

单位工程施工组织设计应按《建筑施工组织设计》(GB/T 50502—2009)的要求编制。其中施工准备工作、施工方案、进度计划及资源配置、施工平面图是重点内容,在编制过程中

应予充分重视。已编制施工组织总设计的单位工程施工组织设计,工程概况、施工部署、施工准备等内容可适当简化,但施工进度计划、资源配置计划、主要施工方案、施工平面布置和施工管理计划等内容则应更详细、更具体。

(一)工程概况

工程概况应包括工程主要情况、各专业设计简介和工程施工条件等,应尽量采用图和表的形式表达。

1. 工程主要情况

工程主要情况应包括下列内容(见表3-1):

(1)工程名称、性质和地理位置。

(2)工程的建设、勘察、设计、监理和总承包等相关单位的情况。

(3)工程承包范围和分包工程范围。

(4)施工合同、招标文件或总承包单位对工程施工的重点要求。

表3-1　工程建设概况一览表

工程名称		工程地址	
工程类别		占地总面积	
建设单位		勘察单位	
设计单位		监理单位	
质量监督部门		总包单位	
质量要求		承包范围	
合同工期		主要分包单位	
总投资额		分包工程	
工程主要功能或用途			

2. 各专业设计简介

各专业设计简介应包括下列内容:

(1)建筑设计简介应依据建设单位提供的建筑设计文件进行描述,包括建筑规模、建筑功能、建筑特点、建筑耐火、防水及节能要求等,并应简单描述工程的主要装修做法,见表3-2。

(2)结构设计简介应依据建设单位提供的结构设计文件进行描述,包括结构形式、地基基础形式、结构安全等级、抗震设防类别、主要结构构件类型及要求等,见表3-3。

(3)机电及设备安装专业设计简介应依据建设单位提供的各相关专业设计文件进行描述,包括给水排水及采暖系统、通风与空调系统、电气系统、智能化系统、电梯等各个专业系统的做法要求,见表3-4。

表 3-2 建筑设计概况一览表

占地面积			首层建筑面积			总建筑面积		
层数	地上		层高	首层		地上面积		
	地下			标准层		地下面积		
				地下		防火等级		
装饰装修	外檐							
	楼地面							
	墙面							
	顶棚							
	楼梯							
	电梯厅	地面：		墙面：		顶棚：		
防水	地下	防水等级：		防水材料：				
	屋面	防水等级：		防水材料：				
	厕浴间							
	阳台							
	雨篷							
保温节能								
绿化								
环境保护								

其他需要说明的事项：

表 3-3 结构设计概况一览表

地基基础	埋深		持力层		承载力标准值		
	桩基	类型：	桩长：		桩径：	间距：	
	箱、筏	底板厚度：			顶板厚度：		
	条基						
	独立						
主体	结构形式			主要柱网间距			
	主要结构尺寸	梁：	板：		柱：	墙：	
结构安全等级			抗震等级设防			人防等级	
混凝土强度等级及抗渗要求	基础		墙体		其他		
	梁		板				
	柱		楼梯				
钢筋	类别：						
特殊结构	（钢结构、网架、预应力）						

其他需说明的事项：

表 3-4 机电及设备安装概况一览表

给水	冷水		排水	污水	
	热水			雨水	
	消防			中水	
强电	高压		弱电	电视	
	低压			电话	
	接地			安全监控	
	防雷			楼宇自控	
				综合布线	
中央空调系统					
通风系统					
采暖供热系统					
消防系统	火灾报警系统				
	自动喷水灭火系统				
	消火栓系统				
	防、排烟系统				
	气体灭火系统				
电梯	人梯： 台		货梯： 台	消防梯： 台	自动扶梯： 台
其他需说明的事项：					

3. 工程施工条件

工程施工条件包括以下内容：

(1)项目建设地点的气温、雨、雪、风和雷电等气象变化情况,冬、雨季的期限和冬季土的冻结深度等情况。

(2)项目施工区域水准点和绝对标高;地质构造、土的性质和类别、地基土的承载力、地震级别和烈度等情况;河流流量和水质、最高洪水和枯水期的水位等变化情况;地下水位的高低变化情况,含水层的厚度、流向、流量和水质等情况。

(3)施工区域地上、地下的各类管线埋置位置和深度,以及相邻的地上、地下建(构)筑物位置、结构情况。

(4)项目施工必经施工道路的路况情况、附近可利用河流的情况等。

(5)建设项目的主要材料、特殊材料和生产工艺设备供应条件与交通运输条件,说明当地供电、供水、供热和通信情况。

(二)施工部署

施工部署是对项目实施过程作出的统筹规划和全面安排。其主要包括施工目标、项目管理组织、施工进度安排、施工重点和难点、新技术应用等。

1.施工目标

工程施工目标应根据施工合同、招标文件以及本单位对工程管理目标的要求确定,包括进度、质量、安全、环境和成本等目标。当单位工程施工组织、设计作为施工组织总设计的补充时,各项目标应满足施工组织总设计中确定的总体目标,通常以表格形式表达,见表3-5。

表3-5　项目管理目标一览表

项目管理目标名称	目标值
项目施工成本	
工期	
质量目标	
安全目标	
环保施工、CI 目标	

2.项目管理组织机构

项目管理组织机构形式应根据施工项目的规模、复杂程度、专业特点、人员素质和地域范围确定,包括项目管理组织机构和项目管理人员及职责权限(见表3-6)。大中型项目宜设置矩阵式项目管理组织(见图3-3),小型项目宜设置直线式项目管理组织。

表3-6　项目管理人员职责和权限

序号	岗位名称		姓名	职称	职责和权限
	领导层	项目经理			
		土建副经理			
		机电副经理			
		项目总工			
	管理层 技术部	经理			
		钢筋工程师			
		混凝土工程师			
		试验员			
		测量员			
		资料员			

3.进度安排和空间组织

施工部署中的进度安排和空间组织应符合下列规定。

(1)工程主要施工内容及其进度安排应明确说明,施工顺序应符合工序逻辑关系。

施工部署应对本单位工程的主要分部(分项)工程和专项工程的施工做出统筹安排,对

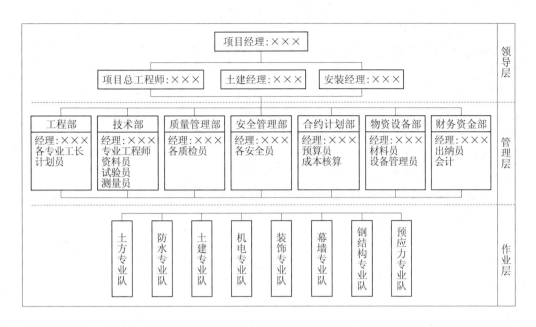

图 3-3 项目管理组织机构框图(矩阵式)

施工过程的里程碑节点进行说明。根据工期总目标的要求,分别确定主要工期控制点。民用建筑一般为基础、主体结构、装修及安装;工业建筑一般有交付安装、单机或联动调试、点火或投料等。

(2)施工流水段应结合工程具体情况分阶段进行划分;单位工程施工阶段的划分一般包括地基基础、主体结构、装修装饰和机电设备安装三个阶段。

施工流水段划分应根据工程特点及工程量进行合理划分,并应说明划分依据及流水方向,确保均衡流水施工。

4.施工顺序

一般工程的施工顺序,可归纳为"先地下,后地上""先主体结构,后围护装饰""先土建后设备安装"。但应指出,由于影响施工顺序的因素很多,所以上述施工顺序只是一般情况下,并非永远不变。

施工顺序的确定,可以解决各工种之间在时间上的搭接,可以充分利用施工空间,可以保证质量和安全生产,可以缩短工期,减少成本。

施工顺序确定的内容包括确定施工程序;划分工作段、确定施工流向;确定施工顺序。

1)确定施工程序

施工程序是分部工程、专业工程或施工阶段的先后顺序与相互关系。

a.单位工程的施工程序

(1)先地下、后地上。

先地下、后地上是指地上工程开始前,先把管道、线路等地下设施和土方工程及基础工程完成。

(2)先主体、后围护。

先主体、后围护是指框架结构在施工中,先完成主体结构,再进行围护结构的施工,但对于高层建筑,则应考虑搭接施工,以有效节约工期。

（3）先结构、后装饰。

先结构、后装饰是指先进行主体结构施工,后进行装饰工程施工,但为缩短工期,也可以搭接施工。

（4）先土建、后设备。

先土建、后设备是指一般情况下先土建施工后进行设备安装,但它们之间要统一考虑,合理穿插,土建要为安装的预留、预埋提供方便、创造条件,安装要注意土建的成品保护。

b. 设备基础与厂房基础间的施工程序

（1）"封闭式"施工程序。

"封闭式"施工程序是指当厂房柱基础的埋置深度大于设备基础的埋置深度时,厂房柱基础先施工,设备基础后施工。

（2）"开敞式"施工程序。

"开敞式"施工程序是指当设备基础的埋置深度大于厂房柱基础的埋置深度时,厂房柱基础应与设备基础同时施工。

c. 设备安装与土建施工间的施工程序

（1）一般机械工业厂房,当主体结构完成后即可进行设备安装;对精密厂房则在装饰工程完成后才进行设备安装。

（2）冶金、电厂等重型厂房,先安装工艺设备,然后建厂房。

（3）土建与设备安装同时进行。

2）划分施工段、确定施工起点流向

根据工期目标、设计和资源状况,合理地进行施工段的划分,一般施工段划分应分基础阶段、主体阶段和装饰装修阶段三个阶段。

施工起点流向是指单位工程在平面上与竖向上施工开始部位和进展方向。单层建筑要确定分段（跨）在平面上的施工流向,多层建筑除确定每层在平面上的施工流向外,还应确定每层或单元在竖向上的施工流向。

影响施工流向确定的主要因素有:

（1）生产工艺流程是确定施工流向的关键因素,因此首先应从影响其他工段试车投产的工段先施工。

（2）建设单位对生产和使用的要求是确定施工流向的基本因素,应考虑建设单位对生产和使用急需的工段先施工。

（3）从施工技术考虑,应对技术复杂、工程量大、工期长的区段先行施工。

（4）根据施工条件和现场环境情况,对条件具备的（如材料、图纸、设备供应等）先行施工。

3）确定施工顺序

施工顺序是指单位工程中各分部（分项）工程施工的先后顺序。一般工程的施工顺序可归纳如下:"先地下、后地上","先主体、后围护","先结构、后装饰","先土建、后设备"。但由于影响施工顺序的因素很多,上述施工顺序并非永远不变。施工顺序一般按以下原则确定:①符合施工工艺及构造的要求;②与施工方法及采用的机械协调;③符合施工组织的要求;④保证施工质量;⑤有利于成品保护;⑥考虑气候条件;⑦符合安全施工要求。

下面就有关工程的施工顺序进行分析。

（1）基础工程施工顺序。

基础工程一般指室内地面（±0.000）以下的工程,这些工程的施工,应先考虑地下障碍物、洞穴、软土地基的处理等,然后按流水作业完成其施工任务。

浅基础工程的施工顺序比较简单,一般是:挖土→垫层→砌筑（或浇筑）基础→回填土。钢筋混凝土基础的施工顺序:支模板→绑扎钢筋→浇筑混凝土→养护→拆模。如果采用的是桩基,打桩、挖土和基础工程可以分别组织施工。若有地下室的建筑,还要考虑防水工程,关键是施工顺序要紧凑,前后工序搭接合理。

地下工程的施工要注意:深浅基础的先后顺序、结构基础与设备基础的先后顺序、排水问题。

（2）主体结构工程的施工顺序。

主体结构工程施工比较复杂,其主要内容包括搭脚手架、安装垂直和水平运输机械、墙体砌筑、钢筋工程、模板工程、浇筑混凝土工程、门窗安装、栏杆安装、构件吊装等。

在砖混结构中,墙体砌筑和安装楼板应为主导工程,其他工程应与主导工程紧密配合,合理搭接,标准层的施工顺序为:弹线→砌筑墙体→浇筑过梁和圈梁→板底找平→安装楼板。在高层结构中,柱、梁、板施工应为主导工程,即柱、梁、板交替进行,有时也可同时进行,墙体工程则与梁、板、柱搭接施工。此外,要考虑技术间歇。

（3）装饰工程的施工顺序。

装饰工程包括吊顶、抹灰、油漆、喷浆等,此项工程可以在主体工程完成之后进行,也可以安排在主体工程进行中,没有严格的固定顺序。同一楼层的施工顺序一般为地面→天棚→墙面,有时也采用天棚→墙面→地面的顺序。

4）施工的重点和难点

施工的重点和难点包括组织管理与施工技术两个方面。重点和难点工程的施工方法选择应着重考虑影响整个单位工程的分部（分项）工程,如工程量大、施工技术复杂或对工程质量起关键作用的分部（分项）工程。

5）新技术的应用

项目应用的新技术包括两方面:一是建设部推广应用的十项新技术,要积极推广应用,在施工部署时要充分予以考虑;二是对于工程施工中开发和使用的新技术、新工艺应作出部署,对新材料和新设备的使用应提出技术及管理要求。

（三）施工进度计划

施工进度计划是施工部署在时间上的体现,反映了施工顺序和各个阶段工程进展情况,应均衡协调、科学安排。施工进度计划可采用网络图或横道图表示,并附必要说明;对于工程规模较大或较复杂的工程,宜采用网络图表示。进度计划应分级进行编制,尤其是主体阶段,应编制二级网络进度计划;进度计划的编制应注意与施工部署中施工流水段的划分结合起来,要能体现流水段之间的工序关系。

施工进度计划的编制顺序:确定施工过程→计算工程量和资源需要量→确定各分部分项工程的施工工期→编制施工进度表。

1.确定施工过程

根据施工图纸和施工顺序,结合施工方法、施工条件、劳动组织等因素,确定编制施工进度计划所需要的施工过程,它包括直接在现场施工的所有分部分项工程,不包括在生产基地生产的构件及其运输工作。

施工过程划分的详细程度主要由客观需要决定。编制控制性施工进度计划时,施工过程可划分的粗一些,可只列出分部工程。例如,在装配式单层厂房的中,只列出土方工程、基础工程、预制工程、安装工程等。编制实施性施工进度计划时,应可分得细一些,特别是其中的主导工程主要的分部分项工程,应尽量详细,便于指导施工,如上述单层厂房的构件预制工程可分为支模、绑扎钢筋、浇筑混凝土、养护、拆模等。

在划分施工过程时,要密切结合选择的确定方案。由于施工方案的不同,会影响工程项目内容、数量及内容的确定,也会影响施工顺序的安排。如结构安装,采用分件安装法,应按构件来确定;若采用综合安装法,应按施工单元来确定,两者在工程项目名称、数量、内容及安装顺序上是不一样的。

施工进度计划表中还应列出主要的施工准备工作,水、暖、电、卫生设备安装等专业工程也应列出,以表示它们和土建工程施工配合关系。但只列出项目名称,不必再细分,而由各专业队单独安排各自的施工进度计划。

2. 计算工程量和资源需要量

工程量计算应按施工图、工程量计算规则和定额进行。为了便于计算和复核,工程量计算应按一定的顺序和格式进行。

如已编制施工预算,可直接引用其工程量数据。若施工预算中某些项目所采用的定额和项目划分与施工进度计划有出入,但出入不大时,要结合工程项目的实际需要作某些必要的变更、调整、补充。

根据施工过程的工程量、施工方法和施工定额,并参照施工单位的实际情况,确定计划采用的定额(时间定额和产量定额),以此计算劳动量和机械台班数。各施工过程的劳动量 P 可用下式计算:

$$p = Q/S$$

或

$$p = QR$$

式中　p——某施工过程需要的劳动量(或机械台班数);

　　　Q——该施工过程的工程量;

　　　S——计划采用的产量定额(或机械产量定额);

　　　R——计划采用的产量定额(或机械产量定额)。

对于一些新技术和特殊施工方法,定额尚未列入定额手册,此时,其定额可参考类似项目的定额与有关实验资料确定。水、暖、电以及设备安装等由专业部门进行工程量计算,在编制施工进度计划时不计算其劳动量,仅安排与土建工程配合的进度。

3. 确定各分部分项工程的施工工期

计算分部分项工程的施工工期方法一般有以下两种。

(1)根据实际投入的施工劳动力确定,可按下式计算:

$$T_i = \frac{P_i}{n \times b}$$

式中　T_i——完成某施工工程的持续时间(工日);

　　　P_i——该施工过程所需的机械台班数(台班)或劳动量(工日);

　　　n——每工作班安排在该施工过程上施工机械台数或劳动人数;

b——每天工作班数。

（2）根据工期要求倒排进度，可按下式计算：

$$n = \frac{P_i}{T_i \times b}$$

4. 编制施工进度计划

编制进度计划时，首先应对主要分部工程内的各施工过程的施工顺序及其分段流水问题作出考虑，找出控制工期的主导施工过程，而后再把各分部分项工程适当衔接起来，并在这个基础上，将其他有关施工过程合理穿插与搭接，便可以编制出单位工程施工进度表的初始方案。即先主导分部工程的施工进度，后安排其余分部工程各自的进度，然后再将各分部工程搭接，使其相互联系。

施工进度计划的初始方案编出之后，需进行若干次的平衡调整工作，直至达到符合要求，比较合理的施工进度计划。

（四）施工准备

施工准备包括技术准备、现场准备和资金准备等。

1. 技术准备

技术准备应包括施工所需技术资料的准备、施工方案编制计划、试验检验及设备调试工作计划、样板制作计划等。

（1）主要分部（分项）工程和专项工程在施工前应单独编制施工方案，施工方案可根据工程进展情况，分阶段编制完成；对需要编制的主要施工方案应制订编制计划。

（2）试验检验及设备调试工作计划应根据现行规范、标准中的有关要求及工程规模、进度等实际情况制订。

（3）样板制作计划应根据施工合同或招标文件的要求并结合工程特点制订。

2. 现场准备

应根据现场施工条件和实际需要，准备现场生产、生活等临时设施，具体包括以下内容：

（1）做好土地征用和现场障碍物拆除工作，以及施工用电、用水、用气、道路、通信、场地平整等"五通一平"工作。

（2）生产性设施和生活性设施的规模、位置的确定及搭设，应根据其规模和数量，考虑占地面积和建造费用。

（3）施工设备进场和就位（塔吊的位置及行走方式、塔吊基础、混凝土搅拌站的工艺布置及后台上料方式），并进行设备调试。

（4）施工入口的位置，材料、设备和周转材料的堆场位置及堆放方式，场内交通组织方式的确定及道路的施工。

3. 资金准备

资金准备应根据施工进度计划编制资金使用计划。

（五）资源配置计划

资源配置计划应包括劳动力配置计划和物资配置计划等。

1. 劳动力配置计划

按项目主要工种工程量，根据概预算定额或者有关资料，按照施工进度计划的安排，配置项目主要工种的劳动力，如表 3-7 所示。

劳动力配置计划包括以下内容：

(1)确定各施工阶段用工量。

(2)根据施工进度计划确定各施工阶段劳动力配置计划。

2.物资配置计划

物资配置计划包括下列内容：

(1)主要工程材料和设备的配置计划应根据施工进度计划确定，包括各施工阶段所需主要工程材料、设备的种类和数量。

(2)工程施工主要周转材料、施工机具的配置计划应根据施工部署和施工进度计划确定，包括各施工阶段所需主要周转材料、施工机具的种类和数量。

（六）主要施工方案

施工方案是单位工程施工组织设计的核心内容，单位工程应按照国家现行标准《建筑工程施工质量验收统一标准》（GB 50300—2013）中分部（分项）工程的划分原则，对主要分部（分项）工程制订施工方案。对脚手架工程、起重吊装工程、临时用水用电工程、季节性施工等专项工程所采用的施工方案应进行必要的验算和说明。

在编制主要施工方案时，确定主要工序的施工方法、施工安排及主要措施等，具体操作工艺、做法不必详述。

(1)对影响整个工程施工的分部（分项）工程、特殊过程、关键过程、本工程的难点部分等，应确定施工方法，明确原则性施工要求。

①基坑开挖工程。确定采用什么机械，开挖流向并分段，土方堆放地点，是否需要降水、采用什么降水设备，垂直运输方案等。

②钢筋工程。确定钢筋加工形式、钢筋接头形式、钢筋的水平和垂直运输方案等，以及特殊部位（梁柱接头钢筋密集部位、与大型预埋件交叉部位等）钢筋安装方案。

③模板工程。确定各种构件采用何种材料的模板、配备数量、周转次数、模板的水平垂直运输方案、模板支拆顺序、特殊部位的支模要点等。

④混凝土工程。应确定混凝土运输机械、配合比配制要求，混凝土施工缝位置，混凝土浇筑顺序，浇筑机械，并确定机械数量和机械布置位置等。

⑤结构吊装工程。明确吊装构件重量、起吊高度、起吊半径，选择吊装机械，确定机械设置位置或行走线路等，并绘出吊装图，重大构件吊装方案应附验算书。

⑥脚手架工程。确定采用何种脚手架系统（包括结构施工和装饰装修工程施工用脚手架），如何周转等，高大模板脚手架应附验算书。

⑦地面工程。说明各部位采用的材料，确定总体施工程序，特殊材料地面的施工流程，板块地面分格缝划分要点，不同材料地面在交界处的处理方法，特殊部位（如变形缝、沉降缝、门洞口部位、地漏、管道穿楼板部位等）地面施工要点，大面积楼地面防空鼓、开裂的措施，新材料地面施工要点。

⑧抹灰工程。确定总体施工程序，说明各抹灰部位的墙体材料以及提出相应的抹灰要点，特殊部位施工要点（如门窗洞口塞口处理方法，阳角护角方法，踢脚部位处理方法，散热器和密集管道等背面施工要点，外墙窗台、窗楣、雨篷、阳台、压顶等抹灰要点），不同材料基层接缝部位防开裂措施，装饰抹灰以及采用新材料抹灰的操作要点。

⑨门窗工程。说明门窗采用的材料，确定总体施工程序、门窗安装方法（先塞口、后塞

口等)及相应措施、特种门窗工艺要点。

⑩屋面工程。说明屋面工程采用的材料,确定施工顺序,明确各排水坡度要求,防水材料铺贴或施工方法、卷材防水材料的搭接方法,特殊部位(变形缝、檐沟、水落口、伸出屋面管道部位、排气孔部位、上人孔、水平出入口部位等)防水节点和施工要点,刚性防水层分隔缝设置要点和处理方法、新材料的施工要点等。

(2)确定临时用水工程施工方案,综合考虑施工现场用水量、机械用水量、生活用水量、生活区生活用水量、消防用水量等,确定总用水量,选择水源,设计临时给水系统。

(3)确定临时用电工程施工方案,计算用电量,并综合考虑全工地所使用的机械动力设备、其他电气工具及照明用电的数量等,确定总用电量,选择电源,设计临时用电系统。

(4)季节性施工方案,应根据工程进度安排,确定施工的项目,提出防范措施。

(七)施工现场平面布置

施工现场平面布置是在拟建工程的建筑平面上布置为施工服务的各种临时建筑、临时设施及材料、施工机械等,是施工方案在现场的空间体现。

1.施工现场平面布置图

施工现场平面布置图应包括下列内容:

(1)工程施工场地状况。

(2)拟建建(构)筑物的位置、轮廓尺寸、层数等。

(3)工程施工现场的加工设施、存贮设施、办公和生活用房等的位置与面积。

(4)布置在工程施工现场的垂直运输设施、供电设施、供水供热设施、排水排污设施和临时施工道路等。

(5)施工现场必备的安全、消防、保卫和环境保护等设施。

(6)相邻的地上、地下既有建(构)筑物及相关环境。

2.施工现场平面布置图编制要求

(1)分阶段绘图。施工现场平面布置图应按不同施工阶段分别绘制。

(2)要考虑各施工阶段的变化和发展需要,对于水电管线、道路、房屋、仓库不要轻易变动。

(3)土建与设备安装共同协商,防止相互干扰。

(4)比例一般为1:200～1:500。

3.设计步骤

1)起重及垂直运输机械的布置

起重及垂直运输机械直接影响仓库、堆场、搅拌站、各种材料和构件等位置及道路和水、电线路的布置等,它是施工现场布置的核心。因此,必须首先确定。

起重机械主要考虑起重机的布置、开行路线或塔道、控制范围等有关数据;井架、龙门架等固定式垂直运送设备的布置,主要是根据机械性能、建筑物的平面形状和大小、施工段的划分、施工道路及材料输送量而定。

2)布置搅拌站、仓库、材料和构件堆场位置

(1)布置材料、预制构配件堆场及搅拌站位置,应尽量靠近使用地点。

(2)如用固定式垂直运输设备如塔吊,则材料、构配件堆场应尽量靠近垂直运输设备。采用塔式起重机为垂直运输时,材料、构配件堆场、砂浆搅拌站、混凝土搅拌站出口等,应布

置在塔式起重机有效起吊范围内。

（3）预制构配件的堆放要考虑吊装顺序。

（4）砂浆、混凝土搅拌站的位置靠近使用位置或运输设备。浇筑大型混凝土基础时，可将混凝土搅拌站设在基础边缘，待基础混凝土浇筑后再转移。砂、石及水泥仓库应紧临搅拌站布置。

3）布置运输道路

（1）布置运输道路应尽可能利用永久性道路提前施工后为施工使用，或先造好永久性道路的路基，在交工前再铺路面。

（2）现场的道路最好是环形布置，以保证运输工具回转、调头方便，应设有进出口通道，尽可能不设丁字路。

4）布置临时设施

临时设施分为生产性临时设施和非生产性临时设施。生产性临时设施如钢筋加工棚和水泵房、木工加工房等；非生产性临时设施如办公室、工人休息室、开水房、食堂、厕所等。布置的原则就是有利生产、方便生活、安全防火。

5）布置水电管网

水电管网的布置应尽量利用拟建工程和市政设施，管线总长度力求最短。

施工用水应根据生产、生活要求设置管径和龙头的数量。消防用水应绝对保证，消防栓距建筑物不应小于 5 m，也不应大于 25 m，距离道路边缘不应大于 2 m。为便于排除地表水和降低地下水，施工现场应设置排水沟，并接通永久性下水道。

施工中的临时供电问题应在全工地性施工总平面图中统筹考虑。单位工程施工时，应根据施工总平面图计算用电量考虑选用变压器。变压器站周围应设防护栏，确保安全第一。塔吊工作区和交通频繁的道路的电缆应埋在地下。

第四章 建筑工程进度管理

建筑工程进度控制是指对工程项目各建设阶段的工作内容、工作程序、持续时间和衔接关系根据进度总目标及资源优化配置的原则编制计划并付诸实施,然后在进度计划的实施过程中经常检查实际进度是否按计划要求进行,对出现偏差情况进行分析,采取补救措施或调整、修改原计划后再付诸实施,如此循环,直到建设工程竣工验收交付使用。建设工程进度控制的最终目标是在确保工程安全和质量的前提下,控制工程的进度,建设工程进度控制的总目标是建设工期。

第一节 建设工程项目进度控制的目标和任务

一、建设工程项目总进度的目标

(一)建设工程项目的总进度目标的论证内容和论证步骤

建设工程项目的总进度目标指的是整个项目的进度目标,它是在项目决策阶段项目定义时确定的,项目管理的主要任务是在项目的实施阶段对项目的目标进行控制。建设工程项目的总进度目标指的是整个项目的进度目标,它是在项目决策阶段项目定义时确定的。建设项目总进度目标控制是业主方项目管理的任务(总承包方也要协助业主进行总进度目标的控制)。在进行建设工程项目总进度目标控制前,首先应分析和论证目标实现的可能性。

在项目的实施阶段,项目总进度应包括以下内容:

(1)设计前准备阶段的工作进度;

(2)设计工作进度;

(3)招标工作进度;

(4)施工前准备工作进度;

(5)工程施工和设备安装进度;

(6)工程物资采购工作进度;

(7)项目动用前的准备工作进度等。

建设工程项目总进度目标论证应分析和论证上述各项工作的进度,以及上述各项工作进展的相互关系。

在建设工程项目总进度目标论证时,往往还不掌握比较详细的设计资料,也缺乏比较全面的有关工程发包的组织、施工组织和施工技术等方面的资料,以及其他有关项目实施条件的资料,因此总进度目标论证并不是单纯的总进度规划的编制工作,它涉及许多工程实施的条件分析和工程实施策划方面的问题。

大型建设工程项目总进度目标论证的核心工作是通过编制总进度纲要论证总进度目标实现的可能性。总进度纲要的主要内容包括:

(1)项目实施的总体部署；

(2)总进度规划；

(3)各子系统进度规划；

(4)确定里程碑事件的计划进度目标；

(5)总进度目标实现的条件和应采取的措施等。

建设工程项目总进度目标论证的工作步骤如下：

(1)调查研究和收集资料；

(2)项目结构分析；

(3)进度计划系统的结构分析；

(4)项目的工作编码；

(5)编制各层进度计划；

(6)协调各层进度计划的关系，编制总进度计划；

(7)若所编制的，总进度计划不符合项目的进度目标，则设法调整；

(8)若经过多次调整，进度目标无法实现，则报告项目决策者。

(二)建设工程项目进度计划系统

1.建设工程项目进度计划系统的内涵

建设工程项目进度计划系统是由多个相互关联的进度计划组成的系统，它是项目进度控制的依据。由于各种进度计划编制所需要的必要资料是在项目进展过程中逐步形成的，因此项目进度计划系统的建立和完善也需要一个过程，也是逐步形成和完善的。图4-1是一个建设工程项目进度计划系统的示例。

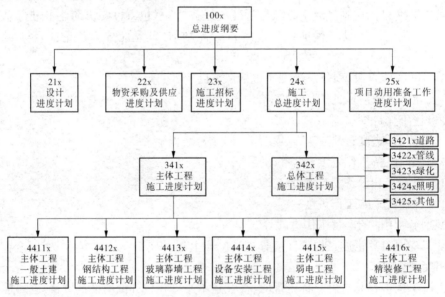

图4-1 建设工程项目进度计划系统示例

2.不同类型的建设工程项目进度计划系统

(1)根据项目进度控制不同的需要和不同的用途，业主方和项目各参与方可以构建多个不同的建设工程项目进度计划系统，例如：

①由多个相互关联的不同计划深度的进度计划组成的计划系统；

②由多个相互关联的不同计划功能的进度计划组成的计划系统；

③由多个相互关联的不同项目参与方的进度计划组成的计划系统；

④由多个相互关联的不同计划周期的进度计划组成的计划系统等。

（2）由不同深度的计划构成的进度计划系统，包括以下内容：

①总进度规划（计划）；

②项目子系统进度规划（计划）；

③项目子系统中的单项工程进度计划等。

（3）由不同功能的计划构成进度计划系统，包括以下内容：

①控制性进度规划（计划）；

②指导性进度规划（计划）；

③实施性（操作性）进度计划等。

（4）由不同项目参与方的计划构成进度计划系统，包括以下内容：

①业主方编制的整个项目实施的进度计划；

②设计进度计划；

③施工和设备安装进度计划；

④采购和供货进度计划等。

（5）由不同计划周期的计划构成进度计划系统，包括以下内容：

①5年（或多年）建设进度计划；

②年度、季度、月度和旬计划。

3. 建设工程项目进度计划系统中的内部关系

在建设工程项目进度计划系统中各进度计划或各子系统进度计划编制和调整时必须注意其相互间的联系和协调，例如：

（1）总进度规划（计划）、项目子系统进度规划（计划）与项目子系统中的单项工程进度计划之间的联系和协调；

（2）控制性进度规划（计划）、指导性进度规划（计划）与实施性（操作性）进度计划之间的联系和协调；

（3）业主方编制的整个项目实施的进度计划、设计方编制的进度计划、施工和设备安装方编制的进度计划与采购和供货方编制的进度计划之间的联系和协调等。

建设工程项目是在动态条件下实施的，因此进度控制也就必须是一个动态的管理过程。它包括以下内容：

（1）进度目标的分析和论证，其目的是论证进度目标是否合理，进度目标是否可能实现。如果经过科学的论证，目标不可能实现，则必须调整目标；

（2）在收集资料和调查研究的基础上编制进度计划；

（3）进度计划的跟踪检查与调整，包括定期跟踪检查所编制进度计划的执行情况，若其执行有偏差，则采取纠偏措施，并视必要调整进度计划。

二、建设工程项目进度控制的任务

（一）业主方进度控制任务

业主方进度控制的任务是控制整个项目实施阶段的进度，包括控制设计准备阶段的工作进度、设计工作进度、施工进度、物资采购工作进度,以及项目动用前准备阶段的工作进度。

(二)设计方进度控制任务

设计方进度控制的任务是依据设计任务委托合同对设计工作进度的要求控制设计工作进度,这是设计方履行合同的义务。另外,设计方应尽可能使设计工作的进度与招标、施工和物资采购等工作进度相协调。

(三)施工方进度控制任务

施工方进度控制的任务是依据施工任务委托合同对施工进度的要求控制施工进度,这是施工方履行合同的义务。在进度计划编制方面,施工方应视项目的特点和施工进度控制的需要,编制深度不同的控制性、指导性和实施性施工的进度计划以及按不同计划周期(年度、季度、月度和旬)的施工计划等。

(四)供货方进度控制任务

供货方进度控制的任务是依据供货合同对供货的要求控制供货进度,这是供货方履行合同的义务。供货进度计划应包括供货的所有环节,如采购、加工制作、运输等。

第二节　施工进度计划的类型及其作用

一、施工进度计划的类型

施工方编制的与施工进度有关的计划包括施工企业的施工生产计划和建设工程项目施工进度计划。

施工企业的施工生产计划,属企业计划的范畴。它以整个施工企业为系统,根据施工任务量、企业经营的需求和资源利用的可能性等,合理安排计划周期内的施工生产活动。

建设工程项目施工进度计划,属工程项目管理的范畴。它以每个建设工程项目的施工为系统,依据企业的施工生产计划的总体安排和履行施工合同的要求,以及施工的条件和资源利用的可能性,合理安排一个项目施工的进度,例如:

(1)整个项目施工总进度方案、施工总进度规划、施工总进度计划(大型建设工程项目进度计划的层次多一些,而小型项目只需编制施工总进度计划);

(2)子项目施工进度计划和单体工程施工进度计划;

(3)项目施工的年度施工计划、项目施工的季度施工计划、项目施工的月度施工计划和旬施工作业计划等。

施工企业的施工生产计划与建设工程项目施工进度计划虽属两个不同系统的计划,但两者是紧密相关的。前者针对整个企业,而后者则针对一个具体施工项目,计划的编制有一个自下而上和自上而下的往复多次的协调过程。

建设工程项目施工进度计划若从计划的功能划分,可分为控制性施工进度计划、指导性施工进度计划和实施性施工进度计划。具体组织施工的进度计划是实施性施工进度计划。控制性施工进度计划和指导性施工进度计划的界限并不十分清晰,前者更宏观一些。大型和特大型项目需要编制控制性施工进度计划、指导性施工进度计划和实施性施工进度计划,而小型建设工程项目仅编制控制性施工进度计划和实施性施工进度计划。

二、控制性施工进度计划的作用

控制性施工进度计划的编制目的是通过计划的编制,以对施工承包合同所规定的施工进度目标进行再论证,并对进度目标进行分解,确定施工的总体部署,并确定为实现进度目标的里程碑事件的进度目标作为进度控制的依据。

控制性施工进度计划是整个项目施工进度控制的纲领性文件,是组织和指挥施工的依据。控制性进度计划编制的主要作用如下:

(1)对总进度目标进行论证;

(2)对施工总进度目标进行分解,确定施工的总体部署,确定里程碑事件的进度目标;

(3)是编制实施性进度计划的依据;

(4)是编制子项目施工进度计划、单体工程施工进度计划、项目施工的年度施工计划、项目施工的季度施工计划的依据;

(5)是施工进度动态控制的依据。

三、实施性施工进度计划的作用

项目施工的月度计划和旬施工作业计划是用于直接组织施工作业的计划,它是实施性施工进度计划。旬施工作业计划是月度施工计划在一个旬中的具体安排。实施性施工进度计划的编制应结合工程施工的具体条件,并以控制性施工进度计划所确定的里程碑事件的进度目标为依据。

针对一个项目的月度施工计划应反映在这月度中将进行得主要施工作业的名称、实务工程量、工作持续时间、所需的施工机械名称、施工机械的数量等。月度施工计划还反映各施工作业相对应的日历天的安排,以及各施工作业的施工顺序。

针对一个项目的旬度施工计划应反映在这旬中每一个施工作业的名称、实务工程量、工种、每天的出勤人数、工作班次、工效、工作持续时间、所需的施工机械名称、施工机械的数量、机械的台班产量等。旬施工作业计划还反映各施工作业相应的日历天的安排,以及各施工作业的施工顺序。

实施性施工进度计划的主要作用如下:

(1)确定施工作业的具体安排;

(2)确定(或据此可计算)一个月度或旬的人工需求(工种和相应的数量);

(3)确定(或据此可计算)一个月度或旬的施工机械的需求(机械名称和数量);

(4)确定(或据此可计算)一个月度或旬的建筑材料(包括成品、半成品和辅助材料等)的需求(建筑材料的名称和数量);

(5)确定(或据此可计算)一个月度或旬的资金的需求等。

第三节　施工进度计划技术

一、流水施工原理

(一)施工组织的方式

土木工程施工常见的组织方式有依次施工、平行施工和流水施工,如图4-2所示。

1. 依次施工

依次施工又称顺序施工,是将整个拟建工程分解成若干施工过程依次开工、依次完工的一种组织方式。它是一种最基本、最原始的施工组织方式。这种方式同时投入劳动力和物质资源较少,成本低,但各专业工作队施工不连续、工期长。

编号	施工过程	施工周数	进度计划(周)										进度计划(周)			进度计划(周)				
			4	8	12	16	20	24	28	32	36	4	8	12	4	8	12	16	20
I	挖土方	4	▬									▬			▬				
	砌砖基础	4		▬									▬			▬			
	回填土	4			▬									▬			▬		
II	挖土方	4				▬						▬			▬				
	砌砖基础	4					▬						▬			▬			
	回填土	4						▬						▬			▬		
III	挖土方	4							▬			▬			▬				
	砌砖基础	4								▬			▬			▬			
	回填土	4									▬			▬			▬		
施工组织方案			依次施工									平行施工			流水施工				
工期(周)			$T=3\times(3\times4)=36$									$T=3\times4=12$			$T=(3-1)\times4+3\times4=20$				

图 4-2　常见施工形式的线条图表示

2. 平行施工

将几个相同的施工过程,分别组织几个相同的工作队,在同一时间、不同的空间上平行进行施工。这种方式工期短,但劳动力和物质资源消耗量集中、成本高。

3. 流水施工

流水施工是将所有的施工过程按一定的时间间隔依次投入施工,各个施工过程按施工顺序依次开工、依次竣工,同一施工过程的施工班组保持连续、均衡,不同施工过程尽可能平行搭接施工。这种施工方式工期较短、成本较低。

(二)流水施工参数

施工进度计划图表是反映工程施工时各施工过程按其工艺上的先后顺序和他们在时间、空间上的开展情况图表。目前,应用最广泛的施工进度计划图表有横道图和网络图。

横道图也叫甘特图(Gantt Chart)或条形图,它早在 20 世纪初期就开始应用和流行,是一种最简单并运用最广的传统的进度计划方法,主要用于项目计划和项目进度的安排。

在横道图中项目活动在左侧列出,时间在图表右侧顶部列出。图中的横道线显示了每项活动的开始时间和结束时间,横道线的长度等于活动的时间长短,时间单位可以为小时、天、周、月等,如图 4-2 所示。

在组织流水施工时,用以表达流水施工在工艺流程、空间排列和时间排列等方面开展状态的参数,称为流水参数,按其作用的不同分为工艺参数、空间参数和时间参数。

1. 工艺参数

工艺参数是指组织流水施工时用来表达施工工艺上的展开顺序及其特征的参数,包括施工过程数和流水强度两个参数。

1）施工过程

在组织拟建工程流水施工时,根据施工组织及计划安排需要将计划任务划分成的子项称为施工过程。施工过程可以是单位工程、分部工程、分项工程和施工工序,施工过程的数目一般用 n 表示,它是流水施工的主要参数之一。

根据其性质和特点不同,施工过程一般分为三类,即建造类施工过程、运输类施工过程和制备类施工过程。

2）流水强度

流水强度是指流水施工的某施工过程的专业工作队在单位时间内所完成的工程量,也称为流水能力或生产能力。

2. 空间参数

空间参数是指组织流水施工时用来表达流水施工在空间布置上所处状态的参数,包括工作面、施工段数和施工层三个参数。

1）工作面

工作面是指某专业工种的工人或某种施工机械在进行建筑施工所必需的活动空间。工作面的大小,表明能安排施工人数或机械台班数的多少。工作面确定的合理与否,直接影响专业工作队的生产效率。因此,必须合理确定工作面。

2）施工段数

施工段数是指将施工对象在平面或空间上划分成若干个劳动量大致相等的施工段落,施工段的数目一般用 m 表示,它是流水施工的主要参数之一。划分施工段的目的是组织流水施工。

划分施工段的原则:

（1）同一专业工作队在各施工段上所消耗的劳动量大致相等。

（2）每个施工段均应有足够的工作面。

（3）施工段的分界应尽可能与结构界限（温度缝、沉降缝）或建筑单元一致。

（4）施工段数要适当,过多则拖延工期,过少则资源供应集中,不利于组织流水施工。

（5）对于多层建筑物,既分施工段又分施工层时,应使各施工队能够连续施工,使每个施工队完成了上一段的任务可以立即转入下一段,以保证施工队在施工层、段之间进行有节奏、均衡、连续的流水施工。

3）施工层

为满足流水施工的需要,将施工项目在竖向上划分的施工段,称为施工层。

3. 时间参数

时间参数是指用来表达流水施工在时间排列上所处状态的参数,包括流水节拍、流水步距、间歇时间和工期四个参数。

1）流水节拍

流水节拍是指在组织流水施工时,某个专业队在一个施工段上的施工时间,一般用 t 表示。它决定着施工速度和施工节奏。流水节拍通常有两种确定方法,一种是定额计算法,另一种是经验估算法。

a. 定额计算法

定额计算法是根据各施工段拟投入的资源能力确定流水节拍。按下式计算:

$$t_i = Q/(RS) = P/R$$

式中　Q——某施工段的工程量；

　　　R——专业队的人数或机械台数；

　　　S——产量定额,即工日或台班完成的工程量；

　　　P——某施工段所需的劳动量或机械台班量。

　　b.经验估算法

　　根据以往的施工经验先估算该流水节拍的最长、最短和正常三种时间,再按下式计算流水节拍:

$$t = (a + 4c + b)/6$$

式中　t——某施工过程在某施工段上的流水节拍；

　　　a——某施工过程在某施工段上的最短估算时间；

　　　b——某施工过程在某施工段上的最长估算时间；

　　　c——某施工过程在某施工段上的正常估算时间。

　2)流水步距

　　流水步距是相邻两个施工过程在同一施工段或相邻施工段的相继开始施工的最小间隔时间,一般用 k 表示。流水步距的数目取决于参加流水施工过程数,如果施工过程数为 n 个,则流水步距为 $n-1$ 个。

　　流水步距的大小,应考虑施工工作面的允许、施工顺序的适宜、技术间歇的合理以及施工期间的均衡。当流水步距 $k > t$ 时,会出现工作面闲置现象(如混凝土养护期,后一工序不能进入该施工段);当流水步长 $k < t$ 时,就会出现两个施工过程在同一施工段平行作业。总之,在施工段不变的情况下,流水步距小,工期短,反之则工期长。

　3)间歇时间

　　由于工艺要求或组织因素,流水施工中两个相邻的施工过程往往需考虑一定的流水间歇时间,包括工艺间歇时间和组织间歇时间。

　　a.工艺间歇时间

　　工艺间歇时间是指在流水施工中,除考虑相邻两个施工过程之间的流水步距外,还需考虑增加一定的工艺间歇时间。如楼板混凝土浇筑后需要一定的养护时间才能进行下一道工序的施工;屋面找平层完成后,需干燥后才能进行屋面防水层的施工。

　　b.组织间歇时间

　　组织间歇时间是指在流水施工中,由于施工组织的原因造成的间歇时间。如回填土前的隐蔽工程验收、装修开始前的主体结构验收、找平层后的防水施工、安全检查等。

　4)工期

　　工期是指从第一个专业工作队投入流水施工开始,到最后一个专业工作队完成流水施工为止的整个持续时间。

(三)流水施工基本组织方式

　　流水施工根据节奏规律的不同,可分为有节奏流水施工和无节奏流水施工两大类。

　1.有节奏流水施工

　　有节奏流水施工是指在同一施工过程中各个施工段上的流水节拍都相等的一种流水施工,它分为等节奏流水施工和异节奏流水施工。

1)等节奏流水施工

等节奏流水施工也称等节拍流水施工,是指每一施工过程在各施工段的流水节拍相同,且各施工过程相互之间的流水节拍也相等,又称为固定节拍流水施工。它是一种有规律的施工组织形式,所有施工过程在各施工段的流水节拍相等,且流水节拍 t_i 等于流水步距 k。即 $t_i = k = $ 常数,故也称为固定节拍流水或全等节拍流水。

等节奏流水具有以下特点:

(1)流水节拍全部彼此相等,为一常数。

(2)流水步距彼此相等,而且等于流水节拍,即 $k_{1,2} = k_{2,3} = \cdots = k_{n-1,n} = k = t$(常数)。

(3)专业工作队数等于施工过程数。

(4)每个专业工作队都能够连续施工,若没有间歇要求,各工作面均不停歇。

等节奏流水的总工期按下式计算:

$$T = (m + n - 1)k + \sum Z_i - \sum C$$

式中　　T——流水施工计划总工期;

　　　　n——施工过程数;

　　　　k——流水步距;

　　　　m——施工段数;

　　　　$\sum Z_i$——技术间歇时间和组织间歇时间之和;

　　　　$\sum C$——搭接时间之和。

2)异节奏流水施工

异节奏流水施工是指每一施工过程在各施工段的流水节拍相同,但各施工过程相互之间的流水节拍不一定相等的流水施工。在实际施工组织中,由于工作面的不同或劳动力数量的不等,各施工过程的流水节拍完全相等是少见的。这时应使同一施工过程的流水节拍相等,不同施工过程的流水节拍互成倍数,所以异节奏流水施工又称为成倍节拍流水施工。

成倍节拍流水具有以下特点:

(1)同一个施工过程的流水节拍均相等,不同施工过程之间的流水节拍不等,但同为某一常数的倍数。

(2)流水步距彼此相等,且等于各施工过程流水节拍的最大公约数。

(3)专业工作队总数大于施工过程数。

(4)每个专业工作队都能够连续施工,若没有间歇要求,可保证各工作面均不停歇。

成倍节拍流水施工工期的计算方法如下:

(1)确定施工起点流向,划分施工段,分解施工过程,确定施工顺序。

(2)按最大公约数确定每个施工过程的流水节拍 t_i。

(3)确定流水步距 k,即各施工过程流水节拍 t_i 的最大公约数 k。

(4)按下式确定专业队数目:某施工过程的专业队数 $b = t_i / k$,专业队数总和 $n = \sum b$。

(5)按下式计算确定总工期 T:

$$T - (m + n - 1)k + \sum Z_i - \sum C$$

【例4-1】　某分部工程有3个施工过程,分为4个流水节拍相等的施工段,组织成倍节拍流水施工,已知各施工过程的流水节拍分别为6、4、2天,则流水步距和专业工作队数分别为多少? 流水施工工期为多少天?

解： 计算流水步距

$$k = \min[6,4,2] = 2$$

确定专业工作队数：

第一个施工过程 $b_1 = 6/2 = 3(个)$

第二个施工过程 $b_2 = 4/2 = 2(个)$

第三个施工过程 $b_3 = 2/2 = 1(个)$

因此，专业工作队总数为

$$3 + 2 + 1 = 6(个)$$

确定流水施工工期

$$T = (m + n - 1)k = (4 + 6 - 1) \times 2 = 18(天)$$

2. 无节奏流水施工

实际施工中，由于工程结构形式、施工条件不同等，使得大多数施工过程在各施工段上的工程量并不相等，各专业施工队的生产效率也相差悬殊，导致各施工过程的流水节拍随施工段的不同而不同，且不同施工过程之间的流水节拍又有很大差异，难以组织等节拍或异节拍流水施工。这时，流水节拍虽无任何规律，但仍可利用流水施工原理组织流水施工，使各专业工作队在满足连续施工的条件下，实现最大限度的搭接，它是流水施工的普遍形式。

1）非节奏流水施工的特点

（1）各施工过程在各施工段的流水节拍不全相等。

（2）相邻施工过程的流水步距不尽相等。

（3）专业工作队数等于施工过程数。

（4）各专业工作队能够在施工段上连续作业，但有的施工段之间可能有空闲时间。

2）流水步距的确定

在非节奏流水施工中，通常采用累加数列错位相减取大差法计算流水步距。其基本步骤如下：

（1）对每一个施工过程在各施工段上的流水节拍依次累加，求得各施工过程流水节拍的累加数列。

（2）将相邻施工过程流水节拍累加数列中的后者错后一位，相减后求得一个差数列。

（3）在差数列中取最大值，即为这两个相邻施工过程的流水步距。

3）流水施工工期的确定

$$T = \sum k + \sum t_n + \sum Z_i - \sum C$$

【例 4-2】 某工程由 3 个施工过程组成，分为 4 个施工段进行流水施工，每个流水过程在各施工段上的流水节拍见表 4-1，试计算流水施工工期。

表 4-1   某工程各施工段的流水节拍

施工过程	施工段			
	①	②	③	④
A	3	3	4	2
B	3	2	3	3
C	2	3	4	3

解：（1）求各施工过程流水节拍的累加数列。

施工过程 A：3,6,10,12

施工过程 B：3,5,8,11

施工过程 C：2,5,9,12

（2）采用累加数列错位相减取大差法计算流水步距。

A 与 B：

$$
\begin{array}{rrrrr}
3 & 6 & 10 & 12 & \\
- & 3 & 5 & 8 & 11 \\
\hline
3 & 3 & 5 & 4 & -11
\end{array}
$$

B 与 C：

$$
\begin{array}{rrrrr}
3 & 5 & 8 & 11 & \\
- & 2 & 5 & 9 & 12 \\
\hline
3 & 3 & 3 & 2 & -12
\end{array}
$$

（3）求流水步距。

施工过程 A 与 B 之间的流水步距：$k_{A,B} = \max[3,3,5,4,-11] = 5$（天）

施工过程 B 与 C 之间的流水步距：$k_{B,C} = \max[3,3,3,2,-12] = 3$（天）

（4）计算流水工期。

$$
\begin{aligned}
T &= \sum k + \sum t_n + \sum Z_i - \sum C \\
&= (5+3) + (2+3+4+3) + 0 - 0 \\
&= 20 \text{（天）}
\end{aligned}
$$

二、网络计划技术

网络计划技术是应用有向网络图来表达一项计划中每项工作的先后顺序和相互的逻辑关系,通过计算时间参数,找出计划中关键线路和可利用的机动时间,按照一定的优化目标,不断改善和优化计划安排,使计划达到整体优化。它是一种有效的系统分析和优化技术,在保证和缩短时间、降低成本、提高效率、节约资源等方面成效显著。

网络计划是在网络图上加注工作时间参数而编制的进度计划。网络图是由箭线和节点组成的,用来表示工作流程的有向、有序的网状图形。网络图按其表达方法,可分为双代号网络图和单代号网络图两种。

（一）双代号网络图

1.基本概念

双代号网络图是应用较普遍的一种网络计划形式,由工作、节点和线路三个基本要素组成,如图 4-3 所示。

双代号网络图中,每一条箭线表示一项工作。箭线的箭尾节点表示该工作的开始,箭线的箭头节点表示该工作的结束。

1）工作

一项工程分解成若干工作,工作用一根箭线和两个节点（双代号）来表示,箭尾节点表

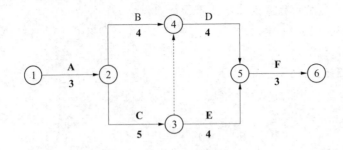

图 4-3　双代号网络图

示工作开始,箭头节点表示工作结束。工作名称代号写在箭线上方,工作持续时间写在箭线下方。

虚工作仅仅表示工作之间的先后顺序,用虚线矢箭表示,既不消耗时间,也不占用资源,如图 4-3 所示③→④为虚工作。

对于某项工作来说,紧接在其箭尾节点前面的工作是其紧前工作,紧接在其箭头节点后面的工作是其紧后工作,和它同时进行的工作称为平行工作。

2)节点

节点是相邻两工作交接点,用圆圈表示,用来表示工作开始、结束或连接关系。节点表示前面工作结束和后面工作开始的瞬间,所以节点不占用时间和资源。

网络图的第一个节点为整个网络图的起点节点,最后一个节点为网络图的终点节点,其余节点为中间节点。节点的编号顺序应从小到大,可不连续,但不能重复。

3)线路

网络图中从起点节点开始,沿箭头方向顺序通过一系列箭线与中间节点,最后到达终点节点的路径称为线路。

一条线路上的所有工作持续时间之和称为该线路的工期,它表示完成该线路上的所有工作需花费的时间。持续时间最长的线路可作为工程的计划工期,该线路上的工作拖延或提前,则整个工程的完成时间将发生变化,因此该线路称为关键线路,位于关键线路上的工作称为关键工作。非关键线路上既有关键工作,也有非关键工作,非关键工作有一定的机动时间,该工作在一定幅度内的提前或拖延不会影响整个计划工期。

4)逻辑关系

网络图中各工作间的逻辑关系包括工艺关系和组织关系。

(1)工艺关系:是指生产工艺上客观存在的先后顺序关系。例如,建筑工程施工时,先做基础,后做主体;先做结构,后做装修。这些顺序是不能随意改变的。

(2)组织关系:是在不违反工艺关系的前提下,工作之间由于组织安排需要或资源(劳动力、原材料、施工机具等)调配需要而规定的先后顺序关系。

逻辑关系一般根据具体情况,按安全、经济、高效的原则统筹安排。逻辑关系在网络图中均表现为工作进行的先后顺序,表达得是否正确,是网络图能否反映工程实际情况的关键。一旦逻辑关系搞错,图中各项工作参数的计算及关键线路和工程工期都将随之发生错误,计划也将失去意义。

2. 双代号网络图的绘图规则

（1）正确表达逻辑关系，表4-2列出了常见的逻辑关系及其表示方法。

表4-2　双代号网络图中常见的逻辑关系及其表示方法

序号	工作之间的逻辑关系	网络图中的表示方法	说明
1	A工作完成后进行B工作		A工作制约着B工作的开始，B工作依赖着A工作
2	A、B、C三项工作同时开始		A、B、C三项工作称为平行工作
3	A、B、C三项工作同时结束		A、B、C三项工作称为平行工作
4	有A、B、C三项工作。只有A完成后，B、C才能开始		A工作制约着B、C工作的开始，B、C为平行工作
5	有A、B、C三项工作。C工作只有在A、B完成后才能开始		C工作依赖着A、B工作，A、B为平行工作
6	有A、B、C、D四项工作。只有当A、B完成后，C、D才能开始		通过中间节点 i 正确地表达了A、B、C、D工作之间的关系
7	有A、B、C、D四项工作。A完成后C才能开始，A、B完成后D才能开始		D与A之间引入了逻辑连接（虚工作），从而正确地表达了它们之间的制约关系
8	有A、B、C、D、E五项工作。A、B完成后C才能开始，B、D完成后E才能开始		虚工作 $i-j$ 反映出C工作受到B工作的制约；虚工作 $i-k$ 反映出E工作受到B工作的制约
9	有A、B、C、D、E五项工作。A、B、C完成后D才能开始，B、C完成后E才能开始		虚工作反映出D工作受到B、C工作的制约
10	A、B两项工作分三个施工段，平行施工		每个工种工程建立专业工作队，在每个施工段上进行流水作业，虚工作表达了工种间的工作面关系

（2）一项工作应只有唯一的一条箭线和相应的一对节点编号，箭尾的节点编号应小于箭头的节点编号，不允许出现代号相同的箭线。

（3）双代号网络图中应只有一个起始节点；在不分期完成任务的网络图中，应只有一个终点节点。

(4)在网络图中严禁出现循环回路。

(5)双代号网络图中,严禁出现没有箭头节点或没有箭尾节点的箭线。

(6)双代号网络图中,严禁出现双向箭头和无箭头。

(7)代号网络图节点编号顺序应从小到大,可不连续,但严禁重复。

(8)某些节点有多条外向箭线或多条内向箭线时,在不违反"一项工作应只有唯一的一条箭线和相应的一对节点编号"的前提下,为使图形简洁,可使用母线法绘图,如图4-4所示。

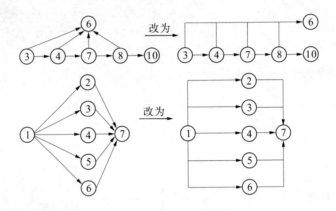

图4-4 母线法绘图

(9)绘制网络图时,宜避免箭线交叉,如避免不了,可用过桥法(见图4-5)或指向法(见图4-6)表示。

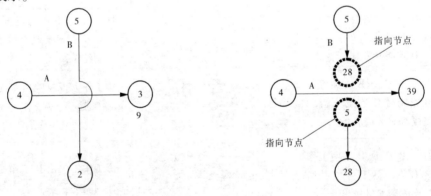

图4-5 过桥法   图4-6 指向法

(10)绘制网络图时,应首先尽量采用水平箭线和垂直箭线形成网格结构,尽量减少斜箭线,使网络图规整、清晰。其次,应尽量把关键工作和关键线路布置在中心位置,尽可能把密切相连的工作安排在一起,以突出重点,便于使用。

3. 双代号网络图的绘图步骤

(1)把工程任务分解成若干工作,并根据施工工艺要求和施工组织要求确定各个工作之间的逻辑关系。

(2)确定每一工作的持续时间。

（3）从无紧前工作的工作开始，依次在其工作后画出紧后工作为该工作，在绘制过程中注意虚工作的引入。

（4）根据逻辑关系表绘制网络图。

（5）对初始绘制网络图进行检查和调整。

4. 双代号网络图的时间参数

双代号网络计划时间参数的计算方法很多，一般常用的有工作计算法、节点计算法和标号法。以下只讨论按工作计算法在图上进行计算的方法。

1) 工期

计算工期——根据网络计划时间参数计算所得到的工期，用 T_c 表示；

要求工期——任务委托人所要求的工期，用 T_r 表示；

计划工期——根据计算工期和要求工期所确定的作为实施目标的工期，用 T_p 表示。

（1）当已规定了要求工期时，计划工期不应超过要求工期，即

$$T_p \leq T_r$$

（2）当未规定要求工期时，可令计划工期等于计算工期，即

$$T_p = T_c$$

2) 工作的时间参数

工作持续时间，是指一项工作从开始到完成的时间，用 D 表示；

最早开始时间，是指各紧前工作全都完成后，具备了本工作开始的必要条件的最早时刻，工作 $i—j$ 的最早开始时间用 $ES_{i—j}$ 表示。

最早完成时间，是指各紧前工作全都完成后，该工作可能完成的最早时刻，工作 $i—j$ 的最早完成时间用 $EF_{i—j}$ 表示，

最迟开始时间，是指在不影响整个任务按期完成的的条件下，该工作必须开始的最迟时刻，本工作的最迟开始时间用 $LS_{i—j}$ 表示，

最迟完成时间，是指在不影响整个任务按期完成的的条件下，该工作必须完成的最迟时刻，工作 $i—j$ 的最迟完成时间用 $LF_{i—j}$ 表示。

总时差，是指在不影响后续工作最迟开始时间的前提下，也就是在不影响总工期的前提下，一项工作所具有的机动时间，工作 $i—j$ 的总时差用 $TF_{i—j}$ 表示。

自由时差，是总时差的一部分，是指一项工作在不影响其紧后工作最早开始的前提下，一项工作所具有的的机动时间。用符号 $FF_{i—j}$ 表示。

5. 双代号网络图的时间参数计算

1) 最早开始时间

由于最早开始时间 $ES_{i—j}$ 的计算必须在各紧前工作都计算后才能进行，因此该参数的计算，必须从网络图的起点节点开始，顺箭线方向逐项进行，直到终点节点为止。

凡与起点节点相连的工作都是计划的起始工作，当未规定其最早开始时间 $ES_{i—j}$ 时，其值都定为零，即

$$ES_{i—j} = 0 \quad (i = 1)$$

其他工作的最早开始时间的计算方法是将其所有紧前工作 $h—i$ 的最早开始时间 $ES_{h—i}$ 分别与各工作的持续时间 $D_{h—i}$ 相加，取所计算值中的最大值，如下式：

$$ES_{i—j} = \max\{ES_{h—i} + D_{h—i}\}$$

式中　ES_{h-i}——工作 i—j 的紧前工作 h—i 的最早开始时间；

　　　　D_{h-i}——工作 i—j 的紧前工作 h—i 的持续时间。

2）最早完成时间

工作最早完成时间 EF_{i-j} 等于该工作最早开始时间与其持续时间之和,计算公式如下

$$EF_{i-j} = ES_{i-j} + D_{i-j}$$

3）计算工期

计算工期 T_c 等于以网络计划的终点节点为箭头节点的各个工作最早完成时间的最大值,计算公式如下

$$T_c = \max\{EF_{i-n}\}$$

式中　EF_{i-n}——以终点节点为箭头节点的工作 i—n 的最早完成时间。

当无要求工期限制时,计划工期等于计算工期,即 $T_p = T_c$。

4）最迟完成时间

工作最迟完成时间 LF_{i-j} 的计算应从网络图的终点节点开始,逆着箭线方向朝起点节点依次逐项计算。

网络计划中最后（结束）工作 i—n 的最迟完成时间 LF_{i-n} 应按计划工期 T_p 确定,即

$$LF_{i-n} = T_p$$

其他工作 i—j 的最迟完成时间的计算是从其所有紧后工作 j—k 的最迟完成时间 LF_{j-k} 分别减去各自的持续时间 D_{j-k},取差值中的最小值,计算公式如下：

$$LF_{i-j} = \min\{LF_{j-k} - D_{j-k}\} = \min\{LS_{j-k}\}$$

5）最迟开始时间

最迟开始时间用 LS_{i-j} 计算方法如下：

$$LS_{i-j} = LF_{i-j} - D_{i-j}$$

6）总时差

工作 i—j 的总时差 TF_{i-j} 用公式表达如下：

$$TF_{i-j} = LF_{i-j} - EF_{i-j}$$

或

$$TF_{i-j} = LS_{i-j} - ES_{i-j}$$

7）自由时差

自由时差 FF_{i-j} 计算公式表达如下：

$$FF_{i-j} = ES_{j-k} - ES_{i-j} - D_{i-j}$$

或

$$FF_{i-j} = ES_{j-k} - EF_{i-j}$$

6. 关键工作的判别

在网络计划中,总时差最小的工作为关键工作。当网络计划的计划工期等于计算工期时,总时差为零的工作就是关键工作。

关键工作确定后,将关键工作首尾相连,便构成从起点节点到终点节点的通路,位于该通路上各项工作的持续时间总和最大,这条通路就是关键线路。在关键线路上可能有虚工作存在。关键线路一般用粗箭线或双线箭线标出,也可以用彩色箭线标出。关键线路上各项工作的持续时间总和应等于网络计划的计算工期。

（二）单代号网络图

单代号网络图是由节点和箭线组成的,与双代号网络图不同,其箭线表示紧邻工作之间

的逻辑关系,节点则表示工作。工作之间的逻辑关系包括工艺关系和组织关系,在单代号网络图中均表现为工作之间的先后顺序。单代号网络图绘图简便,逻辑关系明确,没有虚箭线,便于检查修改,如图4-7所示。

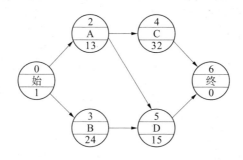

图4-7　单代号网络图

1.基本概念

1)节点

节点表示工作,节点可采用圆圈或方框。工作名称或内容、工作编号、工作持续时间及工作时间参数都可写在圆圈或方框内,如图4-8所示。

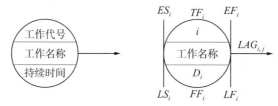

图4-8　单代号网络图节点表示

2)箭线

单代号网络图的箭线仅表示工作间的逻辑关系,它既不占用时间也不消耗资源。箭线的箭头方向表示工作的前进方向,箭尾节点工作为箭头节点的紧前工作。单代号网络图不需用虚箭线表达工作间的逻辑关系。

2.单代号网络图的绘制规则

单代号网络图的绘制规则与双代号网络图的绘制规则基本相同,主要区别在于:当网络图中有多项开始工作时,应增设一项虚拟的工作,作为该网络图的起始节点;当网络图有多项结束工作时,也应增设一项虚拟工作,作为该网络图的终点节点。

由于单代号网络图只有一个原始节点和一个结束节点,而当几个工作同时开始或同时结束时,就须引进虚工作(节点),如图4-9所示。

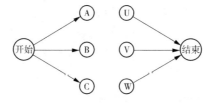

图4-9　单代号网络图虚工作节点表示

（1）单代号网络图中必须正确表达工作之间的逻辑关系，表4-3列出了常见逻辑关系及其表示方法。

表 4-3 双代号网络图中常见的逻辑关系及其表示方法

序号	工作之间的逻辑关系	网络图中的表示方法
1	A 工作完成后进行 B 工作	Ⓐ ⟶ Ⓑ
2	B、C 工作完成后进行 D 工作	Ⓑ↘ Ⓒ↗ Ⓓ
3	B 工作完成后，C、D 工作可以同时开始	Ⓑ↗Ⓒ ↘Ⓓ
4	A 工作完成后进行 C 工作，B 工作完成后可同时进行 C、D 工作	Ⓐ→Ⓒ Ⓑ→Ⓓ
5	A、B 工作均完成后进行 C、D 工作	Ⓐ✕Ⓒ Ⓑ✕Ⓓ

（2）严禁出现循环回路。

（3）严禁出现双向箭头或无箭头的连线，严禁出现没有箭尾节点的箭线和没有箭头节点的箭线。

（4）只能有一个起点节点和一个终点节点。当开始的工作或结束的工作不只一项时，应虚拟开始节点（S_t）或结束节点（F_{in}），以避免出现多个起点节点或多个终点节点，如图4-10所示。

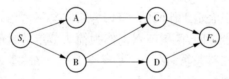

图 4-10 带虚拟节点的网络图

（5）箭线不宜交叉。当交叉不可避免时，可采用过桥法和指向法绘制。

（6）单代号网络图只应有一个起点节点和一个终点节点；当网络图中有多项起点节点或多项终点节点时，应在网络图的两端分别设置一项虚工作，作为该网络图的起点节点（S_t）和终点节点（F_{in}）。

（7）在同一网络图中，单代号和双代号的画法不能混用。

（8）单代号网络图中的节点必须编号。编号标注在节点内，其号码可间断，但严禁重复。箭线的箭尾节点编号应小于箭头节点编号。一项工作必须有唯一的一个节点及相应的一个编号。

（9）用数字代表工作的名称时，宜由小到大按活动先后顺序编号。

第五章　建筑工程质量管理

建筑工程质量管理是指为建造符合使用要求和质量标准的工程所进行的全面质量管理活动。它关系着建筑物的寿命和使用功能,对近期和长远的经济效益都有重大影响,所以建筑工程质量管理是建筑工程项目管理的主要控制目标之一。

建筑工程的质量控制需要系统有效的应用质量管理和质量控制的基本原理和方法,建立和运行工程项目质量控制体系,落实项目参与各方的质量责任,通过项目实施过程中各个环节质量控制的职能活动,有效预防和处理可能发生的工程质量事故,实现建设工程项目的质量目标。本章主要讲述建筑工程施工质量控制的相关内容。

第一节　概　述

建设工程项目的施工质量管理有两个方面的含义:一是指建设工程项目施工单位的施工质量管理,包括总承包、分包单位、综合的和专业的施工质量管理;二是指广义的施工阶段建设工程项目质量管理,即除施工单位的施工质量管理外,还包括业主、设计单位、监理单位以及政府质量监督机构,在施工阶段对建设工程项目施工质量所实施的监督管理和控制职能。因此,从建设工程项目管理的角度,应全面理解施工质量管理的内涵,掌握建设工程项目施工阶段质量管理的目标、依据与基本环节。

一、施工质量管理的目标

工程施工是实现工程设计意图形成工程实体的阶段,是最终形成工程产品质量和项目使用价值的重要阶段。建设工程项目施工阶段的质量管理是整个工程项目质量控制的关键环节,是从对投入原材料的质量控制开始,直到完成工程竣工验收和交工后服务的系统过程,分施工准备、施工、竣工验收和回访服务四个阶段。建设工程项目施工质量管理的总目标是实现由建设工程项目决策、设计文件、施工合同所决定的预期使用功能和质量标准。

建设工程项目施工质量管理的最基本目标是通过施工形成的项目工程实体质量经检查验收合格。项目施工质量验收合格应符合下列要求:

(1)符合《建筑工程施工质量验收统一标准》(GB 50300—2013)和相关专业验收规范的规定;

(2)符合工程勘察、设计文件的要求;

(3)符合施工承包合同的约定。

二、施工质量管理的依据

(一)共同性依据

共同性依据指适用于施工质量管理通用的,具有普遍指导意义和必须遵守的基本法规,主要包括工程建设合同、设计文件、设计交底及图纸会审记录、设计修改和技术变更、国家和政府有关部门颁发的与质量管理有关的法律和法规性文件。

(二)专门技术法规性依据

专门技术法规性依据指针对不同的行业、不同质量控制对象制定的专门技术法规文件。包括规范、规程、标准、规定等,如各专业施工验收规范,有关建筑材料、半成品和构配件的质量方面的专门技术法规性文件,有关材料验收、包装、标志等方面的技术标准和规定,施工工艺质量等方面的技术法规性文件,有关新工艺、新技术、新材料、新设备的质量规定和鉴定意见等。

(三)项目专用性依据

项目专用性依据指本项目的工程建设合同、勘察设计文件、设计交底及图纸会审记录、设计变更通知,以及相关的会议记录等。

三、施工质量管理的基本环节

施工质量管理应贯彻全面、全员、全过程质量管理的思想,运用动态控制原理,进行质量的事前质量控制、事中质量控制和事后质量控制。

(一)事前质量控制

事前质量控制即在正式施工前进行的事前主动质量控制,通过编制施工质量计划,明确质量目标,制订施工方案,设置质量管理点,落实质量责任,分析可能导致质量目标偏离的各种影响因素,针对这些影响因素制定有效的预防措施,防患于未然。

事前质量预控要求针对质量控制对象的控制目标、活动条件、影响因素进行周密分析,找出薄弱环节,制定有效的控制措施和对策。

(二)事中质量控制

事中质量控制指在施工质量形成过程中,对影响施工质量的各种因素进行全面的动态控制。事中质量控制也称作业活动过程质量控制,包括质量活动主体的自我控制和他人监控的控制方式。自我控制是第一位的,即作业者在作业过程中对自己质量活动行为的约束和技术能力的发挥,以完成符合预定质量目标的作业任务;他人监控是指作业者的质量活动过程和结果,接受来自企业内部管理者和企业外部有关方面的检查检验,如工程监理机构、政府质量监督部门等的监控。

事中质量控制的目标是确保工序质量合格,杜绝质量事故发生;控制的关键是坚持质量标准;控制的重点是工序质量、工作质量和质量控制点的控制。

(三)事后质量控制

事后质量控制也称为事后质量把关,以使不合格的工序或最终产品(包括单位工程或整个工程项目)不流入下道工序、不进入市场。事后质量控制包括对质量活动结果的评价、认定,对工序质量偏差的纠正,对不合格产品进行整改和处理。控制的重点是发现施工质量方面的缺陷,并通过分析提出施工质量改进的措施,保持质量处于受控状态。

以上三大环节不是互相孤立和截然分开的,它们共同构成有机的系统过程。

第二节 建筑工程施工质量控制

质量控制作为质量管理的一部分,是指在明确的质量目标和具体的条件下,通过行动方案和资源配置的计划、实施、检查与监督,进行质量目标控制,实现预期质量目标的系统过程。

一、施工质量控制的基本内容和要求

(一)技术文件的会审

要将技术设计付诸实施,首先实施者要对技术设计进行会审。这应作为一项工程制度。

(1)作为实施者单位,必须全面理解设计文件、设计意图。只有这样才能正确制订实施方案和报价。

(2)对设计文件中发现的问题,例如矛盾、错误、二义性、说明不清楚或者无法实施之处,在会审中提出,向设计单位质询或者要求修改。

(3)由于设计和实施单位很多,必须解决它们之间的协调问题,即各个承包商的实施方案必须在质量要求、时间上协调一致。通过会审可以解决沟通和协调问题。

(二)材料质量控制

材料的经营和采购是工程项目质量与费用控制的重点。因为一方面材料费用占工程费用的大部分(一般50%以上),另一方面材料是构成工程实体的要素,它决定了工程内在质量。可以这样说,材料不合格则不会有合格的工程。材料质量控制措施有:

(1)采购前必须将项目所需材料的质量要求(包括品种、规格、规范、标准等)、用途、投入时间、数量说明清楚,做出材料计划表并在采购合同中明确规定这些内容。

(2)采购选择。供应商通常是很多的,对各种供应的质量应有深入地了解,多收集一些说明书、产品介绍方面的信息。

①采购前要求提供样品认可,特别是承包商(或分包商)自己采购的材料。样品认可后封存,在供应到现场时,再做对比检查。

②尽可能选择有长期合作伙伴关系的供应商。一个大型的承包公司周围应有一些长期的合作伙伴,这有利于保证质量、保证供应、抵御风险。

③要求供应商提供他的产品证书,如主管部门认可的质量系统文件和证明、生产许可证、质量认证书,也可以走访以前的用户。

④对重要的、大批量供应或专项物资供应,可以派自己的人员在生产厂进行巡视,检查产品质量及生产管理系统,验收产品。

⑤与供应商或其生产厂家一起研究质量改进措施。

⑥供应的可靠度,即供应商的生产(供应)能力,现已承接的业务数量、供应时间。如果生产单位承接的业务数量超过生产能力,则供应时间不能保证,质量也不能保证。

(3)入库和使用前的检查。检查供应的质量,并作出评价,保存记录。不合格的材料不得进入施工现场,更不得使用。

(三)工程质量检查和监督

工程施工是一个渐进的过程,质量控制必须在整个过程中起作用,这里包含两个层次。

(1)实施单位(如承包商、供应商、工程小组)内部有质量管理工作,如领导、协调、计划、组织、控制,通过生产过程的内部监督和调整及质量特征的检查达到质量保证的效果,这里有许多技术监督工作和质量信息的收集、判断工作。

(2)项目管理者对质量的控制权。其主要内容包括:行使质量检查的权力;行使对质量文件的批准、确认、变更的权力;对不符合质量标准的工程(包括材料、设备、工程)处置的权力;在工程中做到隐蔽工程不经签字不得覆盖;工序间不经验收下道工序不得施工;不经质量检查,已完的分项工程不得验收,很显然,也不能结算工程价款。这一切必须在合同中明确规定,并在实际工作中得到不折不扣地执行。

(四)工程验收

在实施阶段的质量管理是局部的,主要针对某些特定的对象,而工程验收的重点则在于工程项目的整体是否达到设计的生产能力和规范的要求,检查系统的完整性,与设计文件的符合性。工程验收一般分为以下几个阶段。

1.检查阶段

检查包括两层含义:一方面是对工程项目的质量检查,检查其是否达到设计和规范的要求,如结构、地面、油漆工程、门窗、建筑垃圾的处理、绿化工程等;另一方面是对工程的完整性进行检查,即查出各项目内容的疏漏,保证项目的功能完整。检查包括对工程实体的检查和各种质量文件的检查。对查出来的问题应限期解决,既可以边移交边解决,也可以推迟移交,再做复查。

2.试验阶段

按规范采用某些技术检验方法,对一些设备进行功能方面的检查,如管线的试压和气密性试验,对一些材料和设备的特殊检验等。

3.移交阶段

全部工程完成以后,业主组织力量或委托某些专业工程师对整个工程的实体和全部的施工记录资料进行交接检查,找出存在的问题,并为下一步的质量评定工作做好准备。

在竣工阶段,竣工图纸和文件的移交是一项十分重要的工作。竣工图不仅作为工程实施状况和最终工程技术系统状况的证明文件,而且是一份重要的历史文件,对工程以后的使用、修理、改建、加固都有重要作用。最终由项目管理者签发证书,则工程正式移交。

二、施工各阶段质量控制

工程建设施工阶段是使业主和工程设计意图最终实现并形成工程实体的阶段,也是最终形成工程产品质量和工程项目使用价值的重要阶段,是工程项目质量控制的重点。

施工过程的系统控制,可以根据施工阶段工程实体形成过程中物质形态的转化来划分,或者是将施工的工程项目作为一个系统,对其组成结构按施工层次加以分解来划分,分别叙述如下。

(一)按形成实体过程的时间划分

施工阶段的质量控制可以分为以下三个阶段的质量控制:事前控制、事中控制和事后控制。具体涵盖的内容如图5-1所示。

(二)按工程施工层次结构的控制过程划分

通常,任何一个大中型工程建设项目可以划分为若干层次。例如,对于建筑工程项目按照国家标准可以划分为单位(子单位)工程、分部(子分部)工程和分项工程等层次,而对于各组成部分之间的关系具有一定的施工先后顺序的逻辑关系。所以,工序施工的质量控制是最基本的质量控制,它决定了有关分项工程的质量,而分项工程的质量又决定了分部工程的质量等。各组成部分及层次间的质量控制系统过程如图5-2所示。

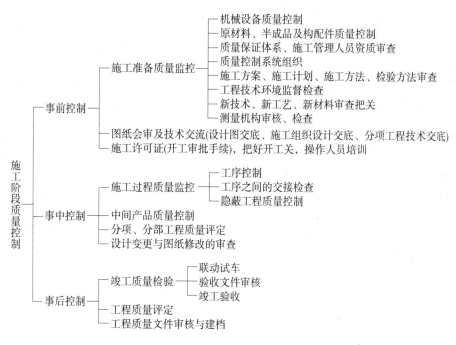

图 5-1 施工阶段质量控制的系统过程

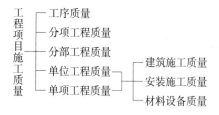

图 5-2 按工程项目组成划分的施工质量控制系统过程

三、工程开工前的质量控制

（一）施工准备阶段的控制

（1）技术准备：包括熟悉和审查施工图纸，对原始资料进行调查分析，配齐工程施工所需要的各种国家标准、规范、规程、工艺操作流程等。

（2）编制施工组织设计：拟建工程应根据工程规模、结构特点和建设单位要求，编制指导建筑工程施工全过程的施工组织设计。其编制程序如图 5-3 所示。

（3）物资准备：包括建筑材料准备、构配件和制品加工准备、建筑施工机具准备、生产工艺设备准备等。

（4）劳动组织准备：包括建立施工项目管理机构、选择精干的操作队伍和班组、集结施工力量以及组织劳动力进场、做好工人入场教育等。

（5）施工现场准备：包括施工现场控制网测量、做好"五通一平"和认真设置消火栓、建造施工设施、组织施工机具进场、组织建筑材料进场、拟订有关试验试制项目计划、做好季节性施工准备、施工场外的协调等。

为落实上述各项施工准备工作,建立健全施工准备的责任和检查制度,使其有领导、有组织和有计划地进行。

(二)材料设备进场的质量控制

(1)凡运到现场,用于工程建设的原材料、成品、半成品、构配件、设备均应有产品出厂质量证明书(合格证)及技术说明书;有"准用证"要求和限定供应资格的产品,还应检查"准用证"及产品供应单位的相应手续、资料。

(2)凡进入现场的原材料、成品、半成品、构配件、设备,均应按照有关产品的质量标准,检验产品的外观质量是否与产品质量标准及设计要求相符;各种设备应开箱检验,按供方提供的技术说明书和质量保证文件进行检查验收,质量不符合要求的,要更换或进行处理,合格后再检查验收。

(3)按国家标准、规范和设计文件以及行政管理规定要求,必须进行试验的原材料、成品、半成品和设备,进场后按有关标准、规范规定的验收及取样要求,取样进行检验,试验报告结果合格的产品方可用在工程上。

(4)新材料、新产品和新型设备,应具备可靠的技术鉴定,并应有产品质量标准、使用

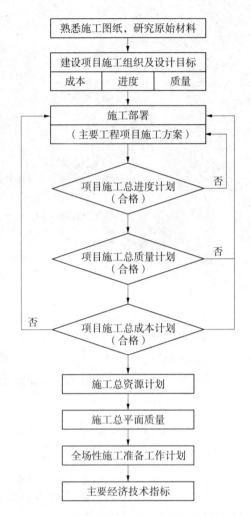

图 5-3 建设项目施工组织总设计编制程序

说明和操作工艺要求,以及有关试验和实际应用报告,经检验合格,方可在工程中使用。

(5)进口的材料、设备的检查验收,应根据《中华人民共和国商检法》和其他有关规定办理;进口产品应附有国家商检局的质量检查证书,有些产品除按常规检验外,还应进行专项检验,如《进口热轧变形钢筋应用若干规定》中,凡进口钢筋除进行力学性能检验外,还应进行化学成分检验。

(6)材料、设备存放条件的控制。质量合格的材料、设备进场后,到其使用或施工安装时通常都要经过一定时间间隔,在此期间内,如果对材料、设备的存放保管不良,可能导致质量恶化,如损伤、变质、损坏,甚至不能使用。为此,对于材料、半成品、构配件和设备、器材等应根据它们的特点、特性、防潮、防晒、防锈、防腐蚀、通风隔热以及温度、湿度等方面的不同要求,安排适宜的存放条件,以保证其存放质量。

四、施工过程中的质量管理与控制

在施工过程中,对各项影响施工质量的因素实施有效的管理和控制,是确保施工单位生

产出符合设计意图和国家规范及标准要求的工程项目的重要环节。

（一）工序质量控制过程和依据

（1）项目经理部应有明确的质量管理职责。

（2）工程项目质量形成的全过程的七个阶段。

（3）工作程序是工序质量管理的保证。

（4）质量体系文件的编制与审核。

（5）工序管理点控制。

（6）不合格的控制与纠正。

（7）成品保护。

（8）工程质量的检验与验证。

（9）质量文件与记录。

（二）工程项目质量控制的过程

1. 施工项目质量预控

施工项目质量预控是在事先分析工程项目施工活动中可能出现质量问题的基础上，提出相应的预防措施和对策，实现对工程项目质量的主动控制。施工项目质量预控实例见图 5-4。

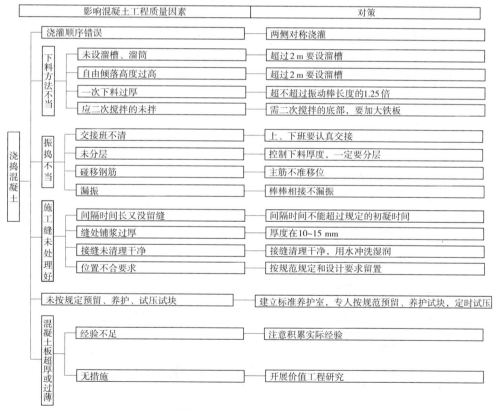

图 5-4　混凝土工程质量对策

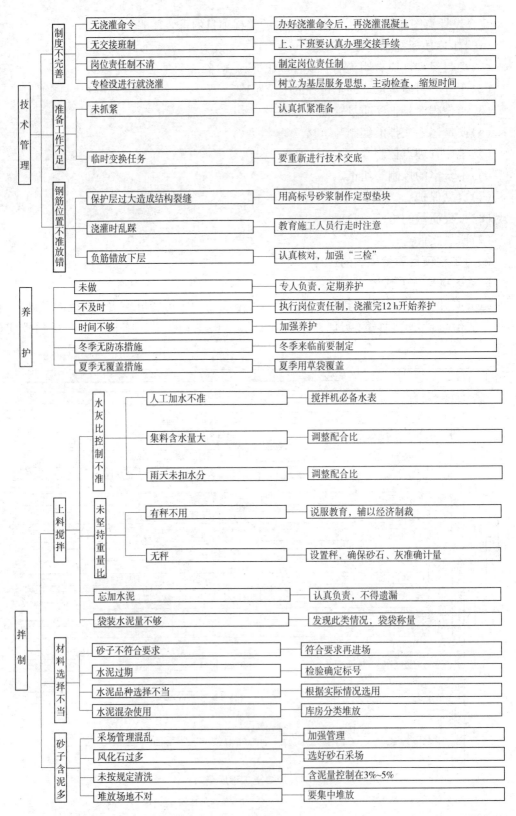

技术管理	制度不完善	无浇灌命令		办好浇灌命令后，再浇灌混凝土
		无交接班制		上、下班要认真办理交接手续
		岗位责任制不清		制定岗位责任制
		专检没进行就浇灌		树立为基层服务思想，主动检查，缩短时间
	准备工作不足	未抓紧		认真抓紧准备
		临时变换任务		要重新进行技术交底
	钢筋位置不准放错	保护层过大造成结构裂缝		用高标号砂浆制作定型垫块
		浇灌时乱踩		教育施工人员行走时注意
		负筋错放下层		认真核对，加强"三检"
养护		未做		专人负责，定期养护
		不及时		执行岗位责任制，浇灌完12h开始养护
		时间不够		加强养护
		冬季无防冻措施		冬季来临前要制定
		夏季无覆盖措施		夏季用草袋覆盖
拌制	上料搅拌	水灰比控制不准	人工加水不准	搅拌机必备水表
			集料含水量大	调整配合比
			雨天未扣水分	调整配合比
		未坚持重量比	有秤不用	说服教育，辅以经济制裁
			无秤	设置秤，确保砂石、灰准确计量
		忘加水泥		认真负责，不得遗漏
		袋装水泥量不够		发现此类情况，袋袋称量
	材料选择不当	砂子不符合要求		符合要求再进场
		水泥过期		检验确定标号
		水泥品种选择不当		根据实际情况选用
		水泥混杂使用		库房分类堆放
	砂子含泥多	采场管理混乱		加强管理
		风化石过多		选好砂石采场
		未按规定清洗		含泥量控制在3%~5%
		堆放场地不对		要集中堆放

续图 5-4

2.技术复核工作

比如制订详细的技术复核工作计划,确定具体的复核内容,以及其他应注意的一些问题。

3.工序质量控制

好的工程质量是通过一道一道工序逐渐形成的,要确保工程项目施工质量,就必须对每道工序的质量进行控制,这是施工过程中质量控制的重点。

(三)工程项目质量控制的方法

1.PDCA 循环工作方法

PDCA 循环是指由计划(Plan)、实施(Do)、检查(Check)和处理(Action)四个阶段组成的工作循环。

(1)计划——包含分析质量现状,找出存在的质量问题;分析产生质量问题的原因和影响因素;找出影响质量的主要因素;制定改善质量的措施,提出行动计划,并预计效果。

(2)实施——组织对质量计划或措施的执行。

(3)检查——检查采取措施的结果。

(4)处理——总结经验,巩固成绩;提出尚未解决的问题,反馈到下一步循环中去,使质量水平不断提高。

2.质量控制统计法

质量控制统计法包括排列图法、因果分析图法、直方图法、控制图法、散布图法、分层法、统计分析表法等,这里不作详细阐述。

(四)质量控制的手段

(1)日常性的检查:即在现场施工过程中,质量控制人员(专业工长、质检员、技术人员)对操作人员进行操作情况及结果的检查与抽查,及时发现质量问题或质量隐患、事故苗头,以便及时进行控制。

(2)测量和检测:利用测量仪器和检测设备对建筑物水平和竖向轴线、标高、几何尺寸、方位的控制,对建筑结构施工的有关砂浆或混凝土强度的检测,严格控制工程质量,发现偏差及时纠正。

(3)试验及见证取样:各种原材料及施工试验应符合相应规范和标准的要求,诸如原材料的性能、搅拌的配合比和计量,坍落度的检查和成品强度等物理力学性能及打桩的承载能力等,均需通过试验的手段进行控制。

(4)实行质量否决制度:质量检查人员和技术人员对施工中存在的问题,有权以口头方式或书面方式要求施工操作人员停工或者返工,纠正违章行为和责令不合格的产品返工重做。

(5)按规定的工作程序控制:预检、隐检应有专人负责并按规定检查,做出记录,第一次使用的配合比要进行开盘鉴定,混凝土浇筑应经申请和批准,完成的分项工程质量要进行实测实量的检验评定等。

(6)对使用安全与功能的项目实行竣工抽查检测。

(五)对分包单位的管理与控制

由于工程施工的需要,施工单位拟将部分专业工程项目分包给专业施工队承建,或者建设单位直接将专业施工项目分包给专业施工队时,保证分包单位的资质,是保证工程施工质量的一个重要环节和前提,因此应对分包单位进行严格的控制和有效的管理。

1.分包单位的资质

分包单位的资质,应具备其分包工程项目的资质要求。要审查分包单位是否具有按工程承包合同规定条件完成分包工程项目的能力;审查该分包单位的企业简介、生产技术实力及过去的施工经验与业绩;审查该分包单位管理和操作人员的岗位资格,是否可以达到持证上岗要求。

2.分包单位进场后,施工单位应做的工作

分包单位进场后,施工单位应加强对分包单位的管理,向分包单位交代其分包工程项目的施工管理和技术、质量规定,施工过程中项目质量的控制程序、内容和要求、检查执行情况,重点抓好以下工作:

(1)分包单位的设备使用情况、数量和可用程度能否满足分包工程项目的要求。

(2)分包单位的施工管理和操作人员的配备,能否满足质量保证体系与质量控制系统的情况。

(3)实施的工程质量是否符合国家规范、标准设计文件以及工程项目承包合同的规定。

3.对分包单位的制约和控制

为了保证工程质量和避免或减少由于分包单位不规范的施工行为带来的损失,总包单位可以采取相应的手段,对分包单位进行有效的制约与控制。

(1)停止施工。当分包单位违反合同规定,违反国家规范、标准造成工程质量问题或存在质量隐患等,总包单位应要求分包单位及时纠正或返工重做,对严重的应责成其暂停施工,直到工作得到改进。

(2)解除分包合同,取消分包资格。总包单位发现分包单位由于技术能力差,无法按合同要求保证工程质量,或分包单位不服从总包单位的管理,影响了工程项目的进度和质量要求,造成了危害和影响时,总包单位应取消其分包资格。

(六)施工过程中的质量检验

在施工过程中,按照设计要求,施工单位的各级管理人员、专业技术人员必须在施工过程中,加强现场的管理、控制和检查,以保证工程全面处于质量控制之下,确保工程质量,避免导致工程质量事故,应做好以下几个方面的质量监控与检查验收工作。

1.技术复核性检验

技术复核性检验是施工阶段技术管理制度的重要组成部分,应严格把关,及早发现问题,及时纠正,防患于未然。应主要做好以下三方面的工作:①隐蔽工程的检查验收;②工序交接的检查验收;③工程施工中的预检复核。

开展层层评议,每施工完一层,组织质检、工长、操作人员开展质量评议,肯定成绩,找出差距,分析原因,制定措施,使质量问题和缺陷不再重复出现。

2.地基验收

1)基槽验收

验槽包括观察验槽和钎探验槽或轻型动力触探。

基坑开挖后,基底土的情况是否符合要求需检验。常用的是钎探法,如探深不能满足设计要求,应采用轻型动力触探,探深可达到 4 m。

2）标准贯入试验

用来配合勘察钻孔取土试验，进一步确定钻孔间土层的分布变化情况。通过贯入击数的大小与取样结合对比可得到可靠而详尽的地质剖面。

标准贯入试验的目的在于判别地层、判定预制桩尖持力层。在确定土的承载力时属于间接测定，需要与当地土的载荷试验及其他试验结果，经过统计得出相关的经验系统才能使用。

3）载荷试验

对于一级建筑物，对基坑下的土必须进行载荷试验，确认地基承载力。载荷试验采用 50 cm×50 cm 和 70.7 cm×70.7 cm 的标准压板，在压板上加载，根据每级荷载下压板的沉降做出 $P \sim S$ 曲线，借以判断土的承载力。

4）桩基检测

成桩质量检查：灌注桩质量主要检查成孔及清孔、钢筋笼制作及安放、混凝土搅拌及灌注等三个工序过程；预制桩和钢桩成桩质量检查主要包括制桩、打入（静压）深度，停锤标准，桩位及垂直度检查，对于一级建筑桩基和地质条件复杂或成桩质量可靠性较低的应进行成桩质量检测，检测方法可采用可靠的动测法，大直径桩可采用钻取岩芯、预埋管超声检测法等。

单桩承载力检测：采用静载试验对工程桩单桩竖向承载力进行检测，或者采用可靠动测法对工程桩单桩竖向承载力进行检测。

5）沉降观测

对一级建筑物应在施工期间及使用期间进行沉降观测，并以实测资料作为建筑物地基与基础工程质量检查的依据之一。

水准基点的设置，以保证其稳定可靠为原则，基岩上、深坑、深井以及沉降已经稳定的原有建筑物均可利用作为基点。对新建筑群宜设置专用基点，其位置必须在建筑物所产生的应力影响范围之外。在一个观测区内，水准基点不应少于 3 个，深度应根据土质情况决定，以不受气候、车辆振动、水位变化等影响为原则。

观测点应布置在房屋的转角处、内外墙连接处、高低层相交处及其附近。数量不少于 6 个点，并按体形复杂程度、荷载差异情况酌情增加。观测点设在地面以上 50 ~ 80 cm，角钢斜埋入墙内。角钢的角点朝上，作为固定的测点。

沉降观测测量精密度按 Ⅱ 级水准测量规定，视线长度一般在 30 cm 以内，视线高度不低于 0.3 m，采用闭合法。测量次数根据建筑物层数确定，但施工期每年不少于 4 次，一般主体结构每两层观测一次，主体结构完成后 6 个月内每月不少于 1 次，以后逐渐减少观测次数，至沉降稳定为止。每测量一次应立即累计沉降量，并绘制沉降与时间曲线。

3. 基础与主体结构验收

基础与主体结构工程完工后，应进行质量验收，为了保证建筑物结构质量与安全，验收时应对结构进行非破损或微破损检测。

1）回弹法（表面硬度法）

回弹法是一种测量混凝土表面硬度的方法。混凝土强度与表面硬度有密切关系。回弹仪是用冲击动能测量回弹撞击混凝土表面后的回弹量，确定混凝土表面硬度，用试验方法建立表面硬度与混凝土强度的关系曲线，从而推断混凝土的强度值。

2)拔出法(半破损法)

拔出法是使用拔出仪拉出埋在混凝土表面层内的锚杆,根据混凝土的拉拔强度推算抗压强度。

3)取芯法

取芯法是从混凝土构件中钻取芯样,直径为100 mm,通过力学试验,确定混凝土强度,同时可以观察混凝土的密实性。

4)超声波法(声波法)

用超声发射仪,从一侧射出一列超声波进入混凝土,在另一侧接收经过混凝土介质传送的超声波,同时测定其声速、振幅、频率等参数,判断混凝土的质量。超声波法可以测定混凝土的强度,还可以探测混凝土内部缺陷、裂缝、灌浆效果、结合面质量等。

5)超声回弹综合法

运用超声波法和回弹法结合评定混凝土的强度,这两种方法的结合可以减小或抵消某些影响因素对单一方法测定强度的误差,从而提高测试精度。

4.样板间鉴定与验收

工程进入装饰装修前开展样板引路的方法,是对装饰装修工程进行质量控制的可行措施。对验收合格的样板间,作为全面铺开装饰装修施工的最低控制标准,以保证整体的质量水平。

5.成品保护的质量检验

对已完成部分的工程项目,采取妥善措施予以保护,以免因成品缺乏保护或保护不善而造成损伤或污染,影响工程整体质量。

根据需要保护的建筑产品的特点不同,可以分别对成品采取防护、包裹、覆盖、封闭等保护措施,以及合理安排施工顺序来达到成品保护的目的。

第三节 常用建筑材料的质量控制

一、进场水泥的质量控制

水泥是一种有效期短、质量极容易变化的材料,同时又是工程结构最重要的胶结材料。水泥质量对建筑工程的安全具有十分重要的意义。由水泥质量引发的工程质量问题比较常见,对此应该引起足够重视。

(一)进场水泥的质量验收

对进场水泥的质量进行验收,主要应该做好以下工作:

(1)检查进场水泥的生产厂是否具有产品生产许可证。

(2)检查进场水泥的出厂合格证或试验报告。

(3)对进场水泥的品种、标号、包装或散装仓号、出厂日期等进行检查。对袋装水泥的实际重量进行抽查。

(4)按照产品标准和施工规范要求,对进场水泥进行抽样复验。抽样方法及试验结果必须符合国家有关标准的规定。由于水泥有多种不同类别,其质量指标及化学成分以及性能各不相同,故应对抽样复验的结果认真加以检查,各项性能指标必须全部符合国家标准。

（5）当对水泥质量有怀疑时，或水泥出厂日期超过 3 个月时，应进行复验，并按试验结果使用。

（6）水泥的抽样复验应符合见证取样送检的有关规定。

（二）进场水泥的保存、使用要求

进场水泥的保存、使用主要有以下要求：

（1）必须设立专用库房保管。水泥库房应该通风、干燥、屋面不渗漏、地面排水通畅。

（2）水泥应按品种、标号、出厂日期分别堆放，并应当用标牌加以明确标示。标牌书写项目、内容应齐全。当水泥的贮存期超过 3 个月或受潮、结块时，或遇到标号不明，对其质量有怀疑时，应当进行取样复验，并按复验结果使用。这样的水泥，不允许用于重要工程和工程的重要部位。

（3）为了防止材料混合后出现变质或强度降低现象，不同品种的水泥，不得混合使用。各种水泥有各自的特点，在使用时应予以考虑。例如，硅酸盐水泥、普通硅酸盐水泥因水化热大，适于冬期施工，而不适宜大体积混凝土工程；矿渣水泥用于大体积混凝土和耐热混凝土，但具有泌水性大的特点，易降低混凝土的均质性和抗渗性，施工时必须注意。

二、进场钢筋的质量控制

（一）进场钢筋验收的有关工作

1. 允许偏差

（1）钢筋通常按定尺长度交货，具体交货长度应在合同中注明。

（2）钢筋可以盘卷交货，每盘应是一根钢筋，允许每批有 5% 的盘数（不足两盘时可有两盘）由两根钢筋组成。其盘重及盘径由供需双方协商确定。

（3）钢筋按定尺交货时的长度允许偏差为 ± 25 mm。当要求最小长度时，其偏差为 + 50 mm；当要求最大长度时，其偏差为 – 50 mm。

（4）直条钢筋的弯曲度应不影响正常使用，总弯曲度不大于钢筋总长度的 0.4%。钢筋端部应剪切正直，局部变形应不影响使用。

（5）钢筋可按实际重量或理论重量交货。钢筋实际重量与理论重量的允许偏差应符合表 5-1 的规定。

表 5-1　钢筋实际重量与理论重量的允许偏差

公称直径(mm)	实际重量与公称重量的偏差（%）
6 ~ 12	±7
14 ~ 20	±5
22 ~ 50	±4

2. 试验方法

1）检验项目

每批钢筋的检验项目、取样方法和试验方法应符合表 5-2 的规定。

2）拉伸、弯曲、反向弯曲试验

（1）拉伸、弯曲、反向弯曲试验试样不允许进行车削加工。

（2）计算钢筋强度用截面面积采用有关规定的公称横截面面积。

（3）最大力下的总伸长率 Agt 的检验，除按表 5-2 规定采用 GB/T 228 的有关试验方法外，也可采用其他方法。

表 5-2　最大力下的总伸长率 Agt 的检验规定

序号	检验项目	取样数量	取样方法	试验方法
1	化学成分 （熔炼分析）	1	GB/T 222	GB/T 223 GB/T 4336
2	拉伸	2	任选两根钢筋切取	GB/T 228、标准 8.2
3	弯曲	2	任选两根钢筋切取	GB/T 232、标准 8.2
4	反向弯曲	1		YB/T 5126、标准 8.2
5	疲劳试验	供需双方协议		
6	尺寸	逐支		标准 8.3
7	表面	逐支		目视
8	重量偏差	标准 8.4		标准 8.4

注：1. 本表所称标准指《钢筋混凝土用钢 第 2 部分：热轧带肋钢筋》（GB 1499.2—2007）。

　　2. 对化学分析和拉伸试验结果有争议时，仲裁试验分别按 GB/T 223、GB/T 228 进行。

（4）反向弯曲试验时，经正向弯曲后的试样，应在 100 ℃ 温度下保温不少于 30 min，经自然冷却后再反向弯曲。当供方能保证钢筋经人工时效后的反向弯曲性能时，正向弯曲后的试样亦可在室温下直接进行反向弯曲。

3）尺寸测量

（1）带肋钢筋横肋高度的测量采用测量同一截面两侧横肋中心高度平均值的方法，即测取钢筋最大外径，减去该处内径，所得数值的一半为该处肋高，应精确到 0.1 mm。当需要计算相对肋面积时，应增加测量横肋 1/4 处高度。

（2）带肋钢筋横肋间距采用测量平均肋距的方法进行测量。即测取钢筋一面上第 1 个与第 11 个横肋的中心距离，该数值除以 10 即为横肋间距，应精确到 0.1 mm。

4）重量偏差的测量

（1）测量钢筋重量偏差时，试样数量不少于 5 支，每支试样长度不小于 500 mm。长度应逐支测量，应精确到 1 mm。测量试样总重量时，应精确到不大于总重量的 1%。

（2）钢筋实际重量与公称重量的偏差（%）按下式计算：

$$重量偏差 = \frac{试样实际总重量 - (试样总长度 \times 公称重量) \times 100}{试样总长度 \times 公称重量}$$

5）检验结果

检验结果的数值修约与判定应符合 YB/T 081 的规定。

3. 检验规则

钢筋的检验分为特性值检验和交货检验。

1）特性值检验

特性值检验适用于下列情况：第三方检验；供方对产品质量控制的检验；需方提出要求，经供需双方协议一致的检验。

2）交货检验

交货检验适用于钢筋验收批的检验。

（1）钢筋应按批进行检查和验收，每批由同一牌号、同一炉罐号、同一规格的钢筋组成。每批重量不大于 60 t。超过 60 t 的部分，每增加 40 t，增加一个拉伸试验试样和一个弯曲试验试样。

（2）允许由同一牌号、同一冶炼方法、同一浇筑方法的不同炉罐号组成混合批，但各炉罐号含碳量之差不大于 0.02%，含锰量之差不大于 0.15%。混合批的重量不大于 60 t。

（3）检验项目、取样数量和检验结果均应符合有关规定。

（4）钢筋的复验与判定应符合 GB/T 17505 的规定。

4. 包装、标志和质量证明书

带肋钢筋的表面标志应符合下列规定：

（1）带肋钢筋应在其表面轧上牌号标志，还可依次轧上经注册的厂名（或商标）和直径毫米数字。

（2）钢筋牌号以阿拉伯数字加英文字母表示，HRB335、HRB400、HRB500 分别以 3、4、5 表示，RRB335、RRB400、RRB500 分别以 3K、4K、5K 表示。厂名以汉语拼音字头表示。直径毫米数以阿拉伯数字表示。

（3）直径不大于 10 mm 的钢筋，可不轧制标志，可采用挂标牌方法。

（4）标志应清晰明了，标志的尺寸由供方按钢筋直径大小作适当规定，与标志相交的横肋可以取消。

除上述规定外，钢筋的包装、标志和质量证明书应符合 GB/T 2101 的有关规定。

（二）预应力冷轧扭筋进场后应遵守的规定

（1）应进行成品的验收和复检，合格后方可使用。

（2）预应力冷轧扭筋用的锚具、夹具在使用前应进行外观检查，其表面应无污物、锈蚀、机械损伤和裂缝。

（3）施加预应力用的各种机具设备仪表应由专人使用，并应定期检查维修和校验。对长线生产的张拉机，其测力误差不得超过 3%，应每 3 个月校验一次，校验设备的精度不得低于 1 级。对短线生产的油泵上配套的压力表的精度不得低于 1.5 级。千斤顶和油泵的校验期限不宜超过半年。

（4）当采用镦头锚固时，钢筋镦头的直径不应小于钢筋直径的 1.5 倍，头部不得歪斜和有裂缝，其抗拉强度不得低于钢筋强度标准值的 90%。

（三）对冷轧带肋钢筋的质量验收应符合的规定

（1）CRB650、CRB650H、CRB800、CRB800H 和 CRB970 预应力冷轧带肋钢筋应成盘供应，成盘供应的钢筋每盘应由一根组成，且不得有接头。CRB550、CRB600H 钢筋宜定尺直条成捆供应，也可盘卷供应；成捆供应的钢筋，其长度可根据工程需要确定。

（2）进场的冷轧带肋钢筋应按钢号、级别、规格分别堆放和使用，并应有明显的标志，且不宜长时间露天贮存。

（3）进场的冷轧带肋钢筋应按同一厂家、同一牌号、同一直径、同一交货状态的划分原则分检验批进行抽样检验，并检查钢筋出厂质量合格证明书、标牌，标牌应标明钢筋的生产企业、钢筋牌号、钢筋直径等信息。每个检验批的检验项目为外观质量、重量偏差、拉伸试验

(量测抗拉强度和伸长率)和弯曲试验或反复弯曲试验。

(4)冷轧带肋钢筋的外观质量应全数目测检查,检验批可按盘或捆确定。钢筋表面不得有裂纹、毛刺及影响性能的锈蚀、机械损伤、外形尺寸偏差。

(5)CRB550、CRB600H 钢筋的重量偏差、拉伸试验和弯曲试验的检验批重量不应超过10 t,每个检验批的检验应符合下列规定:

①每个检验批由 3 个试样组成。应随机抽取 3 捆(盘),从每捆(盘)抽一根钢筋(钢筋一端),并在任一端截去 500 mm 后取一个长度不小于 300 mm 的试样。3 个试样均应进行重量偏差检验,再取其中 2 个试样分别进行拉伸试验和弯曲试验。

②检验重量偏差时,试件切口应平滑且与长度方向垂直,重量和长度的量测精度分别不应低于 0.5 g 和 0.5 mm。重量偏差(%)按公式 $\frac{W_1 - W_2}{W_2} \times 100$ 计算,重量偏差的绝对值不应大于 4%,其中,W_1 为钢筋的实际重量(kg),取 3 个钢筋试样的重量和(kg),W_2 为钢筋理论重量(kg),取理论重量(kg/m)与 3 个钢筋试样调直后长度和(m)的乘积。

③拉伸试验和弯曲试验的结果应根据现行国家标准《冷轧带肋钢筋》(GB 13788)及有关规定确定。

④当有试验项目不合格时,应在未抽取过试样的捆(盘)中另取双倍数量的试样进行该项目复检,如复检试样全部合格,判定该检验项目复检合格。对于复检不合格的检验批应逐捆(盘)检验不合格项目,合格捆(盘)可用于工程。

(6)CRB650、CRB650H、CRB800、CRB800H 和 CRB970 钢筋的重量偏差、拉伸试验和反复弯曲试验的检验批重量不应超过 5 t。当连续 10 批且每批的检验结果均合格时,可改为重量不超过 10 t 为一个检验批进行检验。每个检验批的检验应符合下列规定:

①每个检验批由 3 个试样组成。应随机抽取 3 盘,从每盘任一端截去 500 mm 后取一个长度不小于 300 mm 的试样。3 个试样均进行重量偏差检验,再取其中 2 个试样分别进行拉伸试验和反复弯曲试验。

②重量偏差检验应符合有关规定。

③拉伸试验和反复弯曲试验的结果应根据现行国家标准《冷轧带肋钢筋》(GB 13788)及有关规定确定。

④当有试验项目不合格时,应在未抽取过试样的盘中另取双倍数量的试样进行该项目复检,如复检试样全部合格,判定该检验项目复检合格。对于复检不合格的检验批应逐盘检验不合格项目,合格盘可用于工程。

(7)冷轧带肋钢筋拉伸试验、弯曲试验、反复弯曲试验应按现行国家标准的有关规定执行。

三、防水材料的质量控制

(一)进场防水卷材验收的主要内容

(1)检查进场防水卷材的准用证和检测认证文件。

为控制防水材料质量,部分地区对防水材料实行了准用证管理。在这些地区,进场卷材应具有准用证。此外,防水材料必须经省级建设行政主管部门指定的检测单位抽样检验认证。进场的防水卷材应具备认证证书。

（2）对进场防水卷材的品种、规格、包装及外观质量进行检查。各种卷材的外观质量应符合相关规定。

（3）按照产品标准和施工规范要求，对进场防水卷材进行抽样复验的结果，必须符合有关标准的规定。由于防水卷材的品种较多，如果遇到没有现行国家标准及行业标准的情况，可按照地方标准、企业产品标准。

（4）对进场卷材抽样复验应符合下列规定：

①同一品种、牌号、规格的卷材，抽验数量为大于 1 000 卷抽取 5 卷；500～1 000 卷抽取 4 卷；100～499 卷抽取 3 卷；小于 100 卷抽取 2 卷。

②将抽检的卷材开卷进行规格和外观质量检验。当全部指标达到标准规定时，为合格。其中，如有一项指标达不到要求，应在受检产品中加倍取样复试，全部达到标准规定为合格。复验时如有一项指标不合格，则判定该产品外观质量为不合格。

③在外观质量达到合格的卷材中，每卷在距端部 300 mm 处截取 1 m 长的卷材封轧，送检做物理性能测定。

（5）进场防水卷材的物理性能应复验以下项目：

①沥青防水卷材：拉力、耐热度、柔性和不透水性。

②高聚物改性沥青防水卷材：拉伸性能、耐热度、柔性和不透水性。

③合成高分子防水卷材：拉伸强度、断裂伸长率、低温弯折性和不透水性。

（6）防水卷材在保存、加工、铺贴过程中，如发现老化、断裂、黏结、流淌等不正常现象，应重新检验其物理性能。

（7）防水卷材的抽样复试尚应符合见证取样送检的有关规定。

（二）验收合格的卷材，其保存、贮运必须符合的规定

（1）不同品种、标号、规格和登记的产品应分别堆放。

（2）应贮存在阴凉通风的室内，避免雨淋、日晒和受潮，严禁接近火源。沥青防水卷材贮存环境温度不得高于 45 ℃。

（3）卷材宜直立堆放，其高度不宜超过两层，并不得倾斜或横压，短途运输中临时平放不宜超过四层。

（4）应避免与化学介质及有机溶剂等有害物质接触。

第四节　建筑工程质量验收

根据我国《建筑工程施工质量验收统一标准》（GB 50300—2013）的规定，施工质量验收包括施工过程的质量验收及工程竣工时的质量验收。

一、施工过程的质量验收

根据《建筑工程施工质量验收统一标准》（GB 50300—2013），施工质量验收分为检验批、分项工程、分部（子分部）工程、单位（子单位）工程。

（1）检验批合格质量应符合下列规定：

①主控项目和一般项目的质量经抽样检验合格。

②具有完整的施工操作依据、质量检查记录。

说明:检验批是工程验收的最小单位,是分项工程乃至整个建筑工程质量验收的基础。检验批是指"按统一的生产条件或按规定的方式汇总起来供检验用的,由一定数量样本组成的检验体"。检验批可根据施工及质量控制和专业验收需要按楼层、施工段、变形缝等进行划分。

本条给出了检验批质量合格的条件共两个方面:资料检查、主控项目和一般项目检验。

质量控制资料反映了检验批从原材料到最终验收的各施工工序的操作依据、检查情况以及保证质量所必需的管理制度等。对其完整性的检查,实际是对过程控制的确认,这是检验批合格的前提。

检验批的合格质量主要取决于对主控项目和一般项目的检验结果。主控项目是对检验批的基本质量起决定性影响的检验项目,因此必须全部符合有关专业工程验收规范的规定,不允许有不符合要求的检验结果,主控项目的检查具有否决权。鉴于主控项目对基本质量的决定性影响,从严要求是必须的。

(2)分项工程质量验收合格应符合下列规定:

①分部工程所含的检验批均应符合合格质量的规定。

②分项工程所含的检验批的质量验收记录应完整。

说明:分项工程应按主要工种、材料、施工工艺、设备类别等进行划分。分项工程可由一个或若干个检验批组成。

(3)分部(子分部)工程质量验收合格应符合下列规定:

①分部(子分部)工程所含工程的质量均应验收合格。

②质量控制资料应完整。

③地基与基础、主体结构和设备安装等分部工程有关安全及功能的检验和抽样检测结果应符合有关规定。

④观感质量验收应符合要求。

说明:分部工程的验收在其所含各分项工程验收的基础上进行。根据《建筑工程施工质量验收统一标准》(GB 50300—2013)规定,分部工程的划分应按专业性质、建筑部位确定;当分部工程较大或较复杂时,可按材料种类、施工特点、施工程序、专业系统及类别等划分为若干个子分部工程。

涉及安全和使用功能的地基基础、主体结构、有关安全及重要使用功能的分部工程应进行有关见证取样送样试验或抽样检测。关于观感质量验收,这类检查往往难以定量,只能以观察、触摸或简单量测的方式进行,并由个人的主观印象判断,检查结果并不给出"合格"或"不合格"的结论,而是综合给出质量评价。对于"差"的检查点应通过返修处理等补救。

(4)建筑工程质量验收记录应符合下列规定:

①检验批质量验收可按表5-3进行记录。

②分项工程质量验收可按表5-5的记录表进行。

③分部(子分部)工程质量验收应按表5-6~表5-8进行。

(5)施工过程建筑工程质量不合格的处理:

①经返工重做或更换器具、设备的检验批,应重新进行验收。

表 5-3 _____ **检验批质量验收记录**

编号：□□□□□□□□□

工程名称		分项工程名称		验收部位	
施工单位		专业工长 （施工员）		项目经理	
分包单位		分包项目经理		施工班组长	
施工执行标准 名称及编号					

质量验收规范的规定			施工单位自检记录	监理（建设）单位验收记录
主控项目	1			
	2			
	3			
	4			
	5			
一般项目	1			
	2			
	3			
	4			
	5			
施工操作依据				
质量检查记录 （质量证明文件）				
施工单位 检查结果评定		项目专业质量检查员：　　　　　　项目专业技术负责人： 　　　　　　　　　　　　　　　　　　　　年　　月　　日		
监理（建设） 单位验收结论		专业监理工程师： （建设单位项目专业技术负责人） 　　　　　　　　　　　　　　　　年　　月　　日		

注：本表由施工项目专业质量检查员填写，专业监理工程师（建设单位项目技术负责人）组织项目专业质量（技术）负
　　责人等进行验收；质量检查记录（质量证明文件）填写在表 5-3 附表中。

表 5-3 附表　附件表

编号：□□□□□□□□□□

序号	附件名称	附件编号
1		
2		
3		
4		
5		
6		
7		
8		
9		
10		
11		
12		

施工单位填写人签名：　　　　　　　　　　　　　　　　年　　月　　日

注：1. 此表附在表 5-3 后面，主要填写与表 5-3 有直接关系的，能说明表 5-3 对应内容事实的有关技术资料的名称与编号，便于检查、追索。

　　2. 以土方开挖工程为例，其检验批的验收记录表格形式见表 5-4。

表 5-4　土方开挖工程检验批质量验收记录

编号：□□□□□□□

工程名称		分项工程名称		项目经理	
施工单位		验收部位			
施工执行标准名称及编号				专业工长（施工员）	
分包单位		分包项目经理		施工班组长	

质量验收规范的规定							施工单位自检记录	监理（建设）单位验收记录
检查项目		质量要求（mm）						
		柱基基坑基槽	挖方场地平整		管沟	地（路）面基层		
			人工	机械				
主控项目	1　标高	−50	±30	±50	−50	−50		
	2　长度、宽度（由设计中心线向两边量）	+200 50	+300 100	+500 150	+100	—		
	3　边坡	设计要求：						
一般项目	1　表面平整度	20	20	50	20	20		
	2　基底土性	设计要求：						
施工操作依据								
质量检查记录								

施工单位检查结果评定	项目专业质量检查员：　　　　　　项目专业技术负责人： 　　　　　　　　　　　　　年　　月　　日
监理（建设）单位验收结论	专业监理工程师： （建设单位项目专业技术负责人） 　　　　　　　　　　　　　年　　月　　日

表 5-5 ＿＿＿＿＿分项工程质量验收

编号：□□□□□□□

工程名称		结构类型		检验批数	
施工单位		项目经理		项目技术负责人	
分包单位		分包单位负责人		分包项目经理	
序号	检验批部位、区段	施工单位检查评定结果		监理(建设)单位验收结论	
1					
2					
3					
4					
5					
6					
7					
8					
9					
10					
11					
12					
13					
14					
检验批质量检查记录					
备注					
施工单位检查结论	项目专业技术负责人： 年 月 日		监理(建设)验收结论	专业监理工程师： (建设单位项目专业技术负责人) 年 月 日	

表 5-6 _____分部(子分部)工程质量验收记录

编号:□□□□

工程名称		结构类型		层数	
施工单位		技术部门负责人		质量部门负责人	
分包单位		分包单位负责人		分包技术负责人	

序号	子分部(分项)工程名称	分项数(检验批数)	施工单位检查评定	监理(建设)单位验收意见
1				
2				
3				
4				
	质量控制资料			
	安全和功能检验(检测)报告			
	观感质量验收			

验收结论(由监理或建设单位填写)		施工单位项目经理:　　　　　　年　　月　　日
		分包单位项目经理:　　　　　　年　　月　　日
		勘察单位项目负责人:　　　　　年　　月　　日
		设计单位项目负责人:　　　　　年　　月　　日
		总监理工程师: (建设单位项目专业负责人)　　年　　月　　日

注:除地基基础分部外,勘察单位可不参加。

表 5-7　主体分部（子分部）工程质量验收记录

单位（子单位）工程名称			结构类型		层数		
施工单位			技术部门负责人		质量部门负责人		
分包单位			分包单位负责人		分包技术负责人		
序号		分项工程名称		检验批数	施工单位检查评定	验收意见	
1 分项工程	（1）	砖砌体分项工程		6	√		
	（2）	模板分项工程		6	√		
	（3）	钢筋分项工程		6	√	同意验收	
	（4）	混凝土分项工程		6	√		
	（5）						
	（6）						
	（7）						
2		质量控制资料			√	同意验收	
3		安全和功能检验（检测）报告			√	同意验收	
4		观感质量验收			好	同意验收	
验收单位		分包单位	项目经理：				年　月　日
		施工单位	项目经理：				年　月　日
		勘察单位	项目负责人：				年　月　日
		设计单位	项目负责人：				年　月　日
		监理（建设）单位	总监理工程师： （建设单位项目专业负责人）				年　月　日

表 5-8　建筑节能分部工程质量验收记录

工程名称			结构类型		层数	
施工单位			技术部门负责人		质量部门负责人	
分包单位		—	分包单位负责人	—	分包技术负责人	—

序号	分项工程名称	验收结论		监理工程师签字	备注
1	墙体节能工程				
2	幕墙节能工程				
3	门窗节能工程				
4	屋面节能工程				
5	地面节能工程				
6	采暖节能工程				
7	通风与空调节能工程				
8	空调与采暖系统的冷热源及管网节能工程				
9	配电与照明节能工程				
10	监测与控制节能工程				
	质量控制资料				
	外墙节能构造现场实体检测				
	外窗气密性现场实体检测				
	系统节能性能检测				
	验收结论				
	其他参加验收人员				
验收单位	分包单位	项目经理:			年　月　日
	施工单位	项目经理:			年　月　日
	设计单位	项目专业负责人:			年　月　日
	监理(建设)单位	总监理工程师: (建设单位项目负责人)			年　月　日

②经有资质的检测单位检测鉴定能够达到设计要求的检验批,应予以验收。

③经有资质的检测单位检测鉴定达不到设计要求,但经原设计单位核算认可能够满足结构安全和使用功能的检验批,可予以验收。

④经返修或加固处理的分项分部工程,虽然改变外形尺寸但仍能满足安全使用要求,可按技术处理方案和协商文件进行验收。

⑤通过返修或加固处理仍不能满足安全使用要求的分部工程、单位(子单位)工程,严禁验收。

说明:第一种情况,是指在检验批验收时,其主控项目不能满足验收规范或一般项目超过偏差限值的子项不符合检验规定的要求时,应及时进行处理的检验批。其中,严重的缺陷应推倒重来;一般的缺陷通过翻修或更换器具、设备予以解决,应允许施工单位在采取相应的措施后重新验收。如能符合相应的专业工程质量验收规范,则应认为该检验批合格。

第二种情况,是指个别检验批发现试块强度等不满足要求等问题,难以确定是否验收时,应请具有资质的法定检测单位检测。当鉴定结果能够达到设计要求时,该检验批仍应认为通过验收。

第三种情况,如经检测鉴定达不到设计要求,但经原设计单位核算,仍能满足结构安全和使用功能的情况,该检验批可以予以验收。一般情况下,规范标准给出了满足安全和功能的最低限度要求,而设计往往在此基础上留有一些余量。不满足设计要求和符合相应规范标准的要求,两者并不矛盾。

第四种情况,更为严重的缺陷或者超过检验批的更大范围内的缺陷,可能影响结构的安全性和使用功能。若经法定检测单位检测鉴定后认为达不到规范标准的相应要求,即不能满足最低限度的完全储备和使用功能,则必须按一定的技术方案进行加固处理,使之能保证其满足安全使用的基本要求。这样会造成一些永久性的缺陷,如改变结构外形尺寸,影响一些次要的使用功能等。为了避免社会财富更大的损失,在不影响安全和主要使用功能条件下可按处理技术方案和协商文件进行验收,责任方应承担经济责任,但不能作为轻视质量而回避责任的一种出路,这是应该特别注意的。

分部工程、单位(子单位)工程存在严重的缺陷,经返修或加固处理仍不能满足安全使用要求的,严禁验收。

二、竣工质量验收

(一)竣工质量验收的依据
竣工质量验收的依据主要包括以下内容:
(1)工程施工承包合同。
(2)工程施工图纸。
(3)施工质量验收统一标准。
(4)专业工程施工质量验收规范。
(5)建设法律、法规、管理标准和技术标准。

(二)竣工质量验收的要求
竣工质量验收的基本要求如下:
(1)施工质量应符合施工质量验收统一标准和相关专业工程施工质量验收规范。
(2)施工质量应符合勘察、设计文件的要求。
(3)参与质量验收的各方人员应具备相应的资质。
(4)质量验收均应在施工单位自行检查评定的基础上进行。
(5)隐蔽工程在隐蔽前应由施工单位通知有关单位进行验收,并形成隐蔽验收文件。
(6)涉及结构安全的试块、试件及有关材料,应按有关规定进行见证取样检测。
(7)检验批应按主控项目、一般项目验收。
(8)对涉及结构安全和功能的重要分部工程应进行抽样检测。
(9)承担见证取样检测及有关结构安全检测的单位应具备相应的资质。
(10)工程的观感质量应由验收人员通过现场检查共同确认。

(三)竣工质量验收的标准

根据我国《建筑工程施工质量验收统一标准》(GB 50300—2013)的规定,单位(子单位)工程质量验收合格应符合下列规定:

(1)单位(子单位)工程所含分部(子分部)工程的质量均应验收合格。

(2)质量控制资料应完整。

(3)单位(子单位)工程所含分部工程有关安全和功能的检测资料应完整。

(4)主要功能项目的抽查结果应符合相关专业质量验收规范的规定。

(5)观感质量验收应符合要求。

说明:单位工程质量验收也称质量竣工验收,是建筑工程投入使用前的最后一次验收,也是最重要的一次验收。

涉及安全和使用功能的分部工程应进行检验资料的复查。不仅要全面检查其完整性(不得有漏检缺项),而且对分部工程验收时补充进行的见证抽样检验报告也要复核。

此外,对主要使用功能还须进行抽查。使用功能的检查是对建筑工程和设备安装工程最终质量的综合检验。因此,在分项、分部工程验收合格的基础上,竣工验收时再作全面检查。抽查项目是在检查资料文件的基础上由参加验收的各方人员商定,并由计量、计数的抽样方法确定检查部位。检查要求按有关专业工程施工质量验收标准要求进行。

最后,还须由参加验收的各方人员共同进行观感质量检查。检查的方法、内容、结论等已在分部工程的相应部分中阐述,最后共同确定是否验收。

单位(子单位)工程质量验收,质量控制资料核查,安全和功能检验资料核查及主要功能抽查记录,观感质量检查应按表5-9～表5-12进行。

表5-9 单位工程质量竣工验收记录表

工程名称		结构类型		层数/建筑面积	
施工单位		技术负责人		开工日期	
项目经理		项目技术负责人		竣工日期	
序号	项目	验收记录			验收结论
1	分部工程	共　　个分部,经查符合标准及设计要求分部			
2	质量控制资料核查	共　　项,经审查符合要求　　项			
3	安全和主要使用功能核查及抽查结果	共核查　　项,符合要求　　项,共抽查　　项,符合要求　　项,经返工处理符合要求　　项			
4	观感质量验收	共抽查　　项,符合要求　　项,不符合要求　　项			
5	综合验收结论				

参加验收单位	建设单位	监理单位	施工单位	设计单位
	（公章） 单位(项目)负责人 年　月　日	（公章） 单位(项目)负责人 年　月　日	（公章） 单位(项目)负责人 年　月　日	（公章） 单位(项目)负责人 年　月　日

表 5-10 单位工程观感质量检查记录

工程名称			施工单位										质量评价		
序号		项目	抽查质量状况										好	一般	差
1	建筑与结构	室外墙面													
2		变形缝													
3		水落管													
4		室内墙面													
5		室内顶棚													
6		室内地面													
7		楼梯、踏步、护栏													
8		门窗													
1	给水排水与采暖	管道接口、坡度、支架													
2		卫生器具、支架、阀门													
3		检查口、扫除口、地漏													
4		散热器、支架													
1	建筑电气	配电箱、盘、板、接线盒													
2		设备器具、开头、插座													
3		防雷、接地													
1	通风与空调	风管、支架													
2		风口、风阀													
3		风机、空调设备													
4		阀门、支架													
5		水泵、冷却塔													
6		绝热													
1	电梯	运行、平层、开头门													
2		层门、信号系统													
3		机房													
1	智能与建筑	机房设备安装及布局													
2		现场设备安装													
3															
观感质量综合评价															
检查结论		施工单位项目经理　　　　　　　总监理工程师 　　　　　　年 月 日　　（建设单位项目负责人）　　　年 月 日														

表 5-11　单位工程质量控制资料核查记录

工程名称			施工单位			
序号	项目	资料名称		份数	核查意见	核查人
1	建筑与结构	图纸会审、设计变更、洽商记录				
2		工程定位测量、放线记录				
3		原材料出厂合格证书及进场检(报)验报告				
4		施工试验报告及见证检测报告				
5		隐蔽工程验收记录				
6		施工记录				
7		预制构件、预拌混凝土合格证				
8		地基基础、主体结构检验及抽样检测资料				
9		分项、分部工程质量验收记录				
10		工程质量事故及事故调查处理资料				
11		新材料、新工艺施工记录				
12						
1	给水排水与采暖	图纸会审、设计变更、洽商记录				
2		材料、配件出厂合格证书及进场检(试)验报告				
3		管道、设备强度试验、严密性试验记录				
4		隐蔽工程验收记录				
5		系统清洗、灌水、通水、通球试验记录				
6		施工记录				
7		分项(分部)工程质量验收记录				
8						
1	建筑电气	图纸会审、设计变更、洽商记录				
2		材料、设备出厂合格证书及进场(试)验报告				
3		设备调试记录				
4		接地、绝缘电阻测试记录				
5		隐蔽工程验收记录				
6		施工记录				
7		分项(分部)工程质量验收记录				
8						

结论：

施工单位项目经理　　　　　　　　　　总监理工程师

　　　　年　月　日　　　（建设单位项目负责人）　　　　　　年　月　日

表 5-12　单位工程安全和功能检验资料核查及主要功能抽查记录

工程名称			施工单位			
序号	项目	安全和功能检查项目	份数	核查意见	抽查结果	核查(抽查)人
1	建筑与结构	屋面淋水试验记录				
2		地下室防水效果检查记录				
3		有防水要求的地面蓄水试验记录				
4		建筑物垂直度、标高、全高测量记录				
5		抽气(风)道检查记录				
6		幕墙及外窗气密性、水密性、耐风压检测报告				
7		建筑物沉降观测测量记录				
8		节能、保温测试记录				
9		室内环境检测报告				
10						
1	给水排水与采暖	给水管道通水试验记录				
2		暖气管道、散热器压力试验记录				
3		卫生器具满水试验记录				
4		消防管道压力试验记录				
5		排水干管通球试验记录				
6						
1	建筑电气	照明全负荷试验记录				
2		大型灯具牢固性试验记录				
3		避雷接地电阻测试记录				
4		线路、插座、开头接地检验记录				
5						
1	通风空调	通风、空调系统试运行记录				
2		风量、温度测试记录				
3		洁净室内洁净度测试记录				
4		制冷机组试运行调试记录				
5						
1		电梯运行记录				
2		电梯安全装置检测报告				
1		系统试运行记录				
2		系统电源及接地检测报告				
3						

结论:

施工单位项目经理:　　　　　　　　　　总监理工程师
　　　　　　年　月　日　　　(建设单位项目负责人)　　　　年　月　日

第五节　建设工程质量事故的处理

一、工程质量事故的分类

工程质量事故具有成因复杂、后果严重、种类繁多、往往与安全事故共生的特点,建设工程质量事故的分类有多种方法,不同专业工程类别对工程质量事故的等级划分也不尽相同。根据住房和城乡建设部《关于做好房屋建筑和市政基础设施工程质量事故报告和调查处理工作的通知》(建质〔2010〕111号),根据工程质量事故造成的人员伤亡或直接经济损失,工程质量事故分为四个等级:特别重大事故、重大事故、较大事故和一般事故。

二、施工质量事故发生的原因及处理依据

(一)施工质量事故发生的原因

施工质量事故发生的原因大致有如下四类:

(1)技术原因:指引发质量事故是由于在工程项目设计、施工中存在技术上的失误。例如,结构设计计算错误,对水文地质情况判断错误,以及采用了不适合的施工方法或施工工艺等。

(2)管理原因:指引发的质量事故是由于管理上的不完善或失误。例如,施工单位或监理单位的质量管理体系不完善,检验制度不严密,质量控制不严格,质量管理措施落实不力,检测仪器设备管理不善而失准,以及材料检验不严等。

(3)社会、经济原因:指引发的质量事故是由于经济因素及社会上存在的弊端和不正之风,造成建设中的错误行为,而导致出现质量事故。例如,某些施工企业盲目追求利润而不顾工程质量;在投标报价中随意压低标价,中标后则依靠违法的手段或修改方案追加工程款,甚至偷工减料等,这些因素往往会导致出现重大工程质量事故,必须予以重视。

(4)人为事故和自然灾害原因:指造成质量事故是由于人为的设备事故、安全事故,导致连带发生质量事故,以及严重的自然灾害等不可抗力造成质量事故。

(二)施工质量事故处理的依据

1. 质量事故的实况资料

质量事故的实况资料包括质量事故发生的时间、地点,质量事故状况的描述,质量事故发展变化的情况,有关质量事故的观测记录,事故现场状态的照片或录像,事故调查组调查研究所获得的第一手资料。

2. 有关合同及合同文件

包括工程承包合同、设计委托合同、设备与器材购销合同、监理合同及分包合同等。

3. 有关的技术文件和档案

主要是有关的技术文件(如施工图纸和技术说明)、与施工有关的技术文件、档案和资料(如施工方案、施工计划、施工记录、施工日志、有关建筑材料的质量证明材料、现场制备材料的质量证明资料、质量事故发生后对事故状况的观测记录、试验记录或试验报告等)。

4. 相关的法律、法规

主要包括《建筑法》和与工程质量及质量事故处理有关的法规,以及勘察、设计、施工、

监理等单位资质管理方面的法规,从业者资格管理方面的法规,建筑市场方面的法规,建筑施工方面的法规,关于标准化管理方面的法规等。

三、施工质量事故的处理程序

施工质量事故处理的一般程序如图5-5所示。

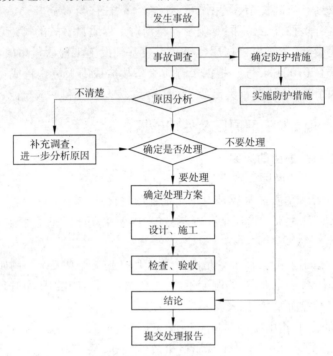

图 5-5 施工质量事故处理的一般程序

(一)事故调查

事故发生后,施工项目负责人应按法定的时间和程序,及时向企业报告事故的状况,积极组织事故调查。事故调查应力求及时、客观、全面,以便为事故的分析和处理提供正确的依据。调查结果要整理撰写成事故调查报告,其主要内容包括:工程概况,事故情况,事故发生后所采取的临时防护措施,事故调查中的有关数据、资料,事故原因分析与初步判断,事故处理的建议方案与措施,事故涉及人员与主要责任者的情况等。

(二)事故的原因分析

要建立在事故情况调查的基础上,避免情况不明就主观推断事故的原因。特别是对勘察、设计、施工、材料和管理等方面的质量事故,事故的原因往往错综复杂,因此必须对调查所得到的数据、资料进行仔细地分析,去伪存真,找出造成事故的主要原因。

(三)制订事故处理的方案

事故的处理要建立在原因分析的基础上,并广泛听取专家及有关方面的意见,经科学论证,决定事故是否进行处理和怎样处理。在制订事故处理方案时,应做到安全可靠、技术可行、不留隐患、经济合理、具有可操作性、满足建筑功能和使用要求。

(四)事故处理

根据制订的质量事故处理的方案,对质量事故进行认真地处理。处理的内容主要包括：事故的技术处理，以解决施工质量不合格和缺陷问题；事故的责任处罚，根据事故的性质、损失大小、情节轻重对事故的责任单位和责任人作出相应的行政处分甚至追究刑事责任。

（五）事故处理的鉴定验收

质量事故的处理是否达到预期目的，是否依然存在隐患，应当通过检查鉴定和验收作出确认。事故处理的质量检查鉴定，应严格按照施工验收规范和相关的质量标准的规定进行，必要时还应通过实际量测、试验和仪器检测等方法获取必要的数据，以便准确地对事故处理的结果作出鉴定。事故处理后，必须尽快提交完整的事故处理报告，其内容包括：事故调查的原始资料、测试的数据；事故原因分析、论证；事故处理的依据；事故处理的方案及技术措施；实施质量处理中有关的数据、记录、资料；检查验收记录；事故处理的结论等。

四、施工质量事故处理的基本要求

（1）质量事故的处理应达到安全可靠、不留隐患、满足生产和使用要求、施工方便、经济合理的目的。

（2）重视和消除造成事故的原因，注意综合治理。

（3）正确确定处理的范围和正确选择处理的时间与方法。

（4）加强事故处理的检查验收工作，认真复查事故处理的实际情况。

（5）确保事故处理期间的安全。

五、施工质量事故处理的基本方法

（一）修补处理

当工程的某些部分的质量虽未达到规定的规范、标准或设计的要求，存在一定的缺陷，但经过修补后可以达到要求的质量标准，又不影响使用功能或外观的要求时，可采用修补处理的方法。例如，某些混凝土结构表面出现蜂窝、麻面，经调查分析，该部位经修补处理后，不会影响其使用及外观；对混凝土结构局部出现的损伤，如结构受撞击、局部未振实、冻害、火灾、酸类腐蚀、碱－集料反应等，当这些损伤仅仅在结构的表面或局部，不影响其使用和外观时，可进行修补处理。又如对混凝土结构出现的裂缝，经分析研究后如果不影响结构的安全和使用时，也可进行修补处理。例如，当裂缝宽度不大于 0.2 mm 时，可采用表面密封法；当裂缝宽度大于 0.3 mm 时，可采用嵌缝密闭法；当裂缝较深时，则应采用灌浆修补的方法。

（二）加固处理

加固处理主要是针对危及承载力的质量缺陷的处理。通过对缺陷的加固处理，使建筑结构恢复或提高承载力，重新满足结构安全性与可靠性的要求，使结构能继续使用或改作其他用途。例如，对混凝土结构常用加固的方法主要有：增加截面加固法、外包角钢加固法、粘钢加固法、增设支点加固法、增设剪力墙加固法、预应力加固法等。

（三）返工处理

当工程质量缺陷经过修补处理后仍不能满足规定的质量标准要求，或不具备补救可能性，则必须采取返工处理。例如，某防洪堤坝填筑压实后，其压实土的干密度未达到规定，经核算将影响土体的稳定且不满足抗渗能力的要求，须挖除不合格土，重新填筑，进行返工处理；某公路桥梁工程预应力按规定张拉系数为 1.3，而实际仅为 0.8，属于严重的质量缺陷，也无法修补，只能返工处理。又如某工厂设备基础的混凝土浇筑时掺入木质素磺酸钙减水剂,因施工管理不善,掺量多于规定的 7 倍,导致混凝土坍落度大于 180 mm,石子下沉,混凝土结构不均匀,浇筑后 5 d 仍然不凝固硬化,28 d 的混凝土实际强度不到规定强度的 32%,不得不返工重浇。

(四)限制使用

当工程质量缺陷按修补方法处理后无法保证达到规定的使用要求和安全要求,而又无法返工处理的情况下,不得已时可作出诸如结构卸荷或减荷以及限制使用的决定。

(五)不作处理

某些工程质量问题虽然达不到规定的要求或标准,但其情况不严重,对工程或结构的使用及安全影响很小,经过分析、论证、法定检测单位鉴定和设计单位等认可后可不作处理。一般不作处理的情况有以下几种:

(1)不影响结构安全、生产工艺和使用要求的。例如,有的工业建筑物出现放线定位的偏差,且严重超过规范标准规定,若要纠正会造成重大经济损失,但经过分析、论证其偏差不影响生产工艺和正常使用,在外观上也无明显影响,可不作处理。又如,某些部位的混凝土表面的裂缝,经严查分析,属于表面养护不够的干缩微裂,不影响使用和外观,也可不作处理。

(2)后道工序可以弥补的质量缺陷。例如,混凝土结构表面的轻微麻面,可通过后续的抹灰、刮涂、喷涂等弥补,也可不作处理。又如,混凝土现浇楼面的平整度偏差达到 10 mm,但由于后续垫层和面层的施工可以弥补,所以也可不作处理。

(3)法定检测单位鉴定合格的。例如,某检验批混凝土试块强度值不满足规范要求,强度不足,但经法定检测单位对混凝土实体强度进行实际检测后,其实际强度达到规范允许和设计要求值时,可不作处理。对经检测未达到要求值,但相差不多,经分析论证,只要使用前经再次检测达到设计强度,也可不作处理,但应严格控制施工荷载。

(4)出现的质量缺陷,经检测鉴定达不到设计要求,但经原设计单位核算,仍能满足结构安全和使用功能的。例如,某一结构构件截面尺寸不足,或材料强度不足,影响结构承载力,但按实际情况进行复核验算后仍能满足设计要求的承载力时,可不作处理。这种做法实际上是挖掘设计潜力或降低设计的安全系数,应谨慎处理。

(六)报废处理

出现质量事故的工程,通过分析,采取上述处理方法后仍不能满足规定的质量要求或标准,则必须予以报废处理。

六、建筑工程项目施工中质量通病的防治措施

建筑工程中最常见的主要质量通病一般有地下室、屋面、卫生间、墙面等的渗漏,雨水管及下水管道的局部堵塞和不畅通,楼地面的"三起一裂",外墙粉刷裂缝,混凝土剪力墙与砖砌围护墙间的垂直和水平裂缝,房屋四角楼地面斜角裂缝,门窗和楼梯的污染、损坏等。为此,现将上述主要质量通病的防治措施简述如下,在施工中务必加以高度重视和精心防治,确保工程质量。

(一)地下室渗漏水防治

地下室的渗漏水缺陷一般常发生在以下几个部位:电梯井、集水井等加深部位的深坑内;地下室底板与外墙板交接处的水平施工缝上;车库斜道、人防通道等部位与地下室的连

接处;当地下室长度很大时,外墙板常常发生的竖向垂直收缩裂缝;外墙预留孔底部以及预埋管密集交接区域;外墙对拉螺杆处以及混凝土冷缝,混凝土漏振、漏浆等质量缺陷的发生处。

针对上述这些容易发生渗漏缺陷的部位,现根据其产生的原因分别采取以下主要措施加以防治:

(1)对于电梯井、集水井等加深部位,在施工中由于基坑挖土较深,所以基坑内的地下渗水及地表水(含雨水)往往集中流入和汇集于加深部位,是基坑内降低地下水位的最薄弱环节,在排水处理不当时往往导致混凝土夹水浇筑和振捣,所以经常造成深坑的底板及四周坑壁的渗漏水,为此,预先做好加深部位的地下水位降水工作是最根本性的施工技术措施。当深坑的最大挖土深度在 6 m 以内时,一般还可以考虑采取加深加密一级轻型井点(需做降水曲线计算分析)做好有效的降水,当最大挖土深度超过 6 m 时,一般需做二级轻型井点或降水效果更好的喷射井点、电渗井点、深井井管等降水措施。当现场施工条件不足,难于采取上述降水措施时,也可在坑底暗设临时集水井排水,但需做好混凝土浇筑前的预埋套管设置、防水处理、密封以及套管内二次混凝土封堵等一系列施工技术措施,以确保在深坑混凝土浇筑时无渗透水混入,并在混凝土浇筑养护至少达到 24 h 以上,具有一定的强度后,方能停止抽水和进行二次封堵工作。

(2)地下室底板与外墙板交接处的水平施工缝一般采用钢板止水带或者凸形施工缝进行防渗漏处理,其中前者防渗效果比较可靠,适宜于深度较大的地下室,后果效果较前者要差一些,常使用在深度较浅的地下室或半地下室中,施工中的重点注意事项是做好钢板止水带的定位和固定;精心振捣好止水带及凸形施工缝两侧的混凝土密实;第二次外墙浇筑前的施工缝修凿、清洗;模板拉结杆加强,模板底部增设泡沫海绵堵缝防止水泥浆流失,以及外墙两侧混凝土的仔细振捣等。

(3)车库斜道、人防通道等与地下室接口处,一般常用橡胶止水带做沉降分离的抗渗漏措施,施工中的重点是做好橡胶止水带的正确定位、固定和止水带上、下两侧的混凝土振捣密实工作。对于橡胶止水带的正确定位和固定,可采用增设@200 的钢筋定位箍夹具和加强模板支模的正确性与牢固性来加以解决,而对于橡胶止水带上、下两侧(特别是下方)的混凝土振捣密实,则需要专门安排经验丰富并且责任心很强的混凝土振捣技工认真地进行分层插入振捣,由于该部位往往十分狭小,施工条件差,而对防水抗渗恰恰又是关键所在,所以需要采取新毛竹片、铁钎、小插入式振动头等特殊的振捣措施加以辅助振捣,分批精心施工,方能保障此关键部位的混凝土密实,同时在设计上宜采用双道防水处理,即在一道嵌固于混凝土结构内部的永久性橡胶止水带的外侧,另增加一道可拆卸、可更换的第二道橡胶止水带,采用角框加以固定,以避免嵌固在混凝土内的永久性橡胶止水带年久老化后失效。

(4)当地下室长度较大时,由于混凝土具有较大的收缩特性,常导致外墙发生竖向垂直收缩裂缝,同时混凝土的标号愈高,水泥用量愈大,则收缩裂缝愈多。为了较好地克服竖向收缩裂缝,对于地下室长度不大于 50 m 时,宜通过钢筋等强度换算,将外墙水平筋直径减小,间距加密,以提高抗裂能力,同时推迟混凝土外墙板的拆模时间(宜一周以上),使混凝土外墙板较迟地暴露在大气中,有效避免混凝土早期的大量脱水收缩,加强对混凝土外墙的浇筑养护,并且由于上部结构的施工有一定的时间,房屋的荷载是缓慢地增加上去的,所以在设计同意的情况下,地下室混凝土有条件充分利用后期强度,可建议设计采用 R60,即

60 d的混凝土强度,以利于降低水泥用量,减小混凝土的收缩。

当地下室的长度大于 50 m 时,可建议设计在混凝土内掺加混凝土微膨胀剂,以补偿混凝土的大量收缩,同时还应采取好上述有效措施进行综合防治,方能较好地解决外墙竖向裂缝的开展。

(5)地下室墙板预留孔底部以及预埋管密集交接区域往往是插入式振动器无法操作之处,十分容易产生混凝土缺少、疏松等质量缺陷,针对上述问题,对于长度较大的预留孔,应在预留孔底部模板上留设混凝土振捣孔(即不得全部封闭),用于补灌不足的混凝土和插入振捣之用;对于不大于 500 mm 宽度的预留孔,可在其两侧均进行仔细的振捣加以克服;对于预埋管密集交接区域,可采用新毛竹片、钢钎等狭小的辅助振捣工具加以人工补振,即可有效弥补插入式振动头无法插入振捣的不足。

(6)用于地下室外墙板的外墙对拉螺杆,可采用带止水片的尼龙帽头可拆卸式不穿透过销螺杆,同时通过推迟拆模的两条技术措施即可有效解决螺杆处的渗漏水。对于混凝土裂缝、混凝土漏振、漏浆等质量缺陷所导致的渗漏水,则需要严格执行地下室浇筑方案和支模方案加以解决。

(7)目前地下室施工完成后,一般都进行灌水试验,对于较重要的地下室,在灌水试验合格后还增设外墙防水层,所以地下室经过灌水检验(如局部有渗漏发生,则可进行缺陷修补和二次灌水复验)后,能有效克服地下室渗漏通病。

(二)屋面渗漏防治

屋面防水施工质量直接影响工程能否正常使用,是质量评定的一个重要分部工程,在施工阶段,必须引起高度重视,确保防水工程施工质量。

屋面防水工程首先应做好现浇屋面板的结构自防水工作。屋面板混凝土施工时,应严格掌握配合比,控制用水量,振实压平,在混凝土终凝前,用木抹子收光 2 ~ 3 遍,以增加表面密实性,提高抗拉强度,减小收缩量,防止裂缝。

1. 基层施工

在基层施工前,将结构层表面黏附物、垃圾、积水清理干净,并要求干燥。

2. 找平层施工

(1)清理基层,弹线分格。

(2)按排水坡度做好标记,水泥砂浆找平层须分块进行分格,缝隙应用小木条嵌缝,同一块内一次成活,找平层在转角和高出屋面管道处做成圆角。找平层用直尺刮平,木抹子打磨平整,在终凝前,取出分格木条。

(3)基层施工完成后,进行喷水养护,保证找平质量。

3. 保温层施工

(1)铺设板块前基层硬化、干燥,表面干净,留设排气道,分格弹线。

(2)铺设时根据排水方向和坡度,用憎水型胶水逐块黏结,铺设要铺平垫稳。在排气位置,铺设好已准备好的管道,管道要畅通。

4. 防水卷材施工

(1)找平层硬化,表面干燥,清理干净。

(2)用油漆涂刷基层处理剂,基层处理剂涂刷面积视铺贴速度和天气情况确定,第二次涂刷须待前次干燥后进行。

（3）根据铺设卷材的配置方案，从流水坡度的下坡开始弹出基准线，使卷材的长方向与流水坡度垂直。

（4）铺贴卷材可根据卷材的配置方案，从混凝土垫层的一端开始，先用粉线弹出基准线，施工时，可将卷材沿长方向并使涂胶粘剂一侧向外对折，把卷材一边对准基准线铺展，或将已涂胶粘剂的卷材卷成圆筒形，然后在圆筒中心插入一根 $\Phi 30 \times 150$ mm 的铁管，由两人分别手持铁管的两端，并使卷材的一端固定在预定的部位，再沿基准线铺展卷材。在铺贴卷材的过程中，不允许拉伸卷材，也不得有褶皱存在。

（5）每铺完一张卷材，应立即用干净松软的长把滚刷从卷材一端开始，朝横向顺序用力滚压一遍，以彻底排除卷材与基层之间的空气。

（6）卷材防水层的搭接缝是屋面防水的薄弱环节，最易开裂而导致屋面渗漏，所以卷材搭接缝宽度是确保防水层质量的关键。卷材接缝的搭接宽度为 100 mm，在接头部位每隔 1 m 左右处，涂刷少许黏结剂，等其基本干燥后，再将接头部位的卷材翻开临时黏结固定，将卷材接缝处用的专用胶粘剂，用油漆刷均匀涂刷在翻开的卷材接头的两个黏结面上，涂胶 20 s 左右，以指触基本不粘手后，用手一边压合一边驱除空气，黏合后再用压辊滚一遍。

（7）特殊部位的附加层卷材，应在大面积屋面卷材施工前铺贴完毕。如穿墙管等是最容易发生渗漏的薄弱部位，在铺贴卷材之前，应采用聚胺酯涂膜防水材料进行附加增强处理。

5. 卷材防水层质量控制措施

（1）卷材防水层施工前要进行技术交底。

（2）防水层基层表面要清洁、干燥，在涂刷基层处理剂前，要经施工员、技术员检查。

（3）为铺贴时平直，在基层面上弹线，方便施工。在铺贴时要加热均匀，接缝严密，特别在节点、转角收头处更加注意。

（4）铺贴施工时，项目部要由专人监督。

（5）卷材防水层要有产品合格证，在施工前要进行复试。

6. 刚性防水层施工

刚性防水层施工按有关施工技术标准执行，刚性防水层的质量预控主要在于钢丝网的位置及细石混凝土的浇筑质量。钢筋网位置必须保证其离上顶面 1 ~ 1.5 cm 处，间距 200 mm × 200 mm，两端做弯钩。C20 细石混凝土，严格掌握配合比，控制用水量，厚度 40 mm，铺平后用滚筒碾压密实，出浆抹平，收水后压实收光。伸缩缝位置与通气沟对齐。

屋面渗漏的最常见部位是四周的泛水处、雨水口处和柔性卷材的交接处等，为此，对这些交接处必须做到精心施工，并做好加强处理，同时必须选择素质高的专业防水队伍进行施工，重点抓好气候选择、材质、精心施工等方面，方能有效克服屋面渗漏通病。

（三）卫生间的渗漏防治

卫生间由于有丰富的水源，加上施工中存在的质量缺陷而容易发生渗漏水，一般渗漏水的缺陷常发生在穿越楼板的管道处、卫生间的四周墙脚底部。对于以上的渗漏缺陷，施工中应分别做好以下防治措施：

（1）对于穿越楼板的管道处，除按设计和规范要求做好预埋套管，粉成馒头状泛水等措施外，关键还在于安排好责任心强、技术素质高的技工对管道四周预留孔洞的二次精心修补工作，要求孔道修补前必须牢固、平整，严密地支撑好底部模板；做好基层清洗和润湿；应采用坍落度适中(不能大,30~50 mm)的微膨胀细石混凝土精心振捣密实,然后加湿草包妥善养护一周以上,从而从根本上修补好管道预留孔,解决管道处渗漏通道。

(2)卫生间的四周墙身底脚必须按规定浇筑好150 mm左右高的混凝土底脚,由于楼面整体浇筑时,四周墙身的悬挂模板难以固定,并且位置不易控制正确,所以往往采用在楼面浇筑完成后,经弹线复核再二次浇筑,此时必须增加清除浮浆、凿毛、清洗、扫浆四项工作,以增强新、旧混凝土之间的良好连接和做好抗渗工作,同时底脚处增设10 mm左右的小凹槽(用木模支模时,可预先在模板上增钉小三角木),用于增设防水油膏,即可有效解决墙脚渗漏缺陷。

(3)卫生间的墙身砌筑时,应特别重视砌筑砂浆的饱满密实,混凝土砌体的头缝内必须用砂浆刮满、刮实,不得空缝、通缝,以有效提高墙身的抗渗能力(外墙砖砌体涉及抗雨水渗透,所以同样要求头缝和水平灰缝砂浆密实),对于设计中的便槽等位置,在墙面水泥砂浆粉刷时,应分成二次分别抹平、抹实(严禁一次性连续抹平),以提高墙面水泥砂浆粉刷层的抗渗能力,减少和避免此类墙面的渗水缺陷。

(四)雨水管及下水管道局部堵塞、排水不畅

雨水管及下水管道局部堵塞和排水不畅是交工验收以后经常发现的通病,对住户的使用十分不便,并且疏通困难,严格影响施工单位的声誉。为此,施工中除按设计要求留设疏通检修口外,重点是加强教育、管理和保护措施,特别是在粉刷阶段,严禁在管道内倾倒清洗用废浆水,做好管道口临时封堵保护措施,并在交工前采用大水量(小水量试验不出)排出试验,确保管道排水畅通。

(五)外墙渗漏及外墙粉刷裂缝的防治

当外墙采用花岗石贴面时,容易发生外墙渗漏缺陷;当外墙采用涂料面层时,容易发生粉刷裂缝的质量通病,现将这两种情况分别分析防治如下:

(1)外墙面渗漏水除墙身外,外墙面门窗框的周边亦是关键所在,所以门窗框安装后,周边的缝隙必须采用小型专用工具并用木板条临时支模阻挡后,分二次严密挤实嵌缝,做到嵌缝砂浆饱满密实,然后打密封胶封闭,方能有效防止门窗周边渗漏水。

(2)当外墙涂料整体面层时,由于面积较大,容易发生粉刷伸缩缝,其防治措施是增加分隔条布置数量,使每块整体粉刷的面积减小,同时外粉刷杜绝使用细砂和中细砂,必须采用中粗砂以减小收缩性,并加强早期的浇水养护,就能够较好地克服外墙粉刷裂缝。

(六)混凝土框架与砖砌围护墙间的垂直和水平裂缝的防治

砖砌墙与混凝土结构之间的施工缝,由于两者材料收缩性能的不同,容易使粉刷层发生明显的垂直和水平收缩裂缝,严重影响房屋的美观,虽然对房屋的安全没有什么影响,并且目前也还没有彻底加以克服的办法,但可采取以下技术措施尽可能好地加以克服:

(1)在围护墙砌筑时,务必将两侧垂直缝灌满砂浆,不得留有空隙;对于顶部的水平缝,在采用斜砖或平砖砌筑时,一定要用砂浆将缝隙严密嵌满嵌实。这两条是减小裂缝开展的最根本性措施,否则再采取其他高代价的措施也是难以收效的。

(2)在两种不同材料的水平和垂直缝交接处,粉刷前应增设400 mm宽钢板网(两边各200 mm左右),使裂缝进一步分散和减小,以避免集中产生一条较长的收缝裂缝。

(3)适当推迟涂料面层的施工,让粉刷层有一个较长的干燥和收缩时间,并在涂料面层施工时,对可能产生的小裂缝处粘贴薄型自粘绑带布,进一步提高抗裂能力。

第六章 建筑工程成本管理

建筑工程既要注重工程质量,又要注重工程成本,使质量与效益达到最佳平衡点,这是做好施工项目的必要条件。

第一节 施工项目成本管理概述

一、成本管理的重要性

成本管理是指通过控制手段,在达到预定工程功能和工期要求的同时优化成本开支,将总成本控制在预算(计划)范围内。

在市场经济中,项目的成本控制不仅在整个项目管理中,而且在整个企业管理中都有着重要的地位,人们追求企业和项目的经济效益,企业成就通过项目成就来实现。而项目的经济效益通常通过盈利的最大化和成本的最小化实现。

特别是当承包商通过投标竞争取得工程,签订合同,同时确定了合同价格,其工程经济目标(盈利性)完全通过成本控制实现。在实际工程中,成本控制经常被忽略,或由于控制技术问题,使成本处于失控状态,许多项目管理者只有在项目结束才知道实际开支和盈亏,而这时其损失常常已无法弥补。

二、成本管理的特点

(1)项目参加者对成本控制的积极性和主动性是与他对项目承担的责任形式相联系的。

(2)成本管理的综合性。成本目标不是孤立的,它只有与质量目标、进度目标、效率、工作量要求、消耗等相结合才体现它的价值。

(3)成本控制的周期不可太长,通常按月进行核算、对比、分析,而实施中的控制以近期成本为主。

三、实施中的计划变更问题

虽然原成本计划(预算)指标是控制的依据,但在实际工程中,原计划和设计经常会做许多修改,这就造成项目计划成本模型的变化。即使通过招标投标,双方签订合同,确定了价格,一般合同中,也还有许多价格调整的价款,例如 FIDIC 合同包括以下内容:

(1)实际已完成的工程量与计划工作量有差异,按实际工程量和合同单价付款。

(2)增加合同工作量表中未包括的分项,即附加新的工程项目。

(3)图纸错误、变更造成工程数量、质量变化及工程停工、返工。

(4)发生业主风险范围内的事件造成损失。

(5)业主指令工程实施顺序变化。

(6)由于业主或其他方面干扰造成工程停工、低效率损失等。

(7)市场物价的变化、汇率变化、通货膨胀。

新计划的依据是项目任务书或者合同,以及相应的变化。对于承包项目,按照合同可以进行费用索赔(业主应追加费用)的各种因素都应作为对原计划的变更而纳入新计划中。

四、成本管理的主要工作

人们对成本管理工作的界限划分各不相同,在国外的许多大项目中,常常设有成本工程师(或成本员)负责具体的管理工作。它是一个重要的职位,通常由一个经济师(主要指精通预算、结算和技术经济方面的专家)承担。他的主要工作包括如下内容。

(一)成本计划工作

成本计划工作,即主要是成本预算工作,按设计和计划方案预算成本,提出报告。通过将成本目标或成本计划分解,提出设计、采购、施工方案等各种费用的限额,并按照限额进行资金使用的控制。实践证明,项目总投资的节约应着眼于工程方案的论证和多方案的比较。

(二)成本监督工作

成本监督工作包括:

(1)各项费用的审核,确定是否进行工程款的支付,监督已支付的项目是否已完成,有无漏洞,并保证每月按实际工程状况定时、定量支付(或收款)。

(2)做实际成本报告。

(3)对各项工作进行成本控制,如对设计、采购、委托(签订合同)进行控制。

(4)进行审计活动。

(三)成本跟踪工作

成本跟踪工作,即做详细的成本分析报告,并向各个方面提供不同要求和不同详细程度的报告。

(四)成本诊断工作

成本诊断工作包括:

(1)超支及原因分析。

(2)剩余工作所需成本核算和工程成本趋势分析。

(五)其他工作

(1)与相关部门(职能人员)合作,提供分析、咨询和协调工作,例如提供由于技术变更、方案变化引起的成本变化的信息,供各方面做决策或调整项目时考虑。

(2)用技术经济的方法分析超支原因,分析节约的可能性,从总成本最优的目标出发,进行技术、质量、工期、进度的综合优化。

(3)通过详细的成本比较、趋势分析获得一个顾及合同、技术、组织影响的项目最终成本状况的定量诊断,对后期工作中可能出现的成本超支状况早期提出预警。

(4)组织信息,向各个方面特别是决策者提供成本信息,保证信息的质量,为各方面的决策提供问题解决的建议和意见。

(5)对项目形象的变化,如对环境的变化、目标的变化等所造成的成本影响进行测算分析,并调整成本计划,协助解决费用补偿问题(即索赔和反索赔)。

成本控制必须加强对项目变更和合同执行情况的处理。这是防止成本超支最好的战略。

五、成本超支的原因分析

经过对比分析,发现某一方面已经出现成本超支,或预计最终将会出现成本超支,则应将它提出,做进一步的原因分析。成本超支的原因可以按照具体的成本对象(费用要素、工作包、工程分项等)进行分析。原因分析是成本责任分析和提出成本控制措施的基础,成本超支的原因是多方面的,例如:

(1)原成本计划数据不准确,估价错误,预算太低,不是采用当地低价策略,承包商(或分包商)报价超出预期的最高价。

(2)外部原因:上级、业主的干扰,阴雨天气,物价上涨,不可抗力事件等。

(3)实施管理中的问题:不适当的控制程序,费用控制存在问题;成本责任不明,实施者对成本没有承担义务,缺少成本(投资)方面限额的概念,同时又没有节约成本的奖励措施;劳动效率低,工人频繁调动,施工组织混乱;采购了劣质材料,工人培训不充分,材料消耗增加,浪费严重,发生事故,返工,周转资金占用量大,财务成本高。

(4)工程范围的增加,设计的修改,功能和建设标准的提高,工作量大幅度增加。

六、成本管理的措施

为了取得施工成本管理的最佳效果,应当从多方面采取措施实施管理,通常可以将这些措施归纳为组织措施、技术措施、经济措施、合同措施。

(一)组织措施

组织措施是从施工成本管理的组织方面采取措施。施工成本控制是全员的活动,如实行项目经理责任制,落实施工成本管理的组织机构和人员,明确各级施工成本管理人员的任务和职能分工、权利和责任。施工成本管理不仅是专业成本管理人员的工作,各级项目管理人员都负有成本控制责任。组织措施是其他各类措施的前提和保障,而且一般不需要增加什么费用,运用得当可以收到良好的效果。

(二)技术措施

施工过程中降低成本的技术措施包括:进行技术经济分析,确定最佳施工方案;结合施工方法,进行材料使用的比选,在满足功能要求的前提下,通过代用、改变配合比、使用添加剂等方法降低材料消耗的费用;确定最合适的施工机械、设备使用方案。在实践中,也要避免从技术角度选定方案而忽视对其经济效果的分析论证。运用技术纠偏的关键,一是要能提出多个不同的技术方案,二是要对不同的技术方案进行技术经济的分析。

(三)经济措施

管理人员应编制资金使用计划,确定、分解施工成本管理目标。及时准确地记录、收集、整理、核算实际发生的成本。对各种变更,及时做好增减账,及时落实业主签证,及时结算工程款。

(四)合同措施

采用合同措施控制施工成本,应贯穿整个合同周期,包括从合同谈判开始到合同终结的全过程。

采取降低成本的措施尚有如下问题应注意:

(1)一旦成本失控,要在计划成本范围内完成项目是非常困难的。在项目一开始,就必须牢固树立这个观念,不放过导致成本超支的任何迹象,而不能等超支发生了再想办法。在任何费用支出之前,应确定成本控制系统所遵循的程序,形成文件并通知负责授权工作或经费支出的人。

(2)当发现成本超支时,人们常常通过其他手段,在其他工作包上节约开支,这常常是十分困难的,这会损害工程质量和工期目标,甚至有时贸然采取措施,主观上企图降低成本,而最终却导致更大的成本超支。

(3)在设计阶段采取降低成本的措施是最有效的,而且不会引起工期问题,对质量的影响可能小一些。

(4)成本的监控和采取措施重点应放在:①负值最大的工作包或成本项目上;②近期就要进行的活动;③具有较大的估计成本的活动。

(5)成本计划(或预算)的修订和措施的选择应与项目的其他方面(如进度、实施方案、设计、采购)、项目其他参加者、投资者协调。

第二节　施工项目成本控制

一、施工成本控制的依据

施工成本控制的依据包括以下内容。

(一)工程承包合同

施工成本控制要以工程承包合同为依据,围绕降低工程成本这个目标,从预算收入和实际成本两个方面,努力挖掘增收节支潜力,以求获得最大的经济效益。

(二)施工成本计划

施工成本计划是根据施工项目的具体情况制订的施工成本控制方案,既包括预定的具体成本控制目标,又包括实现控制目标的措施和规划,是施工成本控制的指导文件。

(三)进度报告

进度报告提供了每一时刻工程实际完成量、工程施工成本实际支付情况等重要信息。施工成本控制工作正是通过实际情况与施工成本计划相比较,找出二者之间的差别,分析偏差产生的原因,从而采取措施改进以后的工作。此外,进度报告还有助于管理者及时发现工程实施中存在的隐患,并在可能造成重大损失之前采取有效措施,尽量避免损失。

(四)工程变更

在项目的实施过程中,由于各方面的原因,工程变更是很难避免的。工程变更一般包括设计变更、进度计划变更、施工条件变更、技术规范与标准变更、施工次序变更、工程量变更等。一旦出现变更,工程量、工期、成本都必将发生变化,从而使施工成本控制工作变得更加复杂和困难。因此,施工成本管理人员就应当通过对变更要求当中各类数据进行计算、分析,及时掌握变更情况,包括已发生工程量、将要发生工程量、工期是否拖延、支付情况等重要信息,判断变更以及变更可能带来的索赔额度等。

除上述几种施工成本控制工作的主要依据外,有关施工组织设计、分包合同等也都是施工成本控制的依据。

二、施工成本控制的步骤

在确定了施工成本计划之后,必须定期地进行施工成本计划值与实际值的比较,当实际值偏离计划值时,分析产生偏差的原因,采取适当的纠偏措施,以确保施工成本控制目标的实现。其步骤如下。

（一）比较

按照某种确定的方式将施工成本计划值与实际值逐项进行比较,以发现施工成本是否已超支。

（二）分析

在比较的基础上,对比较的结果进行分析,以确定偏差的严重性以及偏差产生的原因。这一步是施工成本控制工作的核心,其主要目的在于:找出产生偏差的原因,从而采取有针对性的措施,以减少或避免相同原因的再次发生或减少由此造成的损失。

（三）预测

按照完成情况估计完成项目所需的总费用。

（四）纠偏

当工程项目的实际施工成本出现了偏差,应当根据工程的具体情况、偏差分析和预测的结果,采取适当的措施,以期达到使施工成本偏差尽可能小的目的。纠偏是施工成本控制中最具实质性的一步。只有通过纠偏,才能最终达到有效控制施工成本的目的。

纠偏可采用组织措施、经济措施、技术措施和合同措施等。

（五）检查

检查是指对工程的进展进行跟踪和检查,及时了解工程进展状况以及纠偏措施的执行情况和效果,为今后的工作积累经验。

三、施工成本的过程控制方法

施工阶段是控制建设工程项目成本发生的主要阶段,它通过确定成本目标并按计划成本进行施工、资源配置,对施工现场发生的各种成本费用进行有效控制,其具体的控制方法如下。

（一）人工费的控制

人工费的控制实行"量价分离"的方法,将作业用工及零星用工按定额工日的一定比例综合确定用工数量与单价,通过劳务合同进行控制。

1. 人工费的影响因素

（1）社会平均工资水平。建筑安装工人人工单价必须和社会平均工资水平趋同。社会平均工资水平取决于经济发展水平。由于我国改革开放以来经济迅速增长,社会平均工资也有大幅增长,从而导致人工单价的大幅提高。

（2）生产消费指数。生产消费指数的提高会导致人工单价的提高,以减少生活水平的下降,或维持原来的生活水平。生活消费指数的变动取决于物价的变动,尤其取决于生活消费品物价的变动。

（3）劳动力市场供需变化。劳动力市场如果供不应求,人工单价就会提高;如果供过于求,人工单价就会下降。

（4）政府推行的社会保障和福利政策也会影响人工单价的变动。

（5）经会审的施工图、施工定额、施工组织设计等决定人工的消耗量。

2. 控制人工费的方法

加强劳动定额管理、提高劳动生产率、降低工程耗用人工工日,是控制人工费支出的主要手段。

（1）制定先进合理的企业内部劳动定额，严格执行劳动定额，并将安全生产、文明施工及零星用工下达到作业队进行控制。全面推行全额计件的劳动管理办法和单项工程集体承包的经济管理办法，以不突破施工图预算人工费指标为控制目标，对各班组实行工资包干制度。

（2）提高生产工人的技术水平和作业队的组织管理水平，根据施工进度、技术要求，合理搭配各工种工人的数量，减少和避免无效劳动。

（3）加强职工的技术培训和多种施工作业技能的培训，不断提高职工的业务技术水平，培养一专多能的技术工人，提高作业工效。

（4）实行弹性需求的劳务管理制度。对施工生产各环节上的业务骨干和基本的施工力量，要保持相对稳定。对短期需要的施工力量，要做好预测、计划管理，通过企业内部的劳务市场及外部协作队伍进行调剂。严格做到项目部的定员随工程进度要求波动，进行弹性管理。

（二）材料费的控制

材料费控制同样按照"量价分离"的原则，控制材料用量和材料价格。

1. 材料用量的控制

在保证符合设计要求和质量标准的前提下，合理使用材料，通过定额管理、计量管理等手段有效控制材料物资的消耗，具体方法如下：

（1）定额控制。对于有消耗定额的材料，以消耗定额为依据，实行限额发料制度。在规定限额内分期分批领用，超过限额领用的材料，必须先查明原因，经过一定的审批手续方可领料。

（2）指标控制。对于没有消耗定额的材料，则实行计划管理和按指标控制的办法。根据以往项目的实际耗用情况，结合具体施工项目的内容和要求，制定领用材料指标，以控制发料。超过指标的材料，必须经过一定的审批手续方可领用。

（3）计量控制。准确做好材料物资的收发计量检查和投料计量检查。

（4）包干控制。在材料使用过程中，对部分小型及零星材料（如钢钉、钢丝等），根据工程量计算出所需材料量，将其折算成费用，由作业者包干控制。

2. 材料价格的控制

材料价格主要由材料采购部门控制。由于材料价格由买价、运杂费、运输中的合理损耗等组成，因此控制材料价格，主要是通过掌握市场信息，应用招标和询价等方式控制材料、设备的采购价格。

施工项目的材料物资，包括构成工程实体的主要材料和构件，以及有助于工程实体形成的周转使用材料和低值易耗品。从价值角度看，材料物资的价值占建筑安装工程造价的60%～70%以上，其重要程度自然是不可言喻的。由于材料物资的供应渠道和管理方式各不相同，所以控制的内容和所采取的控制方法也将有所不同。

（三）施工机械使用费的控制

合理选择施工机械设备，合理使用施工机械设备对成本控制具有十分重要的意义，尤其是高层建筑施工。据某些工程实例统计，高层建筑地面以上部分的总费用中，垂直运输机械费占6%～10%。由于不同的起重运输机械各有不同的用途和特点，因此在选择起重运输机械时，首先应根据工程特点和施工条件确定采用何种不同起重运输机械的组合方式。在确定采用何种组合方式时，首先应满足施工需要，同时还要考虑到费用的高低和综合经济效益。

施工机械使用费主要由台班数量和台班单价两方面确定,为有效控制施工机械使用费支出,主要从以下几个方面进行控制。

1. 控制台班数量

(1)根据施工方案和现场实际,选择适合项目施工特点的施工机械,制订设备需求计划,合理安排施工生产,充分利用现有机械设备,加强内部调配,提高机械设备的利用率。

(2)保证施工机械设备的作业时间,安排好生产工序的衔接,尽量避免停工、窝工,尽量减少施工中所消耗的机械台班数量。

(3)核定设备台班定额产量,实行超产奖励办法,加快施工生产进度,提高机械设备单位时间的生产效率和利用率。

(4)加强设备租赁计划管理,减少不必要的设备闲置和浪费,充分利用社会闲置的机械资源。

2. 控制台班单价

(1)加强现场设备的维修、保养工作,降低大修、经常性修理等各项费用的开支,提高机械设备的完好率,最大限度地提高机械设备的利用率。避免因不当使用造成机械设备的停置。

(2)加强机械操作人员的培训工作,不断提高操作技能,提高施工机械台班的生产效率。

(3)加强配件的管理,建立健全配件领发料制度,严格按油料消耗定额控制油料消耗,达到修理有记录,消耗有定额,统计有报表,损耗有分析。通过经常分析总结,提高修理质量,降低配件消耗,减少修理费用的支出。

(4)降低材料成本,严把施工机械配件和工程材料采购关,尽量做到工程项目所进材料质优价廉。

(5)成立设备管理领导小组,负责设备调度、检查、维修、评估等具体事宜。对主要部件及其保养情况建立档案,分清责任,便于尽早发现问题,找到解决问题的办法。

第三节　施工项目成本核算

成本的核算过程,实际上也是各项成本项目的归集和分配过程。成本的归集是指通过一定的会计制度以有序的方式进行成本数据的收集和汇总,而成本的分配是指将归集的间接成本分配给成本对象的过程,也称间接成本的分摊或分派。

一、人工费核算

内包人工费,按月估算计入项目单位工程成本。外包人工费,按月凭项目造价员提供的"包清工工程款月度成本汇总表"预提计入项目单位工程成本。上述内包、外包合同履行完毕,根据分部分项的工期、质量、安全、场容等验收考核情况,进行合同结算,以结账单按实据调整项目的实际值。

二、材料费核算

(一)工程材料耗用汇总

工程耗用的材料,根据限额领料单、退料单、报损报耗单、大堆材料耗用计算单等,由项目材料员按单位工程编制"材料耗用汇总表",据以计入项目成本。

（二）钢材、水泥、木材价差核算

（1）标内代办。指"三材"差价列入工程预算账单内作为造价组成部分。由项目成本员按价差发生额,一次或分次提供给项目负责统计的统计员报出产值,以便收回资金。单位工程竣工结算,按实际消耗来调整实际成本。

（2）标外代办。指由建设单位直接委托材料分公司代办"三材",其发生的"三材"差价,由材料分公司与建设单位按代办合同口径结算。项目经理部只核算实际耗用超过设计预算用量的那部分量差及应负担市场部高进高出的差价,并计入相应的单位工程成本。

（三）一般价差核算

（1）提高项目材料核算的透明度,简化核算,做到明码标价。

（2）钢材、水泥、木材、玻璃、沥青按实际价格核算,高于预算费用的差价,高进高出,谁用谁负担。

（3）装饰材料按实际采购价作为计划价核算,计入该项目成本。

（4）项目对外自行采购或按定额承包供应材料,如砖、瓦、砂、石、小五金等,应按实际采购价或按议价供应价格结算,由此产生的材料成本差异节超,相应增减成本。

三、周转材料费核算

（1）周转材料实行内部租赁制,以租费的形式反映消耗情况,按"谁租用谁负担"的原则,核算其项目成本。

（2）按周转材料租赁办法和租赁合同,由出租方与项目经理部按月结算租赁费。租赁费按租用的数量、时间和内部租赁单价计入项目成本。

（3）周转材料在调入移出时,项目经理部都必须加强计量验收制度,如有短缺、损坏,一律按原价赔偿,计入项目成本（短损数＝进场数－退场数）。

（4）租用周转材料的进退场运费,按其实际发生数,由调入项目负担。

（5）对U形卡、脚手扣件等零件除执行租赁制外,考虑到其比较容易散失的因素,故按规定实行定额预提摊耗,摊耗数计入项目成本,相应减少次月租赁基数及租费。单位工程竣工,必须进行盘点,盘点后的实物数与前期逐月按控制定额摊耗后的数量差,按实调整清算计入成本。

（6）实行租赁制的周转材料一般不再分配负担周转材料差价。

四、结构件费核算

（1）项目结构件的使用必须要有领发手续,并根据这些手续,按照单位工程使用对象编制"结构件耗用月报表"。

（2）项目结构件的单价,以项目经理部与外加工单位签订的合同为准,计算耗用金额计入成本。

（3）根据实际施工形象进度、已完施工产值的统计、各类实际成本报耗三者在月度时点的"三同步"原则(配比原则的引申与应用),结构件耗用的品种和数量应与施工产值相对应。结构件数量金额账的结存数应与项目成本员的账面余额相符。

（4）结构件的高进高出价差核算同材料费高进高出价差核算一致。

（5）如发生结构件的一般价差，可计入当月项目成本。

（6）部位分项分包，如铝合金门窗、卷帘门、轻钢龙骨石膏板、平顶屋面防水等，按照企业通常采用的类似结构件管理和核算方法，项目造价员必须做好月度已完工程部分验收记录，正确计报部位分项分包产值，并书面通知项目成本员及时、正确、足额计入成本。

（7）在结构件外加工和部位分包施工过程中，项目经理部通过自身努力获取经营利益或转嫁压价让利风险所产生的利益，均应受益于施工项目。

五、机械使用费核算

（1）机械设备实行内部租赁制，以租赁费形式反映其消耗情况，按"谁租用谁负担"原则，核算其项目成本。

（2）按机械设备租赁办法和租赁合同，由企业内部机械设备租赁市场与项目经理部按月结算租赁费。租赁费根据机械使用台班、停置台班和内部租赁单价计算，计入项目成本。

（3）机械进出场费按规定由承租项目负担。

（4）项目经理部租赁的各类中小型机械，其租赁费全额计入项目机械费成本。

（5）根据内部机械设备租赁运行规则要求，结算原始凭证由项目指定专人签证开班和停班数，据以结算费用。现场机、电、修等操作工奖金由项目考核支付，计入项目机械成本并分配到有关单位工程。

（6）向外单位租赁机械，按当月租赁费用全额计入项目机械费成本。

六、其他直接费核算

项目施工生产过程中实际发生的其他直接费，有时并不"直接"，凡能分清受益对象的，应直接计入受益成本核算对象的工程施工——"其他直接费"。如与若干个成本核算对象有关的，可先归集到项目经理部的"其他直接费"总账科目（自行增设），再按规定的方法分配计入有关成本核算对象的工程施工——"其他直接费"成本项目内。分配方法可参照费用计算基数，以实际成本中的直接成本（不含其他直接费）扣除"三材"差价为分配依据。即人工费、材料费、周转材料费、机械使用费之和扣除高进高出价差。

（1）施工过程中的材料二次搬运费，按项目经理部向劳务分公司汽车队托运包天或包月租费结算，或以汽车公司的汽车运费计算。

（2）临时设施摊销费按项目经理部搭建的临时设施总价（包括活动房）除以项目合同工期求出每月应摊销额，临时设施使用一个月摊销一个月，摊完为止。项目竣工搭拆差额（盈亏）据实调整实际成本。

（3）生产工具用具使用费。大型机动工具、用具等可以套用类似内部机械租赁办法以租费形式计入成本，也可按购置费用一次摊销法计入项目成本，并做好在用工具实物借用记录，以便反复利用。工具用具的修理费按实际发生数计入成本。

（4）除上述以外的其他直接费内容，均应按实际发生的有效结算凭证计入项目成本。

七、施工间接费核算

（1）要求以项目经理部为单位编制工资单和奖金单列支工作人员薪金。项目经理部工资总额每月必须正确核算，以此计提职工福利费、工会经费、教育经费、劳保统筹费等。

（2）劳务分公司所提供的炊事人员代办食堂承包、服务、警卫人员提供区域岗点承包服务以及其他代办服务费用计入施工间接费。

（3）内部银行的存贷款利息，计入"内部利息"（新增明细子目）。

（4）施工间接费，先在项目"施工间接费"总账归集，再按一定的分配标准计入受益成本核算对象（单位工程）"工程施工——间接成本"。

八、分包工程成本核算

（1）包清工程，如前所述纳入人工费，即外包人工费内核算。

（2）部位分项分包工程，如前所述纳入结构件费内核算。

（3）双包工程，是指将整幢建筑物以包工包料的形式包给外单位施工的工程。可根据承包合同取费情况和发包（双包）合同支付情况，即上下合同差，测定目标盈利率。月度结算时，以双包工程已完工程价款作收入，应付双包单位工程款作支出，适当负担施工间接费预结降低额。为稳妥起见，拟控制在目标盈利率的50%以内，也可月结成本时作收支持平，竣工结算时，再据实调整实际成本，反映利润。

（4）机械作业分包工程，是指利用分包单位专业化的施工优势，将打桩、吊装、大型土方、深基础等施工项目分包给专业单位施工的形式。对机械作业分包产值的统计范围是，只统计分包费用，而不包括物耗价值。机械作业分包实际成本与此对应包括分包结账单内除工期费之外的全部工程费。总体反映其全貌成本。

同双包工程一样，总分包企业合同差，包括总包单位管理费，分包单位让利收益等在月结成本时，可先预结一部分，或月结时作收支持平处理，到竣工结算时，再作项目效益反映。

（5）上述双包工程和机械作业分包工程由于收入和支出比较容易辨认（计算），所以项目经理部也可以对这两项分包工程，采用竣工点交办法，即月度不结盈亏。

（6）项目经理部应增设"分建成本"成本项目，核算反映双包工程、机械作业分包工程的成本状况。

（7）各类分包形式（特别是双包），对分包单位领用、租用、借用本企业物资、工具、设备、人工等费用，必须根据经管人员开具的且经分包单位指定专人签字认可的专用结算单据，如"分包单位领用物资结算单"及"分包单位租用工具设备结算单"等结算依据入账，抵作已付分包工程款。同时，要注意对分包资金的控制，分包付款、供料控制，主要应依据合同及要料计划实施制约，单据应及时流转结算，账上支付款（包括抵作额）不得突破合同。要注意阶段控制，防止资金失控而引起成本亏损。

第四节　施工项目成本偏差分析

一、偏差分析的表达方法

偏差分析可以采用不同的表达方法，常用的有横道图法、表格法和曲线法。

（一）横道图法

横道图法具有形象、直观、一目了然等优点，它能够准确地表达出费用的绝对偏差，而且能够一眼就感受到偏差的严重性。但这种方法反映的信息量小，一般在项目的较高管理层应用。

（二）表格法

表格法是进行偏差分析最常用的一种方法。用表格法进行偏差分析具有如下优点：灵活、适用性强；信息量大；表格处理可借助于计算机，从而节约大量的人力和时间。

（三）曲线法

曲线法进行偏差分析时具有形象、直观等特点，但这种方法很难直接用于定量分析，只能对定量分析起一定的指导作用。

二、偏差原因分析

在实际执行过程中，最理想的状态是：已完工作实际费用、计划工作预算费用、已完工作预算费用三条线靠得很近、平稳上升，表示项目按预定计划目标进行。如果三条曲线离散程度不断增加，则预示可能发生关系到项目成败的重要问题。

偏差分析的一个重要目的就是要找出引起偏差的原因，从而有可能采取有针对性的措施，减少或者避免相同问题的再次发生。在进行偏差原因分析时，首先应当将已经导致和可能导致偏差的各种原因逐一列举出来。导致不同工程项目产生费用偏差的原因具有一定共性，因而可以通过对已建项目的费用偏差原因进行归纳、总结，为该项目采取预防措施提供依据。

一般来说，产生费用偏差的原因有以下几种，见图6-1。

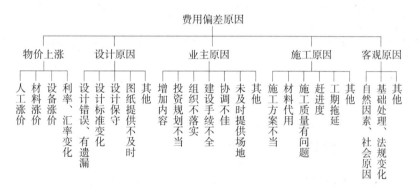

图6-1　工程项目费用偏差原因分析

三、纠偏措施

通常要压缩已经超支的费用，而不损害其他目标是十分困难的，一般只有当给出的措施比原计划已选定的措施更为有利，或使工程范围减少，或生产效率提高，成本才能降低。其具体措施如下：

（1）寻找新的、更好更省的、效率更高的设计方案。

（2）购买部分产品，而不是采用完全由自己生产的产品。

（3）重新选择供应商，但会产生供应风险，选择需要时间。

（4）改变实施过程。

（5）变更工程范围。

（6）索赔，如向业主、承（分）包商、供应商索赔，以弥补费用超支。

第七章　施工现场技术管理

第一节　施工现场技术管理概述

一、施工技术管理组织体系

现场的技术管理组织体系是施工企业为实施承建工程项目管理的技术工作班子。其包括项目经理、项目总工程师、施工员、质量员、安全员、机械员、材料员、劳务员、测量员等人员,设置的人员可以是兼职,但必须持有效岗位证书上岗。组织体系如图7-1所示。

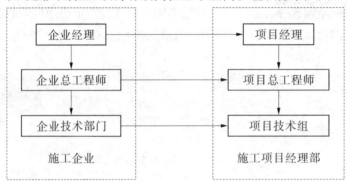

图 7-1　施工技术管理组织体系

二、施工技术管理制度

(一)施工技术管理责任制

施工技术管理责任制是指对各个岗位的技术工作人员必须履行的职责、权限、工作程序、要求、评估标准、考核办法等作出的具体规定。

(二)技术交底制度

技术交底是一项经常性的工作,应分级、分阶段进行。技术交底的主要内容包括合同交底、设计图纸交底、施工组织设计交底、设计变更交底、新技术交底等。

(三)技术复核制度

凡是涉及定位轴线、标高、尺寸、配合比、皮数杆、横板尺寸、预留洞口,预埋件的材质、型号、规格,吊装预制构件强度等,都必须根据设计文件和技术标准的规定进行复核检查,并做好记录和标识。

(四)施工组织设计文件审批制度

施工组织设计的审核、审批,实行总工程师负责制,报监理工程师审批,同时报业主备案。经过审批的施工组织设计,开工前要逐级进行交底。项目部还应对重点、难点工程拟定具体的实施细则和计划,保证施工组织设计的贯彻执行。

（五）设计变更和技术核定管理制度

由于业主的需要或设计单位出于某种改善性的考虑，以及现场实际条件的变化等，都将导致施工图的设计变更。这不仅关系到施工依据变化，而且涉及工程量的增减变化。

（六）施工日记制度

施工日记真实而客观地记录了从工程开工到竣工每天现场施工状况的动态过程，包括当天的气象、施工部位和作业内容、作业能力效率和施工质量、例行检查和施工巡视所发现的问题、各种施工指令的传达与执行、施工条件变化及影响因素、对策措施、整改实情与结果等。

（七）图纸会审制度

一般由建设单位（或监理工程师）负责组织，设计单位交底，施工单位参加，进行集体会审。

三、施工技术管理基础工作

（一）施工技术法规性文件

施工技术法规性文件指各种有关施工技术的标准、规范、规程或规定。技术标准有国家标准、行业标准和企业标准，是建立和维护正常的生产与工作秩序应遵守的准则。

（二）技术原始记录

技术原始记录包括建筑材料、构配件、工程用品及施工质量检验、试验、测定记录、图纸会审和设计交底记录，以及设计变更、技术核定记录、工程质量及安全事故分析与处理记录、施工日记等，是提供工程形成过程实际状况的真实凭据。

（三）技术档案

技术档案是指设计文件、施工组织设计文件、施工方案或大纲、施工图放样、技术措施等施工现场实际运作所形成各类技术资料的分类、立卷、归档、保管等。

（四）技术情报

由于社会生产力的不断发展和科学技术的进步，施工技术革新及新工艺的开发，新材料、新设备的应用，使建筑业的施工水平日益提高。因此，必须重视建筑技术发展的最新动态，努力结合实际，推广使用先进的成果，提高市场竞争力。

（五）计量工作

计量工作包括计量技术和计量管理。开展经常性的计量工作知识培训，明确现场计量工作标准，正确配置计量器具，及时修理更换计量器具，以确保计量器具经常处于完好状态。

四、施工管理技术文件

施工管理技术文件是组织施工的根本依据和必备条件，应由施工技术部门指定专人负责接收、登记、分发、保管，并注明是否"有效"。施工文件管理范围包括：

（1）工程设计图纸、说明书及附表资料、概预算、变更设计图及变更设计通知单等。

（2）工程技术规范、工程设计采用的标准设计图纸。

（3）承包工程的投标书、施工承包合同及补充文件。

（4）施工过程中形成的技术资料，包括交接签认记录，轴线、水平原始测量记录，建筑物放样记录，工程检验、试验资料，特殊过程监控记录，创优工程资料，施工日记，编制竣工文件资料,有关的施工协议,会议纪要,检查记录,图片、施工过程音像资料等。

(5)上级和建设、监理单位对工程施工的指令、通知文件。

第二节　施工现场技术管理的主要工作

一、图纸会审

图纸会审是为了使施工单位、监理单位、建设单位和其他相关单位了解设计意图,明确质量要求,消除图纸上存在的问题和错误,解决专业之间的矛盾,使设计达到安全可靠、经济合理、美观适用。

(一)图纸会审程序

(1)会审由建设单位召集进行,并由建设单位分别通知设计、监理、施工单位(施工单位分包的由施工单位通知)参加。

(2)会审分"专业会审"和"综合会审",解决专业自身和专业与专业之间存在的各种矛盾及施工配合问题。在会审之前,应先由设计单位交底,交代设计意图、重要及关键部位,采用的新技术、新结构、新工艺、新材料、新设备等的做法、要求、达到的质量标准,然后由各单位提出图纸中存在的问题和对设计单位的要求。

(3)会审时,由项目技术人员提出自审时的统一意见并做记录。会审后整理好图纸会审记录,由各参加会审单位盖章后生效。

(4)根据实际情况,图纸也可分阶段会审,如地下室工程、主体工程、装修工程、水电暖等。当图纸问题较多、较大时,施工中间可重新会审,以解决施工中发现的设计问题。

(二)会审内容

(1)审查施工图设计是否符合国家有关技术、经济政策和有关规定,是否经设计单位正式签署。

(2)审查地质勘探资料是否齐全,施工图的基础工程设计与地基处理有无问题,是否符合现场实际地质情况。

(3)审查建设项目坐标、标高与总平面图中标注是否一致。

(4)审查图纸及说明是否齐全和清楚明确,核对专业之间的图纸是否相符,相互间的关系尺寸、标高是否一致。

(5)审查平面、立面、剖面图之间关系是否矛盾或标注是否有遗漏,建筑图本身平面尺寸是否有差错,与结构图的平面尺寸及标高是否一致,各种标高是否符合要求。

(6)审查建设项目与地下构筑物、管线、运输道路等之间有无矛盾。

(7)审查结构图本身是否有差错及矛盾,结构图中是否有钢筋明细表,若无钢筋明细表,钢筋混凝土关于钢筋构造方面的要求在图中是否说明清楚,如钢筋锚固长度与抗震要求长度等。

(8)审查施工图中有无施工特别困难的部位,是否采用特殊材料、构件与配件,货源是否有保证。

(9)对设计采用的新技术、新结构、新材料、新工艺和新设备的可能性及应采取的必要措施进行商讨。

(10)设计中的新技术、新结构限于施工条件和施工机械设备能力以及安全施工等因素,要求设计单位予以改变部分设计的,审查时必须提出,共同研讨,求得圆满的解决方案。

二、技术交底

(一)技术交底的要求

(1)技术交底必须满足设计图纸和变更的要求,执行和满足施工规范、规程、工艺标准、质量评定标准和建设单位的合理要求。

(2)整个施工过程包括各分部分项工程的施工均须做技术交底,对易发生质量事故和工伤事故的工种与工程部位,在技术交底时,应着重强调各种事故的预防措施。

(3)技术交底必须以书面形式,交底内容字迹要清楚、完整,要有交底人、接收人签字,所有的技术交底资料都要归入工程技术档案。

(4)技术交底必须在工程施工前进行,作为整个工程和分部分项工程施工前准备工作的一部分。

(二)技术交底范围划分

(1)设计交底。设计单位根据国家的基本建设方针政策和设计规范进行工程设计,经所在地区建设委员会和有关部门审批后,由设计人员向施工单位就设计意图、图纸要求、技术性能、施工注意事项及关键部位的特殊要求等进行技术交底。

(2)施工单位总工程师或主任工程师向施工负责人进行施工技术交底。

(3)项目技术负责人主持向项目全体工程技术和管理人员进行施工组织设计交底,交底参加人员也可扩大到班(组)长。

(4)技术人员对班(组)长和工人进行技术交底,是各级技术交底的关键,必须向班(组)长(必要时向全体人员)和有关人员反复细致地进行;班(组)长应结合承担的具体任务向班(组)成员交代清楚施工任务、关键部位、质量要求、操作要点、分工及配合、安全等事项。

(三)施工技术交底的内容

(1)施工单位总工程师或主任工程师向施工负责人进行技术交底的内容应包括以下几个主要方面:

①工程概况、各项技术经济指标和要求;

②主要施工方法,关键性的施工技术及实施中存在的问题;

③特殊工程部位的技术处理细节及其注意事项;

④新技术、新工艺、新材料、新结构施工技术要求与实施方案及注意事项;

⑤施工组织设计网络计划、进度要求、施工部署、施工机械、劳动力安排与组织;

⑥总包与分包单位之间互相协作配合关系及其有关问题的处理;

⑦施工质量标准和安全技术,尽量采用本单位所推行的工法等标准化作业。

(2)施工技术负责人向单位工程负责人、质量检查员、安全员进行技术交底的内容包括以下几个方面:

①工程概况和当地地形、地貌、工程地质及各项技术经济指标;

②设计图纸的具体要求、做法及其施工难度;

③施工组织设计或施工方案的具体要求及其实施步骤与方法;

④施工中具体做法和采用的工艺标准,关键部位及其实施过程中可能遇到的问题与解

决办法；

⑤施工进度要求、工序搭接、施工部署与施工班组任务确定；

⑥施工中所采用主要施工机械型号、数量及其进场时间、作业程序安排等有关问题；

⑦新工艺、新结构、新材料的有关操作规程、技术规定及其注意事项；

⑧施工质量标准和安全技术具体措施及其注意事项。

(3)单位工程负责人或技术主管工程师向各作业班(组)长和各工种工人进行技术交底的内容应包括以下几个方面：

①侧重交清每一个作业班组负责施工的分部分项工程的具体技术要求和采用的施工工艺标准或企业内部工法；

②各分部分项工程施工质量标准；

③质量通病预防办法及其注意事项；

④施工安全交底及介绍以往同类工程的安全事故教训和应采取的具体安全对策。

三、技术复核

技术复核是指施工单位在施工前或施工过程中，对重要分项工程的施工质量和管理人员的工作质量，在自检的基础上进行复核的一项技术工作。

(一)技术复核的要求

(1)在施工过程中，对重要的和影响全面的技术工作，必须在分部分项工程正式施工前进行复核，以免发生重大差错，影响工程质量和使用。

(2)技术复核记录由所办复核工程内容的技术员负责填写，并经质检人员和项目技术负责人签署复查意见和签字。

(3)技术复核记录必须在下一道工序施工前办理，办理后交项目资料员，资料员收到后应及时进行归档。

(二)技术复核的主要内容

(1)建筑物的位置和高程：施工测量控制(网)桩的坐标位置，测量定位的标准轴线(网)桩位置及其间距，水准点、轴线、标高等。

(2)地基与基础工程：基坑(槽)底的土质，基础中心线的位置，基础底标高、基础各部分尺寸。

(3)钢筋混凝土工程：模板的位置、标高及各分部尺寸，预埋件、预留孔的位置、标高、型号和牢固程度，现浇混凝土的配合比、组成材料的质量状况，钢筋的品种、规格、接头位置、搭接长度，预埋构件安装位置及标高、接头情况、构件强度等。

(4)钢结构工程：设计施工图及结点大样图、构件的形状和尺寸、安装位置等。

(5)砌体工程：墙身中心线、皮数杆、砂浆配合比等。

(6)防水工程：防水材料的配合比、材料的质量等。

(7)装配式结构：钢筋混凝土柱、屋架、吊车梁以及特殊屋面的形状、尺寸等。

四、施工日记

施工日记是指在建工程整个施工阶段，有关施工技术方面的记录。要求真实而客观地记录工程从开工到竣工的施工现场状况的动态过程，包括每天的气象、施工部位作业内容、施工质量、例行检查所发现的问题及整改措施等。

施工日记的规范记录可帮助了解检查和分析施工进展的状况。在工程竣工若干年后，其耐久性、适用性、安全性发生问题而影响其功能时，是查找原因，制订维修、加固方案的依据之一。

单位工程施工记录，由项目部专业工程师负责逐日记载，填写在单位工程施工记录表上，并经主任工程师或有关负责人审核是否确实，且签名后，纳入施工技术资料存档，直至工程竣工。

单位工程施工记录的主要内容包括：

（1）工程的开、竣工日期以及主要分部分项工程的施工起止日期、技术资料供应情况。

（2）因设计与实际情况不符，由设计（或建设）单位在现场解决的设计问题及施工图修改的记录。

（3）重要工程的特殊质量要求和施工方法。

（4）在紧急情况下采取的特殊措施的施工方法。

（5）质量、安全、机械事故的情况，发生原因及处理方法的记录。

（6）有关部门对工程所作的生产、技术方面的决定或建议。

（7）气候、气温、地质以及其他特殊情况（如停电、停水、停工待料）的记录等。

五、隐蔽工程的检查与验收

隐蔽工程是指完工后被下一道施工工序所掩盖的工程。

（一）隐蔽工程检查与验收要求

（1）凡隐蔽工程都必须在隐蔽之前进行检查，做好记录，办理验收手续。

（2）隐蔽工程由工程施工负责人组织验收，邀请建设单位、设计单位和监理单位派人参加。

（3）隐蔽工程检查记录是工程档案的重要内容之一，隐蔽工程经共同验收后，应及时填写隐蔽工程检查记录。

（二）隐蔽工程项目及检查内容

（1）地基与基础工程：土质情况，基础断面尺寸，桩的位置、数量，打桩记录，人工地基的试验记录等。

（2）钢筋混凝土工程：钢筋的品种、规格、数量、位置、形状、焊接尺寸、接头位置、除锈等，预埋件的数量及位置，预应力钢筋的对焊、冷拉、控制应力，混凝土强度、保护层厚度等情况。

（3）砖砌体工程：抗震钢筋、拉结钢筋、砖过梁配筋部位品种、规格及数量。

（4）木结构工程：屋架、檩条、墙体、天棚、地下等隐蔽部位的防腐、防蛀、防菌等处理。

（5）防水工程：屋面、地下室、水下结构物的防水找平层的质量情况、干燥程度、防水层数，玛琦酯的软化点、延伸度、使用温度、屋面保温层做法、防水处理措施的质量。

第八章　施工项目安全管理

第一节　施工项目安全管理概述

施工项目安全管理就是在项目实施的过程中,施工单位运用科学管理的理论、方法,通过法规、技术、组织等手段组织安全生产的全部管理活动。通过对生产因素具体的状态控制,使生产因素不安全的行为和状态减少或消除,使人、物、环境构成的施工生产体系达到最佳安全状态,从而实现项目安全目标。

一、施工项目安全管理原则

(一)管生产必须管安全

国务院在《关于加强企业生产中安全工作的几项规定》中明确指出,各级领导人员在管理生产的同时,必须负责管理安全工作;企业中各有关专职机构,都应该在各自业务范围内,对实现安全生产的要求负责。

施工单位应当建立以第一责任人为核心的各级、各部门、各岗位的安全生产责任制。施工单位的法定代表人是本单位安全生产的第一责任人,对本单位的安全生产全面负责;项目经理是本项目安全生产的第一责任人,对本项目的安全生产全面负责;从事特殊工种的作业人员对本工种的安全生产负主要责任。

(二)坚持安全管理的目的性

安全管理的内容是对生产中的人、物、环境因素状态的管理,有效地控制人的不安全行为、物的不安全状态和环境的不安全因素,消除或避免安全事故的发生,达到保护劳动者的安全与健康的目的。

(三)贯彻预防为主的方针

安全生产的方针是"安全第一、预防为主"。安全第一是从保护生产力的角度和高度,体现了"以人为本"的指导思想。表明在生产范围内安全与生产的关系,肯定了安全在生产活动中的位置和重要性。

贯彻预防为主,要端正对生产中不安全因素的认识,端正消除不安全因素的态度,选准消除不安全因素的时机。针对施工生产中可能出现的危险因素,采取措施将其消灭在萌芽状态,以保证生产活动中人的安全与健康。

(四)坚持"四全"动态管理

安全管理不是少数人和安全机构的事,而是一切与生产有关的人共同的事。缺乏全员的参与,不会出现好的管理效果。安全管理也涉及生产活动的方方面面,涉及从开工到竣工交付的全部生产过程,涉及全部的生产时间,涉及一切变化着的生产因素。因此,生产活动中必须坚持全员、全过程、全方位、全天候的动态安全管理。

（五）安全管理重在控制

进行安全管理的目的是预防、消灭事故，防止或消除事故伤害，保护劳动者的安全与健康。因此，对生产中人的不安全行为、物的不安全状态和环境的不安全因素的控制，必须是动态安全管理的重点。

（六）在管理中发展提高

安全管理是是一种动态的管理，意味着它是不断发展、不断变化的，以适应变化的生产活动，消除新的危险因素。因此，必须在管理中总结经验教训，制定新的管理制度和方法来指导新的安全管理，使安全管理不断得到发展提高。

二、安全管理责任制

安全管理责任制是企业岗位责任制的重要组成部分，是企业安全管理中最基本的一项制度。建立健全以安全生产责任制为中心的各项安全管理制度，是保障施工项目安全生产的重要手段。

《建筑法》第四十四条规定：建筑施工企业必须依法加强对建筑安全生产的管理，执行安全生产责任制度，采取有效措施，防止伤亡和其他安全事故的发生。建筑企业的法定代表人对本企业的安全生产负责。项目经理对合同工程项目生产经营过程中的安全生产负全面领导责任，是安全生产第一责任人。

（一）施工单位安全生产责任制

（1）施工单位的法定代表人是本单位安全生产的第一责任人，对本单位的安全生产全面负责。

（2）施工单位应建立健全各级、各部门、各岗位的安全生产责任制度和安全生产培训教育制度，制定安全生产规章制度和操作规程。

（3）施工单位应对安全生产文明施工费用专款专用，不得挪作他用。施工单位内部经济承包合同中必须有安全生产文明施工控制指标，并有明确的奖罚措施。

（二）施工项目安全生产责任制

1. 项目经理的安全职责

（1）对所承建工程项目生产经营过程中的安全生产负直接责任。

（2）坚持管生产必须管安全的原则，贯彻落实安全生产方针、政策、法规和各项规章制度，结合工程项目特点及施工全过程的情况，制定和执行安全生产管理办法。

（3）确定安全管理目标，建立项目安全生产保证体系，组织编制安全保证措施方案计划。

（4）落实施工组织设计、施工方案中各项安全技术要求，严格执行安全技术措施审批制度。

（5）按《建筑施工安全检查标准》（JGJ 59—2011）的要求，定期组织安全生产检查，对可能产生的安全隐患制定相应的预防措施。

（6）当发生安全事故时，要做好现场保护与抢救工作，并按有关规定及程序及时上报，协助事故调查组参加事故的调查处理，制定防止同类事故再次发生的措施。

2. 项目施工副经理

（1）协调安全保证体系运行中的重大问题，组织召开安全生产工作会议。

（2）定期组织管理人员学习安全生产法律、法规和安全管理标准，传达上级主管部门的文件、会议精神。

（3）组织实施现场安全文明标准化管理，创造良好的施工环境，树立企业形象。

（4）组织安全设施验收，积极配合上级部门对工程项目的安全监督检查；根据项目安全保证计划组织有关管理人员制定针对性的安全技术措施，并经常组织安全检查，落实整改措施。

（5）负责安全设施所需的材料、设备、设施的采购计划的审核及批准。

3. 技术负责人

（1）对工程项目生产中的安全生产负技术责任。

（2）组织编制施工组织设计，负责对安全难度系数较大的施工方案进行优化；组织编制相应的安全保证计划，并督促实施。

（3）主持制订技术措施计划和季节性施工方案的同时，制定相应的安全技术措施并监督执行，及时解决执行中的问题。对风险较大和专业性强的工程项目应组织安全技术论证。

（4）参加安全生产检查，对施工中存在的不安全因素，从技术方面提出整改意见和办法予以消除。

（5）制定施工各阶段针对性安全技术交底（单位工程、单项工程安全技术交底，并做好技术交底人员的签字记录）；对工程技术部门负责的安全体系要素进行监控，落实改进措施。

4. 施工员

（1）认真执行上级有关安全生产规定，对所管辖班组的安全生产负直接领导责任。

（2）认真执行安全技术措施及安全操作规程，针对生产任务特点，向班组进行书面安全技术交底，并对交底跟踪落实，随时纠正违章作业，发现并消除不安全隐患。

（3）经常检查所辖班组作业环境及各种设备、设施的安全状况，检查各种设备设施技术状况是否符合安全要求，严格执行安全技术交底，落实安全技术措施，并监督其执行。

（4）定期和不定期地组织所辖班组学习安全操作规程，开展安全教育活动，接受安监部门或人员的安全监督检查，及时解决提出的不安全问题。

（5）对分管工程项目应用的新材料、新工艺、新技术严格执行申报、审批制度，发现问题应及时停止使用，并上报有关部门或领导。

（6）发生因工伤亡事故要保护现场，立即上报。

5. 安全员

（1）认真学习和执行有关安全生产与安全技术管理规定，贯彻安全保证计划中的各项安全技术措施。

（2）组织作业人员学习安全技术规程和安全管理规章制度，监督、检查操作人员的遵章守纪情况，对违章人员进行教育和处罚。当安全与生产发生冲突时，有权制止冒险作业。

（3）发生工伤事故，应立即采取措施抢救伤者，并保护现场，在规定时间内上报并参与事故调查处理。

（4）组织、参与安全技术交底，对施工全过程的安全实施控制，并做好记录；协助上级部门的安全检查，如实汇报工程项目安全状况。

（5）负责一般事故的调查、分析，提出处理意见，协助处理重大工伤、机械事故，参与纠正和预防措施的制定,防止事故再发生。

6. 班组长

(1)认真执行安全生产的各项法规、规定、规章制度及安全操作规程,合理安排班组人员工作,对本班组人员在生产中的安全和健康负责。

(2)安排施工任务时,向本工种操作人员认真进行安全技术交底,严格执行本工种安全技术操作规程。

(3)经常检查班组作业现场安全生产情况,消除安全隐患,发现问题及时解决。

(4)组织班组开展安全活动,召开岗前安全生产会,认真做好新工人的岗位教育工作。

7. 操作工人

(1)自觉遵守安全管理制度,认真执行安全技术交底,积极参加各种安全活动。

(2)认真学习并严格执行本工种安全管理操作规程,不违章作业,对本工种安全负责。

(3)爱护和正确使用机器设备、工具及个人防护用品。

(4)发现工伤、未遂事故或事故隐患,立即向班组长报告。

第二节　施工安全技术措施计划

安全技术措施计划又叫作劳动保护措施计划,是在施工项目开工前,由项目经理部编制,经项目经理批准后实施,是指以改善企业劳动条件,防止工伤事故,防止职业病和职业中毒为目的的技术组织措施。它是企业有计划地逐步改善劳动条件的重要工具,是防止工伤事故和职业病的一项重要的劳动保护措施;是企业生产、技术、财务计划的一个重要组成部分。

安全技术措施计划的内容包括:安全技术措施的名称,内容和目标,经费预算及其来源,组织结构和职责权限,安全技术措施执行情况与效果,检查评价等。

施工安全技术措施计划的作用:它是具有指导安全施工的规定,也是检查施工是否安全的依据;应根据不同工程的结构特点和施工方法,编制具有针对性的安全技术措施;它不仅能指导施工,而且是进行安全交底、安全检查和验收的依据,是安全生产的保证。

一、施工安全技术措施计划的实施

(一)落实安全责任,实行责任管理

施工单位对工程项目应建立以项目经理为第一责任人的各级管理人员安全生产责任制,按规定配备专职安全员。工程项目部应制定安全生产资金保障制度,应编制安全资金使用计划,并按计划实施;工程项目部应制定以伤亡事故控制、现场安全达标、文明施工为主要内容的安全生产管理目标,按安全生产管理目标和项目管理人员的安全生产责任制,进行安全生产责任目标分解;应建立对安全生产责任制和责任目标的考核制度,对项目管理人员定期进行考核。

项目经理是施工项目安全管理、文明施工第一责任人,负责落实安全生产责任制度、安全生产规章制度和操作规程,确保安全生产费用的有效使用,并根据工程的特点组织制定安全施工措施,消除安全事故隐患,及时、如实报告生产中出现的安全事故。各级职能部门、人员在各自业务范围内,对实现安全生产的要求负责。

(二)安全技术交底制度

建立和实施安全技术交底制度,对安全施工技术进行三级交底。项目技术负责人向全体技术人员进行安全技术交底,重点是原则性的标准、规范和施工方案等;技术人员向班组进行安全技术交底,重点是如何实施,用某种方法及所要达到的标准和要求等;班组对班组组员进行有针对性的安全技术交底。

安全技术交底应按施工工序、施工部位、施工栋号分部分项进行,并应结合施工作业场所状况、特点、工序,对危险因素、施工方案、规范标准、操作规程和应急措施进行交底。安全技术交底应由交底人、被交底人、专职安全员进行签字确认。

(三)安全教育

《建筑法》第四十六条规定:建筑施工企业应当建立健全安全生产教育培训制度,加强对职工安全生产的教育培训;未经安全生产教育培训的人员,不得上岗作业。

施工企业的安全教育分三级进行,即公司、项目部、施工班组。公司安全教育的内容重点是国家和地方有关安全生产的政策、法规、标准、规范、规程和企业的安全规章制度等;项目经理部安全教育的内容是工地安全制度、施工现场环境、工程施工特点及可能存在的不安全因素等;施工班组安全教育的内容是本工种的安全操作规程、事故案例剖析等。

(四)安全检查

工程项目部应建立安全检查制度。安全检查应由项目负责人组织,专职安全员及相关专业人员参加,定期进行并填写检查记录。对检查中发现的事故隐患应下达隐患整改通知单,定人、定时间、定措施进行整改。重大事故隐患整改后,应由相关部门组织复查。

从事建筑施工的项目经理、专职安全员和特种作业人员,必须经行业主管部门培训考核合格,取得相应资格证书,方可上岗作业;项目经理、专职安全员和特种作业人员应持证上岗。

二、土石方工程安全技术要求

(一)土方开挖

(1)土方开挖方法、开挖顺序应根据支护方案和降排水要求进行,当采用局部或全部放坡开挖时,放坡坡度应满足其稳定性要求。

(2)开挖应自上而下进行,严禁先挖坡脚。软土基坑无可靠措施时应分层均衡开挖,层高不宜超过 1 m。土方每次开挖深度和开挖顺序必须按设计要求。坑(槽)沟边 1 m 以内不得堆土、堆料,不得停放机械。

(3)当基坑开挖深度大于相邻建筑的基础深度时,应保持一定距离或采取边坡支撑加固措施,并进行沉降和移位观测。

(4)挖土机作业的边坡应验算其稳定性,当不能满足稳定性要求时,应采取加固措施。在停机作业面以下挖土应选用反铲或拉铲作业,当使用正铲作业时,挖掘深度应严格按其说明书规定进行。有支撑的基坑使用机械挖掘时,应防止作业中碰撞支撑。

(5)当基坑施工深度超过 2 m 时,坑边应按照高处作业的要求设置临边防护,作业人员上下应有专用梯道。

(二)基坑支护

(1)支护结构的选型应考虑结构的空间效应和基坑特点,选择有利支护的结构形式或采用几种形式相结合的方法。

（2）当采用悬臂式结构支护时,基坑深度不宜大于6 m。基坑深度超过6 m时,可选用单支点和多支点的支护结构。地下水位低的地区和能保证降水施工时,也可采用土钉支护。

（3）支撑的安装和拆除顺序必须与设计工况相符合。分层开挖时,应先撑后挖;同层开挖时,应边开挖边支撑。支撑拆除前,应采取换撑措施,防止边坡卸载过快。

（4）钢筋混凝土支撑其强度必须达到设计要求后,方可开挖支撑面以下土方;钢结构支撑必须严格进行材料检验和保证节点的施工质量,严禁在负荷状态下进行焊接。

（5）桩基施工应按施工方案要求进行。开挖桩孔应从上自下逐层进行,挖一层土及时浇筑一节混凝土护壁,第一节护壁应高出地面300 mm。距孔口顶周边1 m搭设围栏,孔口应设安全盖板。

三、砌筑工程安全技术交底

（1）在操作之前必须检查操作环境是否符合安全要求,道路是否畅通,机具是否完好牢固,安全设施和防护用品是否齐全,经检查符合要求后方可施工。

（2）砌基础时,应检查基坑土质变化情况,有无崩裂现象,堆放砌块材料应离开坑边1 m以上;当深基坑装设挡板支撑时,操作人员应设梯子上下,不得踩踏砌体和支撑上下。

（3）墙身砌体高度超过地坪1.2 m以上时,应搭设脚手架。在一层以上或高度超过4 m时,采用里脚手架必须支搭安全网,采用外脚手架应设护身栏杆和挡脚板后方可砌筑。

（4）脚手架上堆料重量不得超过规定荷载,堆砖高度不得超过3皮,同一块脚手板上的操作人员不应超过2人。

（5）采用内脚手架时,应在房屋四周按照安全技术规定的要求设置安全网,并随施工的高度上升;屋檐下一层安全网,在屋面工程完工前,不准拆除。

（6）砌块施工时,不准站在墙身上进行砌筑、划线,检查墙面平整度、垂直度和裂缝,清扫墙面,也不准在墙身上行走。

（7）已经就位的砌块,必须立即进行竖缝灌浆。对稳定性较差的窗间墙、独立柱和挑出墙面较多的部位,应加临时支撑,以保证其稳定性。在台风季节,应及时进行圈梁施工,加盖、楼板或采取其他稳定措施。

（8）冬期施工时,应在上班操作前清除掉在机械、脚手板和作业区内的积雪、冰雪,严禁起吊同其他材料冻结在一起的砌体和构件。

四、脚手架工程安全技术要求

（一）落地式与悬挑式脚手架及模板支架

（1）脚手架应由项目负责人、项目技术负责人、安全管理人员及实施人员进行联合验收,并履行验收签字手续,验收合格后方可投入使用。脚手架搭设过程中,在下列阶段必须进行分段检查验收:脚手架基础完工后,架体搭设前;每搭设完10 m高度后;作业层上施加荷载前;达到设计高度后;遇有六级以上风或雨雪天气后;停用超过28 d以上。

（2）架体搭设前应进行安全技术交底,搭设完毕应办理验收手续,验收内容应量化。

（3）脚手板材质、规格应符合规范要求,铺板应严密、牢靠,严禁有探头跳板;作业层应在1.2 m和0.6 m处设置上、中两道防护栏杆,并应在作业层外侧设置高度不小于180 mm的挡脚板。

（4）架体作业层脚手板下应用安全平网双层兜底，以下每隔10 m应用安全平网封闭。

（二）附着式升降脚手架

（1）安装、升降架体过程中，安装单位应有专人负责技术和安全监督，指派专人统一指挥。安装完成后，应书面通知使用单位验收。

（2）附着式升降脚手架的供应单位应制定安全使用要求，向施工单位进行技术交底。施工单位应向使用脚手架的人员进行相应的技术和安全使用交底。

（3）附着式升降脚手架在使用过程中，架体供应单位和使用单位应每月至少进行一次全面的安全检查，并形成书面记录存档。

（4）当附着式升降脚手架预计停用超过一个月时，停用前安装单位和使用单位应采取加固措施；当附着式升降脚手架停用超过一个月或遇六级以上大风后复工时，安装单位和使用单位必须进行安全检查。

（5）附着式升降脚手架必须按要求用密目式安全立网封闭严密，脚手板底部应用平网及密目网双层网兜底，脚手板与建筑物的间隙不得大于200 mm。单跨或多跨提升的脚手架，其两端断开处必须加设栏杆并用密目网封严。

五、模板作业安全技术要求

（1）工作前应戴好安全帽，检查使用的工具是否牢固，扳手等工具必须用绳链系挂在身上，以防止其掉落伤人。

（2）安装与拆除5 m以上的模板，应搭设脚手架，并设防护栏杆，禁止在同一垂直面上下操作，高处作业要系安全带。

（3）不得在脚手架上堆放大批模板等材料。

（4）高处、复杂结构模板的安装与拆除，事先应有切实安全措施。组合钢模板装拆时，上下应有人接应，随拆随运，严禁从高处掷下。

（5）支撑、牵杠等不得搭在门窗框架和脚手架上，通路中间的斜撑、拉杆应放在1.8 m以上处；拆模间歇，应将已拆除的模板、牵杠、支撑等运走或妥善堆放。

（6）拆除模板一般用长撬棍，以防止整块模板掉下伤人。

（7）模板上有预留洞口，应在安装后盖好洞口；混凝土板上的预留洞口，应在模板拆除后随即将洞口盖好。

六、建筑施工高处作业安全技术要求

高处作业是指在坠落高度基准面2 m以上（含2 m），有可能坠落的高处进行的作业。高处作业安全措施主要是指"三宝""四口"和"五临边"。

"三宝"是指安全帽、安全带、安全网。"四口"是指楼梯口、电梯口、预留洞口、通道口。"五临边"是指基坑（槽）周边、楼面和屋面周边、楼梯边、平台或阳台边、井架和脚手架边。

（一）临边作业

（1）下列临边高处作业，必须设置防护栏杆，并符合下列规定：

①基坑（槽）周边，尚未安装栏杆或栏板的阳台、料台与挑平台周边，雨篷与挑檐边，无外脚手架的屋面与楼层周边及水箱与水塔周边等处，都必须设置防护栏杆。

②头层墙高度超过3.2 m的二层楼面周边，以及无外脚手架、高度超过3.2 m的楼层周

边,必须在外围架设安全平网一道。

③分层施工的楼梯口和梯段边,必须安装临时护栏。顶层楼梯口应随工程结构进度安装正式防护栏杆。

④井架与施工用电梯和脚手架等与建筑物通道的两侧边,必须设防护栏杆。地面通道上部应装设安全防护棚。双笼井架通道中间,应予分隔封闭。

⑤各种垂直运输接料平台,除两侧设防护栏杆外,平台口还应设置安全门或活动防护栏杆。

(2)搭设临边防护栏杆时,必须符合下列要求:

①防护栏杆应由上、下两道横杆及栏杆柱组成,上杆离地高度为 1.0~1.2 m,下杆离地高度为 0.5~0.6 m。坡度大于 1:2.2 的层面,防护栏杆应高 1.5 m,并加挂安全立网。除经设计计算外,横杆长度大于 2 m 时,必须加设栏杆柱。

②栏杆柱的固定及其与横杆的连接,其整体构造应使防护栏杆在上杆任何处,能经受任何方向的 1 000 N 外力。当栏杆所处位置有发生人群拥挤、车辆冲击或物件碰撞等可能时,应加大横杆截面或加密柱距。

③防护栏杆必须自上而下用安全立网封闭,或在栏杆下边设置严密固定的高度不低于 18 cm 的挡脚板或 40 cm 的挡脚笆。挡脚板与挡脚笆上如有孔眼,不应大于 25 mm。板与笆下边距离底面的空隙不应大于 10 mm,接料平台两侧的栏杆,必须自上而下加挂安全立网或满扎竹笆。

④当临边的外侧面临街道时,除防护栏杆外,敞口立面必须采取满挂安全网或其他可靠措施作全封闭处理。

(二)洞口作业

(1)进行洞口作业以及在因工程和工序需要而产生的,使人与物有坠落危险或危及人身安全的其他洞口进行高处作业时,必须按下列规定设置防护设施:

①板与墙的洞口必须设置牢固的盖板、防护栏杆、安全网或其他防坠落的防护设施。

②电梯井口必须设防护栏杆或固定栅门,电梯井内应每隔两层并最多隔 10 m 设一道安全网。

③钢管桩、钻孔桩等桩孔上口,杯形、条形基础上口,未填土的坑槽,以及上人孔、天窗、地板门等处,均应按洞口防护设置稳固的盖件。

④施工现场通道附近的各类洞口与坑槽等处,除设置防护设施与安全标志外,夜间还应设红灯示警。

(2)洞口根据具体情况采取设防护栏杆、加盖件、张挂安全网与装栅门等措施时,必须符合下列要求:

①楼板、屋面和平台等面上短边尺寸小于 25 cm,但大于 2.5 cm 的孔口,必须用坚实的盖板盖没。盖板应防止挪动移位。

②楼板面等处边长为 25~50 cm 的洞口、安装预制构件时的洞口以及缺件临时形成的洞口,可用竹、木等做盖板盖住洞口;边长为 50~150 cm 的洞口,必须设置以扣件扣接钢管而成的网格,并在其上满铺竹笆或脚手板,也可采用贯穿于混凝土板内的钢筋构成防护网,钢筋网格间距不得大于 20 cm;边长在 150 cm 以上的洞口,四周设防护栏杆,洞口下张设安全平网。

③垃圾井道和烟道,应随楼层的砌筑或安装而消除洞口,或参照预留洞口作防护。管道井施工时,除按上述处理外,还应加设明显的标志。如有临时性拆移,需经施工负责人核准,工作完毕后必须恢复防护设施。

④位于车辆行驶道旁的洞口、深沟与管道坑(槽),所加盖板应能承受不小于当地额定卡车后轮有效承载力2倍的荷载。

⑤墙面等处的竖向洞口,凡落地的洞口应加装开关式、工具式或固定式的防护门,门栅网格的间距不应大于15 cm,也可采用防护栏杆,下设挡脚板。

⑥下边沿至楼板或底面低于80 cm的窗台等竖向洞口,如侧边落差大于2 m时,应加设1.2 m高的临时护栏。

⑦对邻近的人与物有坠落危险性的其他竖向的孔、洞口,均应以盖板盖没或加以防护,并有固定其位置的措施。

第三节　施工项目安全专项施工方案

根据《建筑施工组织设计规范》(GB/T 50502—2009)、《危险性较大的分部分项工程安全管理办法》(建质〔2009〕87号文)和有关法律、法规、标准、规范的要求,危险性较大的分部分项工程应编制专项施工方案。

危险性较大的分部分项工程是指建筑工程在施工过程中存在的、可能导致作业人员群死、群伤或造成重大不良社会影响的分部分项工程。危险性较大的分部分项工程安全专项施工方案,是指施工单位在编制施工组织(总)设计的基础上,针对危险性较大的分部分项工程单独编制的安全技术措施文件。

一、专项施工方案的内容和编制方法

(一)危险性较大的分部分项工程范围

施工单位应当在危险性较大的分部分项工程施工前编制专项方案。对于超过一定规模的危险性较大的分部分项工程,施工单位应当组织专家对专项方案进行论证。

1.危险性较大的分部分项工程范围

1)基坑(槽)支护、降水工程

基坑(槽)支护、降水工程是指开挖深度超过3 m(含3 m)或虽未超过3 m但地质条件和周边环境复杂的基坑(槽)支护、降水工程。

2)土方开挖工程

土方开挖工程指开挖深度超过3 m(含3 m)的基坑(槽)的土方开挖工程。

3)模板工程及支撑体系

(1)各类工具式模板工程,包括大模板、滑模、爬模、飞模等工程。

(2)混凝土模板支撑工程,包括搭设高度为5 m及以上;搭设跨度为10 m及以上;施工总荷载为10 kN/m^2及以上;集中线荷载为15 kN/m及以上;高度大于支撑水平投影宽度且相对独立无联系构件的混凝土模板支撑工程。

(3)承重支撑体系:用于钢结构安装等满堂支撑体系。

4）起重吊装及安装拆卸工程

（1）采用非常规起重设备、方法，且单件起吊重量为 10 kN 及以上的起重吊装工程。

（2）采用起重机械进行安装的工程。

（3）起重机械设备自身的安装、拆卸。

5）脚手架工程

（1）搭设高度在 24 m 及以上的落地式钢管脚手架工程。

（2）附着式整体和分片提升脚手架工程。

（3）悬挑式脚手架工程。

（4）吊篮脚手架工程。

（5）自制卸料平台、移动操作平台工程。

（6）新型及异型脚手架工程。

6）拆除、爆破工程

（1）建筑物、构筑物拆除工程。

（2）采用爆破拆除的工程。

7）其他

（1）建筑幕墙安装工程。

（2）钢结构、网架和索膜结构安装工程。

（3）人工挖扩孔桩工程。

（4）地下暗挖、顶管及水下作业工程。

（5）预应力工程。

（6）采用新技术、新工艺、新材料、新设备及尚无相关技术标准的危险性较大的分部分项工程。

2. 超过一定规模的危险性较大的分部分项工程范围

1）深基（槽）坑工程

（1）开挖深度超过 5 m（含 5 m）的基坑（槽）的土方开挖、支护、降水工程。

（2）开挖深度虽未超过 5 m，但地质条件、周围环境和地下管线复杂，或影响毗邻建筑（构筑）物安全的基坑（槽）的土方开挖、支护、降水工程。

2）模板工程及支撑体系

（1）工具式模板工程，包括滑模、爬模、飞模工程。

（2）混凝土模板支撑工程，包括搭设高度为 8 m 及以上，搭设跨度为 18 m 及以上，施工总荷载为 15 kN/m² 及以上，集中线荷载为 20 kN/m 及以上。

（3）承重支撑体系：用于钢结构安装等满堂支撑体系，承受单点集中荷载为 700 kg 以上。

3）起重吊装及安装拆卸工程

（1）采用非常规起重设备、方法，且单件起吊重量在 100 kN 及以上的起重吊装工程。

（2）起重量为 300 kN 及以上的起重设备安装工程，高度为 200 m 及以上内爬起重设备的拆除工程。

4）脚手架工程

（1）搭设高度为 50 m 及以上的落地式钢管脚手架工程。

（2）提升高度为 150 m 及以上的附着式整体和分片提升脚手架工程。

（3）架体高度为 20 m 及以上的悬挑式脚手架工程。

5）拆除、爆破工程

（1）采用爆破拆除的工程。

（2）码头、桥梁、高架、烟囱、水塔或拆除中容易引起有毒有害气（液）体或粉尘扩散、易燃易爆事故发生的特殊建（构）筑物的拆除工程。

（3）可能影响行人、交通、电力设施、通信设施或其他建（构）筑物安全的拆除工程。

（4）文物保护建筑、优秀历史建筑或历史文化风貌区控制范围的拆除工程。

6）其他

（1）施工高度为 50 m 及以上的建筑幕墙安装工程。

（2）跨度大于 36 m 的钢结构安装工程，跨度大于 60 m 的网架和索膜结构安装工程。

（3）开挖深度超过 16 m 的人工挖孔桩工程。

（4）地下暗挖工程、顶管工程、水下作业工程。

（5）采用新技术、新工艺、新材料、新设备及尚无相关技术标准的危险性较大的分部分项工程。

（二）专项施工方案内容

专项施工方案编制应当包括以下内容：

（1）工程概况：包括危险性较大的分部分项工程概况、施工平面布置、施工要求和技术保证条件。

（2）编制依据：包括相关法律、法规、规范性文件、标准、规范及图纸（国标图集）、施工组织设计等。

（3）施工计划：包括施工进度计划、材料与设备计划。

（4）施工工艺技术：包括技术参数、工艺流程、施工方法、检查验收等。

（5）施工安全保证措施：包括组织保障、技术措施、应急预案、监测监控等。

（6）劳动力计划：包括专职安全生产管理人员、特种作业人员的配置等。

（7）计算书及相关图纸。

（三）专项施工方案的编制和审核方法

（1）专项施工方案的编制单位和编制人应具有相应资格。建筑工程实行施工总承包，其专项施工方案应当由施工总承包单位组织编制。其中，起重机械安装拆卸工程、深基坑工程、附着式升降脚手架等专业工程实行分包的，其专项方案可由专业承包单位组织编制。

（2）专项施工方案应当由施工单位技术部门组织本单位施工技术、安全、质量等部门的专业技术人员进行审核。经审核合格的，由施工单位技术负责人签字。实行施工总承包的，专项方案应当由总承包单位技术负责人及相关专业承包单位技术负责人签字。

（3）超过一定规模的危险性较大的分部分项工程专项施工方案应当由施工单位组织召开专家论证会。实行施工总承包的，由施工总承包单位组织召开专家论证会。不需专家论证的专项施工方案，经施工单位审核合格后报监理单位，由项目总监理工程师审核签字。

（4）专项施工方案经论证后，专家组应当提交论证报告，对论证的内容提出明确的意见，并在论证报告上签字。施工单位应当根据论证报告修改完善专项方案，并经施工单位技术负责人、项目总监理工程师、建设单位项目负责人签字后，方可组织实施。实行施工总承包的,应当由施工总承包单位、相关专业承包单位技术负责人签字。

(5)专项施工方案经论证后需作重大修改的,施工单位应当按照论证报告修改,并重新组织专家进行论证。

(6)施工单位应当严格按照专项施工方案组织施工,不得擅自修改、调整专项施工方案。如因设计、结构、外部环境等因素发生变化确需修改的,修改后的专项施工方案应重新审核。对于超过一定规模的危险性较大工程的专项施工方案,施工单位应当重新组织专家进行论证。

(7)专项施工方案实施前,编制人员或项目技术负责人应当向现场管理人员和作业人员进行安全技术交底。施工单位技术负责人应当定期巡查专项施工方案实施情况。

(8)施工单位应当指定专人对专项施工方案实施情况进行现场监督和按规定进行监测。发现不按照专项施工方案施工的,应当要求其立即整改;发现有危及人身安全紧急情况的,应当立即组织作业人员撤离危险区域。

(9)对于按规定需要验收的危险性较大的分部分项工程,施工单位、监理单位应当组织有关人员进行验收。验收合格的,经施工单位项目技术负责人及项目总监理工程师签字后,方可进入下一道工序。

二、基坑支护与降水工程、土方开挖工程施工方案

(一)基坑支护、降水工程施工方案

(1)编制说明及依据。

简述施工方案的编制目的以及方案编制所依据的相关法律、法规、规范性文件、标准、施工组织设计等。采用电算软件的,应说明方案计算使用的软件名称、版本。

(2)工程概况。

简述工程环境情况(包括周边建筑物、道路、地下管线等)、基坑平面尺寸、基坑开挖深度、工程地质和水文地质情况、气候条件(包括极端天气状况,最低温度、最高温度、暴雨)、施工要求和技术保证条件。明确支护(降水)结构选型依据,支护(降水)系统的构造。说明支护工程的使用年限,降水工程的持续时间。

(3)施工部署。

①简要描述质量、安全管理机构的组成,给出质量、安全管理机构网络图。简单描述劳动力组织。

②阐述施工目标、施工准备、施工劳动力投入计划、主要材料设备计划及进场时间、材料工艺的试验计划、施工现场平面布置、施工进度计划和施工总体流程。

③分析、说明施工的难点和重点,特别是支护(降水)工程对周围建筑的影响,并简要说明采取的保证措施。

(4)主要分项工程施工方法及技术措施。

描述施工技术参数、工艺流程(设计的基坑开挖工况)、施工顺序、施工测量、土石方工程施工、基坑支护的施工工艺、变形观测、基坑周边的建筑物(地下管网)的监测和保护措施。

方案中应绘制相应的基坑支护平面图、立面图、剖面图及节点大样施工图、降水井点布置图和构造图。应有相应的基坑水平、竖向和相邻建(构)筑物沉降变形的监测技术措施及

基坑周边的地下管网的监测与保护措施。

（5）质量保证措施。

描述施工质量标准和要求，保证施工质量的技术措施及消防措施。

（6）安全保证措施。

描述安全生产组织措施、施工安全技术措施。措施应包括：①坑壁支护方法及控制坍塌的安全措施；②基坑周边环境及防护措施；③施工作业人员安全防护措施；④基坑临边防护及坑边载荷安全要求、进行危险源辨识、施工用电安全措施等。

（7）环保文明施工措施。

描述现场安全文明施工、环境因素辨识及保护措施等。

（8）施工应急救援预案。

方案中应有应急救援预案，内容应包括：各方主体的职责、针对各种突发情况的应急处理方案、应急物资储备、应急演练、报警救援及联络电话、异常情况报告制度等，以及针对每项安全事故的应急措施。

（9）冬季、雨季、台风和夏季高温季节的施工措施。

（10）计算书及相关图纸。

（二）土方开挖工程施工方案

（1）编制说明及依据。

与基坑支护、降水的编制说明及依据相同。

（2）工程概况。

描述工程地址、施工场地地形及地貌情况、施工环境情况、基坑平面尺寸、基坑开挖深度与坡度、地下水位标高、工程地质情况、水文地质情况、气候条件、测量控制点位置、施工要求和技术保证条件等。

（3）施工计划。

说明土方开挖采用的方式，描述施工进度计划、材料与设备计划（列表描述材料名称、力学性能、计算数据等参数）和劳动力计划（专职安全生产管理人员、特种作业人员等）。

（4）施工工艺。

详细描述勘察测量、场地平整方案；排水、降水设计，支护结构体系选择和设计情况，包括基坑开挖工况、开挖顺序、工艺流程、测量放线、开挖路线、顺序、范围，各层底部标高，边坡坡度，排水沟、集水井位置及流向，弃土堆放位置，质量标准等。

（5）监测监控。

描述基坑及周围建筑物、构筑物道路管线的监测方案及保护措施，土方开挖变形监测措施。

（6）施工安全、环保、文明施工环境保证措施。

描述施工组织保障、技术措施，包括以下几点：①避免基坑漏水、渗水措施；②边坡放坡坡度及控制避免坍塌的安全措施；③机械化联合作业时的安全措施；④施工作业人员安全防护措施；⑤临边防护及坑边荷载安全要求、环境保护措施（防止扬尘、遗洒）等安全保证措施。

（7）应急预案。

说明对土方工程施工过程中可能发生的各种紧急情况（包括坍塌、涌水、流砂等）进行处置的方案,报警救援及联络电话、异常情况报告制度等,以及针对每项安全事故的应急措施。

(8)计算书及相关图纸。

三、模板工程、脚手架工程专项施工方案

(一)模板工程及支撑体系施工方案

(1)编制说明及依据。

(2)工程概况。

描述高大模板工程的特点、施工平面及立面布置、施工要求和技术保证条件,具体明确支模区域、支模标高、高度、支模范围内的梁截面尺寸、跨度、板厚、支撑的地基情况等;明确梁板的混凝土强度等级;明确采用的模板体系及高大模板工程的构造设计。

(3)施工部署。

描述施工进度计划、材料与设备计划等,明确施工流水段划分、模板支设与拆除顺序及区域划分顺序、模板支设与拆除条件及支设与拆除安全保证措施。

(4)施工工艺。

描述支撑系统的基础处理、主要搭设方法、工艺要求、材料的力学性能指标及材料的验收要求、构造设置以及检查、验收要求等。同时,应重点明确混凝土浇筑应采取的浇筑顺序、混凝土卸料点的布置、堆料高度、振捣要求、模板拆除时间和模板的各项验收程序要求。

(5)劳动力计划。

劳动力计划包括专职安全生产管理人员、特种作业人员的配置等。

(6)施工安全保证措施。

描述模板支撑体系搭设及混凝土浇筑区域管理人员组织机构、施工技术措施、模板安装和拆除的安全技术措施、施工应急救援预案,模板支撑系统在搭设、钢筋安装、混凝土浇捣过程中及混凝土终凝前后模板支撑体系位移的监测监控措施等。

(7)施工应急救援预案。

施工应急救援预案应包括各方主体的职责、针对各种突发情况的应急处理方案、针对每项安全事故的应急措施等。

(8)计算书及相关图纸。

(二)落地式或悬挑式钢管扣件式脚手架施工方案

(1)编制说明及依据。

(2)工程概况。

描述建筑物的平面尺寸、层数、层高、总高度、建筑面积、结构形式、地质情况、工期;外脚手架方案选择;脚手架的施工时间,使用脚手架操作的工作内容;脚手架拆除的顺序及拆除使用的机械情况。

(3)脚手架设计。

详细描述脚手架钢管、扣件、脚手板及连墙件材料;确定脚手架基本结构尺寸、搭设高度及基础处理方案;确定脚手架步距、立杆横距、杆件相对位置;确定剪刀撑的搭设位置及要求;确定连墙件连接方式、布置间距;确定上、下施工作业面通道设置方式及位置;确定挡脚板的设置;明确脚手板材质;明确悬挑工字钢或槽钢的型号、长度、锚固点位置及角部或核心

筒等节点的详细做法;明确钢丝绳规格;明确拉结点位置、钢丝绳位置。

(4)设计计算。

详细描述脚手架设计计算简图;确定脚手架设计荷载;纵向、横向水平杆等受弯构件的强度及连接扣件的抗滑承载力计算;立杆稳定性及立杆段轴向力计算;进行立杆基础承载力计算;连墙件的强度、稳定性和连接强度计算。脚手架底部如安放在结构上,要论证下部结构的安全性及采取的加固措施。悬挑脚手架的相关计算等。

(5)施工组织与管理。

描述搭设脚手架应由具有相应资质的专业施工队伍施工、操作人员持证上岗等组织管理措施。

(6)施工工艺。

详细描述脚手架搭设与拆除工艺流程、施工方法、检查验收(质量标准)等。特别是对脚手架杆配件的质量和允许缺陷的规定;脚手架的构架方案、尺寸以及对控制误差的要求;连墙点的设置方式、布点间距,对支承物的加固要求(需要时),以及某些部位不能设置时的弥补措施;在工程体形和施工要求变化部位的构架措施;作业层铺板和防护的设置要求;对脚手架中荷载大、跨度大、高空间部位的加固措施;对实际使用荷载(包括架上人员、材料机具以及多层同时作业)的限制;对施工过程中需要临时拆除部件和拉结件的限制以及在恢复前的安全弥补措施;安全网及其他防(围)护措施的设置要求;脚手架地基或其他支承物的技术要求和处理措施。

(7)脚手架施工质量要求及验收。

描述脚手架搭设的技术要求、允许偏差与检查验收方法。

(8)脚手架安全管理和安全保证措施。

制定有针对性的安全措施(包括日常检查、特殊气候过后、停工复工后的检查等)、组织保障、技术措施、应急预案、监测监控等。

(9)计算书及相关图纸。

第四节　施工项目安全事故的预防和处理

一、安全事故的预防对策

安全事故是指生产经营单位在生产经营活动(包括与生产经营有关的活动)中突然发生的,伤害人身安全和健康,或者损坏设备设施,或者造成经济损失的,导致原生产经营活动(包括与生产经营有关的活动)暂时中止或永远终止的意外事件。

(一)建筑伤亡事故类型

建筑工程施工现场常见的伤亡事故类型有高处坠落、物体打击、触电、机械伤害和坍塌等,这五类事故占每年因公死亡总数的90%以上。

(二)安全事故的预防对策

(1)要根据建筑工程特点,制定事故预防的基本规程。

(2)从机械、物质或环境的不安全状态和人的不安全行为与因素等诸多方面,对危险源或潜在的危险作具体分析。

（3）运用安全系统工程的原理和方法，并加强安全教育，制定消除危险的对策。这些对策包括消除机械、物质的不安全状态和人的不安全行为两大部分。前一部分包括从生产的组织、工艺流程对生产危险进行综合预防，加强机械设备的维修保养，预防设备事故发生的危险预防等方面；后一部分主要是对职工加强安全教育和培训，杜绝职工错误操作的产生，引导他们遵守劳动纪律，安全、正确地进行作业等方面。

（4）将这些对策实施后的情况及时反馈，根据反馈情况，确定新的事故预防对策，对新出现的潜在危险采取新的对策，加以消除。

二、安全事故的调查、分析和处理

（一）安全事故等级

根据《生产安全事故报告和调查处理条例》，将事故分为四个等级，即特别重大事故、重大事故、较大事故和一般事故。

（1）特别重大事故：指造成30人以上死亡，或者100人以上重伤，或者1亿元以上直接经济损失的事故。

（2）重大事故：指造成10人以上30人以下死亡，或者50人以上100人以下重伤，或者5 000万元以上1亿元以下直接经济损失的事故。

（3）较大事故：指造成3人以上10人以下死亡，或者10人以上50人以下重伤，或者1 000万元以上5 000万元以下直接经济损失的事故。

（4）一般事故：指造成3人以下死亡，或者10人以下重伤，或者1 000万元以下直接经济损失的事故。

（二）安全事故的调查、分析和处理

安全事故的处理程序一般为：

（1）迅速抢救伤员，保护事故现场。

（2）组织调查组。

（3）调查组成立后，应立即对事故现场进行勘察。

（4）分析事故原因，确定事故性质。

（5）写出事故调查报告。

（6）事故的审理和结案，施工伤亡事故的处理。

第九章　常用施工机械机具的性能

第一节　土石打夯常用机械

夯实法是利用夯锤自由下落的冲击力来夯实土壤,主要用于小面积的回填土施工。打夯机主要有冲击式和振动式两种,由于其体积小,质量轻,构造简单,机动灵活、实用,操纵、维修方便,夯击能量大,夯实工效较高,在建筑工程上使用很广。常用于基坑(槽)、管沟部位小面积的回填土的夯实,也可配合压路机对边缘或边角碾压不到之处进行夯实。现主要介绍蛙式打夯机和振动夯实机。

一、蛙式打夯机

蛙式打夯机是利用偏心块旋转所产生离心力的冲击作用进行夯实作业的一种小型夯实机械,由偏心块、夯头、夯架、传动系统(包括电动机)等组成,其外形构造如图9-1所示。

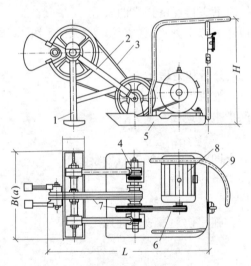

1—夯头;2—夯架;3、6—三角胶带;4—传动轴架;
5—底盘;7—三角胶带轮;8—电动机;9—扶手
图9-1　蛙式打夯机构造图

蛙式打夯机工作时,电动机经两级减速(三角皮带传动)使夯头上的偏心块旋转。由于偏心块在旋转时产生离心力,使夯头架的动臂绕销轴摆动,夯头架便带动夯头做上下运动,并对土层进行夯击,同时实现机器的自由前进。由于行进时像青蛙一样蹦跳,故名为蛙式打夯机。但因它是连续冲击,机体的金属结构部分易出现断裂,同时夯头架上的联接螺栓也易松动,如不经常检查,偏心块会飞出伤人。

二、振动夯实机

振动夯实机包括内燃式振动冲击夯和电动式冲击夯两种,动力分别是内燃发动机和电动机。其结构都是由动力源(发动机、电动机)、激振装置、缸筒和夯板等组成。振动冲击夯的工作原理是由发动机(电动机)带动曲柄连杆机构运动,产生上下往复作用力,使夯实机跳离地面,在曲柄连杆机构作用力和夯实机重力作用下,夯板往复冲击被压实材料,达到夯实的目的。其适用于窄小场地和沟槽作业,可用于室内地面的压实,特别适用于柱角、屋角和墙边的夯实。

目前常用的是内燃式振动冲击夯。内燃式振动冲击夯是根据两冲程内燃机的工作原理制成的一种夯实机械,除具有一般振动夯实机械的优点外,还能在无电源地区工作。在经常需要短距离变更施工地点的工作场所,更能发挥其优势。

第二节 钢筋加工常用机械

一、钢筋调直切断机

钢筋调直切断机适用于调直和切断直径不大于 14 mm 的钢筋,并具有除锈、去污作用。直径大于 14 mm 的钢筋,一般是靠冷拉机矫直。钢筋调直切断机按调直原理的不同可分为孔模式和斜辊式两种;按其切断机构的不同可分为下切剪刀式和旋转剪刀式两种。

常用的钢筋调直切断机的机型为 GTJ 4 – 8 和 GTJ 4 – 14,调直切断钢筋的最小直径为 4 mm,最大直径分别为 8 mm 和 14 mm。下面介绍 GTJ 4 – 8 型钢筋调直切断机。

GTJ4 – 8 型钢筋调直切断机主要由放盘架、调直筒、传动箱、切断机构、承料架及机座等组成,其构造如图 9-2 所示。

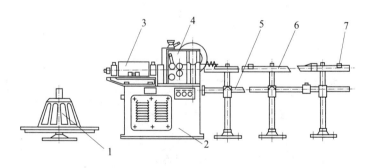

1—放盘架;2—机座;3—调直筒;4—传动箱;
5—弯架(承料架);6—导料槽;7—定尺板
图 9-2 GTJ 4 – 8 型钢筋调直切断机构造图

二、钢筋弯曲机

钢筋弯曲机是将调直、切断后的钢筋弯曲成所要求的尺寸和形状的专用设备。目前常用的台式钢筋弯曲机按传动方式可分为机械式和液压式两种。前者采用机械传动驱动工作盘转动弯曲钢筋,后者是采用液压传动,靠摆动液压缸带动工作盘弯曲钢筋。下面主要介绍在建筑工地使用较为广泛的 GW40 型蜗轮蜗杆式钢筋弯曲机。

蜗轮蜗杆式钢筋弯曲机主要由机架、电动机、传动系统、工作机构(工作盘、插入座、夹持器、转轴等)及控制系统等组成。机架下装有行走轮,便于移动,如图9-3所示。

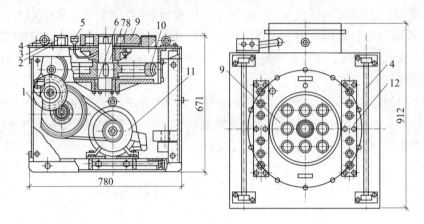

1—机架;2—工作台;3—插入座;4—转轴;5—油杯;6—蜗轮箱;7—工作主轴;
8—立轴承;9—工作盘;10—蜗轮;11—电动机;12—孔眼条板

图9-3　蜗轮蜗杆式弯曲机构造图

三、钢筋冷拉机

钢筋冷拉可以提高钢筋的强度和硬度,减小塑性变形,同时还可以拉直和拉长、除锈,因而在钢筋加工中广为应用。钢筋冷拉机常用的有卷扬机式、液压式和阻力轮式。下面主要介绍卷扬机式钢筋冷拉机。

卷扬机式钢筋冷拉机主要由电动卷扬机、钢筋滑轮组(定滑轮组、动滑轮组)、地锚、导向滑轮、夹具(前夹具、后夹具)和测力器等组成,如图9-4所示。

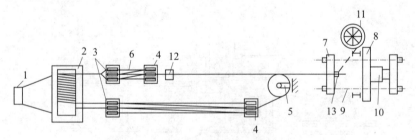

1—地锚;2—卷扬机;3—定滑轮组;4—动滑轮组;5—导向滑轮;6—钢丝绳;
7—活动横梁;8—固定横梁;9—传力杆;10—测力器;11—放盘架;12、13—夹具

图9-4　卷扬机式钢筋冷拉机构造图

卷扬机式钢筋冷拉机由于卷筒上钢丝绳是正、反向穿绕在两副动滑轮组上的,因此当卷扬机旋转时,夹持钢筋的一组动滑轮被拉向卷扬机,使钢筋被拉伸;而另一组动滑轮则被拉向导向滑轮,为下一次冷拉时交替使用。钢筋所受的拉力经传力杆、活动横梁传给测力装置,从而测出拉力的大小。拉伸长度可通过标尺测出或用行程开关来控制。

第三节　混凝土施工常用机械

一、混凝土振捣机械

混凝土振捣机械主要是利用偏心轴或偏心块的高速旋转,使振动器因离心力的作用而使振捣密实的机械。混凝土振动机械按其工作方式分为内部振动器、外部振动器和振动台;按产生振动原理分为行星式和偏心块式;按振动频率分为低频、中频和高频;按其原动力的不同可分为电动式、内燃式、风动式和液压式等。由于电动式内部振动器具有结构简单、操作方便、耗能小、效率高等优点,应用最为广泛。

(一)内部振动器

内部振动器又称插入式振动器,其构造如图9-5所示。其工作部分由一个棒状空心圆柱体及棒内的振动子组成,称为振动棒。

电动式内部振动器分类按其工作部件(振动棒)与动力设备联接形式的不同,分为软轴式和直联式两种;按其激振器的结构和工作原理的不同主要有偏心式和行星式两种。

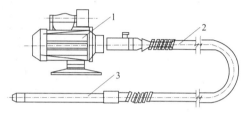

1—电动机;2—软轴;3—振动棒

图9-5　插入式振动器构造图

软轴式振动器的电动机通过一根传动软轴与振动棒相联,振动棒小巧灵活,使用方便,但软轴对传动转矩和转速都有一定的限制。软轴式振动器在建筑工程中应用普遍。

直联式振动器的电动机直接置于振动棒内部的上端,电动机的转子与棒内的振动子组成一个构件,传动简单,但棒径较大、棒体较重,不便于手持作业,多采用机械悬吊作业。其主要应用于大型混凝土工程,如水坝、地铁和桥墩等。

(二)外部振动器

外部振动器是通过混凝土外表面,将振动传入混凝土内部进行振实的机械。它分为附着式振动器或平板式振动器两种。

附着式振动器是直接安装在模板上进行振捣,利用偏心块旋转时产生的振动力通过模板传给混凝土,达到振实的目的;平板式振动器又称表面振动器,是将电动机轴上装有左右两个偏心块的振动器固定在一块平板上而成,振动作用可直接传递于混凝土面层上。

(三)振动台

振动台又称台式振动器,振动台使台面、模板、混凝土一同上下振动,将混凝土密实成型。振动台的振动力强,振动效率高,振实质量好。

(四)振动器的选用

集料粒径大的混凝土应选用低频、大振幅的振动器,集料粒径小的混凝土宜选用高频、小振幅的振动器;坍落度小的混凝土可用高频振动器(改善振实效果,增加混凝土拌和料的液化作用),坍落度大的混凝土可用低频振动器。但高频振动器不适用于塑性混凝凝土,会使混凝土产生离析现象。

二、混凝土泵

（一）混凝土输送泵

混凝土泵是将机械能转换为流动混凝土的压力能，并经水平、垂直的输送管道，将混凝土连续输送至浇筑地点的设备。它一次可完成水平及垂直输送，是一种高效的混凝土运输和浇筑机具。混凝土泵的类型较多，按其工作原理分主要有活塞式和挤压式两种，其原理及特点如表 9-1 所示；按驱动方式分有机械式、液压式和气压式三种。其中，双缸液压活塞式混凝土泵在建筑工程应用较为普遍。

表 9-1 混凝土泵的类型

类型		驱动原理	特点
活塞式	机械式	电动机转动带动曲轴使活塞往复运动以压送混凝土，由凸轮开闭阀门	结构简单，零件易于更换，发生故障时易于发现
	液压式	用液压驱动活塞往复运动以压送混凝土，液压可用油压及水压，使用水压时防止水温上升需采取降温措施。一般多用油压方式，机种虽然不同，但差别不大	驱动能量大，阀门摩擦少，振动小，吐出量可以调节，阀门开闭时不易堵塞
挤压式		油压驱动，在图中设备的真空室内，转动的橡皮轮与硬橡皮内壁垫将引入真空室内的橡皮管挤扁，从而连续吸入并压送混凝土	结构简单，操作容易，除挤压胶管外，其他部分不易坏

双缸液压活塞式混凝土泵的组成和工作原理如图 9-6 所示，主要由受料斗、2 个液压缸、2 个混凝土缸、分配阀、Y 形输送管、水箱组成。

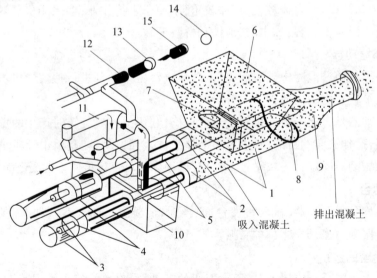

1—混凝土缸；2—混凝土活塞；3—液压缸；4—液压活塞；
5—活塞杆；6—受料斗；7—吸入端水平片阀；8—排出端竖直片阀；
9—Y 形输送管；10—水箱；11—水洗装置换向阀；12—水洗用高压软管；
13—水洗用法兰；14—海绵球；15—清洗活塞

图 9-6 双缸液压活塞式混凝土泵工作原理

混凝土输送泵按泵移动方式可分为拖式泵(固定式泵)和车载泵(移动式泵)两大类。

拖式混凝土输送泵也称固定式泵,是将混凝土泵安装在固定机座上,由电力驱动,最大水平输送距离1 500 m,垂直高度400 m,适用于工程量大、移动次数较少的高层建(构)筑物的混凝土水平及垂直输送。

车载式混凝土输送泵是把泵安装在简单的台车上,既能在施工现场方便地移动,又能在道路上拖行,是目前使用较多的形式。它具有转场方便、快捷,占地面积小,有效减轻施工人员的劳动强度,提高生产效率等优点。

(二)混凝土泵车

混凝土泵车是一种汽车臂架式混凝土泵,它主要由动力系统、混凝土泵送系统、布料装置、润滑系统、清洗系统、控制系统、底盘等部分组成,如图9-7所示。布料装置的基本结构由折叠式臂架、回转盘和输送管等组成。类似一台动臂式起重机,折叠式臂架一般由3~5节组成。混凝土泵车不但移动方便,到达施工地点后无须大量的准备工作即可进行作业,而且能将混凝土直接输送至浇灌点,可以极大地提高布料和浇灌作业的效率。

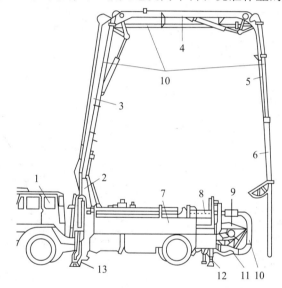

1—汽车底盘;2—布料杆回转台;3—第一节布料杆;4—第二节布料杆;
5—第三节布料杆;6—伸缩杆;7—混凝土输送泵;8—操纵台;
9—受料台;10—输送管;11—Y形输送管;12—后支腿;13—前支腿

图9-7　混凝土泵车

第四节　垂直运输常用机械

一、施工电梯

施工电梯是一种沿垂直导轨架上下运动的载物乘人电梯,它是高层建筑施工设备中唯一可以运送人员上下的垂直运输工具。施工电梯主要由立柱导轨井架、带有底笼的平面主框架、梯笼和附墙支撑等组成,如图9-8所示。

施工电梯按动力装置可分为电动和电动－液压;按用途可划分为载货电梯、载人电梯和人货两用电梯;按驱动形式可分为绳轮驱动、齿轮齿条驱动和星轮滚道驱动三种形式;按吊厢数量可分为单吊厢式和双吊厢式;按承载能力可分为两级,一级能载重物 1 t 或人员11 ~ 12 人,另一级能载重物 2 t 或载乘人员 24 名;按塔架多少可分为单塔架式和双塔架式。

二、常用自行式起重机

自行式起重机是指自带动力并依靠自身的运行机构沿有轨或无轨通道运移的臂架型起重机。其常用的有履带式起重机、汽车式起重机和轮胎式起重机等。

(一)履带式起重机

履带式起重机由行走装置、回转机构、机身及起重臂等部分组成。行走装置为链式履带,以减少对地面的压力;回转机构为装在底盘上的转盘,使机身可回转 360°;机身内部有动力装置、卷扬机及操纵系统。如图9-9 所示。

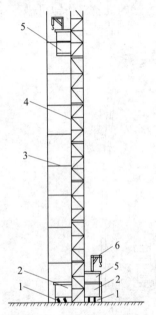

1—缓冲机构;2—底笼;3—附墙装置;
4—塔架; 5—轿厢;6—小吊杆
图 9-8 施工电梯示意图

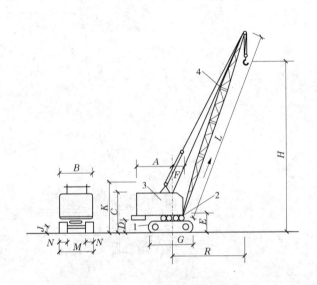

1—行走装置;2—回转机构;3—机身;4—起重臂
图 9-9 履带式起重机

履带式起重机的特点是操纵灵活,本身能回转 360°;稳定性好,吊装时不需装设外伸支腿,在平坦坚实的地面上能负荷行驶;由于履带的作用,可在松软、泥泞的地面上作业,也可以在崎岖不平的场地行驶。履带式起重机的缺点是行走速度慢,对路面破坏性大,长距离转移需平板拖车运输;稳定性较差,未经验算不得超负荷吊装。

(二)汽车式起重机

汽车式起重机是把起重机构安装在普通载重汽车或专用汽车底盘上的一种自行杆式起重机,广泛用于构件装卸和结构吊装,如图9-10 所示。汽车式起重机行驶驾驶室与起重操纵室是分开的,分别驱动各个工作机构和行走机构。汽车起重机装有外伸支腿,以提高其工作时的稳定性。

汽车式起重机的优点是行驶速度快,灵活性好,转移迅速,对地面破坏小。因此,它特别

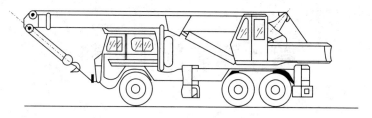

图 9-10　汽车式起重机

适用于流动性大、经常变换地点的作业。其缺点是安装作业时稳定性差,为增加其稳定性,设有可伸缩的支腿,起重时支腿落地。这种起重机不能负荷行驶,并且由于机身长,行驶时的转弯半径大。

汽车式起重机多为液压式伸缩臂,按起重量分为轻型(20 t 以内)、中型(20 ~ 50 t)和重型(50 t 以上)。

汽车式起重机作业前应伸出全部支腿,并在撑脚板下垫方木,当需要调整支腿时,必须在无荷载时进行。吊装时发现起重机倾斜或支腿不稳时,立即将重物下降落在安全地方,下降中严禁制动。起吊作业时驾驶室严禁坐人,所吊重物不得超越驾驶室上空,不得在车的前方起吊。

(三)轮胎式起重机

轮胎式起重机是把起重机构安装在加重型轮胎和轮轴组成的特制底盘上的一种全回转式起重机,其上部构造与履带式起重机基本相同,如图 9-11 所示。为了保证安装作业时机身的稳定性,起重机设有四个可伸缩的支腿。在平坦的地面上可不用支腿进行小起重量作业及吊物低速行驶。与汽车式起重机相比,其优点有:结构紧凑,机动性好,兼有汽车式起重机和履带式起重机两者的优点;轮距较宽,稳定性好,车身短,转弯半径小,可在 360° 范围内工作。但其行驶时对路面要求较高,行驶速度较汽车式起重机慢,不宜长距离行驶,也不适于在松软泥泞的地面上工作。

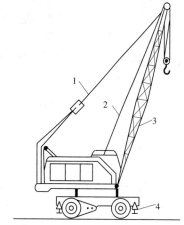

1—起重杆;2—起重索;3—变幅索;4—支腿

图 9-11　轮胎式起重机

第十章　施工资料

第一节　建设工程文件档案资料

一、建设工程档案资料的基本概念

（一）建设工程文件

建设工程文件是在工程建设过程中形成的各种形式的信息记录，包括工程准备阶段文件、监理文件、施工文件、竣工图和竣工验收文件，也简称工程文件。

（二）建设工程档案

建设工程档案是在工程建设活动中直接形成的具有归档保存价值的文字、图表、声像等各种形式的历史记录，也简称工程档案。

（三）施工文件

施工文件是施工单位在工程施工过程中形成的文件。

（四）归档

归档是文件形成单位完成其工作任务后，将形成的文件整理立卷后，按规定移交档案管理机构。

归档包含两方面含义：

（1）建设、勘察、设计、施工、监理等单位将本单位在工程建设过程中形成的文件向本单位档案管理机构移交。

（2）勘察、设计、施工、监理等单位将本单位在工程建设过程中形成的文件向建设单位档案管理机构移交。

（五）工程文件的归档范围

（1）对与工程建设有关的重要活动、记载工程建设主要过程和现状、具有保存价值的各种载体的文件，均应收集齐全，整理立卷后归档。

（2）工程文件的具体归档范围应根据《建设工程文件归档整理规范》（GB/T 50328—2014）中的要求执行。

二、归档文件的质量要求

（1）归档的工程文件应为原件。

（2）工程文件的内容及深度必须符合国家有关工程勘察、设计、施工、监理等方面的技术规范、标准和规程。

（3）工程文件应采用耐久性强的书写材料，如碳素墨水、蓝黑墨水，不得使用易褪色的书写材料，如红色墨水、纯蓝墨水、圆珠笔、复写纸、铅笔等。

（4）工程文件应字迹清楚、图样清晰、图表整洁、签字盖章手续完备。

（5）工程文件中文字材料幅面尺寸规格宜为 A4 幅面(297 mm×210 mm)。图纸宜采用国家标准图幅。

（6）工程文件应采用能够长期保存的韧力大、耐久性强的纸张。图纸一般采用蓝晒图，竣工图应是新蓝图。计算机出图必须清晰，不得使用计算机出图的复印件。

（7）所有竣工图均应加盖竣工图章。竣工图章的基本内容应包括"竣工图"字样、施工单位、编制人、审核人、技术负责人、编制日期、监理单位、现场监理、总监。竣工图章应使用不易褪色的红印泥，应盖在图标栏上方空白处。

（8）利用施工图改绘竣工图，必须标明变更修改依据；凡施工图结构、工艺、平面布置等有重大改变，或变更部分超过图面1/3的，应当重新绘制竣工图。

（9）不同幅面的工程图纸应按《技术制图复制图的折叠方法》(GB/T 10609.3—2009)统一折叠成 A4 幅面(297 mm×210 mm)，图标栏露在外面。

第二节　施工资料及管理

建筑工程技术资料是建筑工程进行竣工验收和竣工核定的必要条件，也是对工程进行检查、维修、管理、使用、改建的重要依据。它全面反映了建筑工程的质量状况，是建设工程施工质量的重要组成部分。

一、施工资料的基本概念

（一）施工资料的分类

施工资料可分为施工管理资料、施工技术资料、施工进度及造价资料、施工物资资料、施工记录、施工试验记录及检测报告、施工质量验收记录、竣工验收资料八类。施工资料（通用部分）的分类、编号、提供单位与归档保存见表 10-1。

表 10-1　施工资料分类与归档保存表

类别	归档文件	保存单位				
		建设单位	设计单位	施工单位	监理单位	城建档案馆
施工文件（C 类）						
C1	施工管理文件					
1	工程概况表	▲		▲	▲	△
2	施工现场质量管理检查记录			△	△	
3	企业资质证书及相关专业人员岗位证书	△		△	△	△
4	分包单位资质报审表	▲		▲	▲	
5	建设单位质量事故勘察记录	▲		▲	▲	▲
6	建设工程质量事故报告书	▲		▲	▲	▲

类别	归档文件	保存单位				
		建设单位	设计单位	施工单位	监理单位	城建档案馆
7	施工检测计划	△		△	△	
8	见证试验检测汇总表	▲		▲	▲	▲
9	施工日志			▲		
C2	施工技术文件					
1	工程技术文件报审表	△		△	△	
2	施工组织设计及施工方案	△		△	△	△
3	危险性较大分部分项工程施工方案	△		△	△	△
4	技术交底记录	△		△		
5	图纸会审记录	▲	▲	▲	▲	▲
6	设计变更通知单	▲	▲	▲	▲	▲
7	工程洽商记录（技术核定单）	▲	▲	▲	▲	▲
C3	进度造价文件					
1	工程开工报审表	▲	▲	▲	▲	▲
2	工程复工报审表	▲	▲	▲	▲	▲
3	施工进度计划报审表			△	△	
4	施工进度计划			△	△	
5	人、机、料动态表			△	△	
6	工程延期申请表	▲		▲	▲	▲
7	工程款支付申请表	▲		△	△	
8	工程变更费用报审表	▲		△	△	
9	费用索赔申请表	▲		△	△	
C4	施工物资出厂质量证明及进场检测文件					
	出厂质量证明文件及检测报告					

类别	归档文件	保存单位				
		建设单位	设计单位	施工单位	监理单位	城建档案馆
1	砂、石、砖、水泥、钢筋、隔热、保温、防腐材料、轻骨料出厂证明文件	▲		▲	▲	△
2	其他物资出厂合格证、质量保证书、检测报告和报关单或商检证等	△		▲	△	
3	材料、设备的相关检验报告、型式检测报告、3C 强制认证合格证书或 3C 标志	△		▲	△	
4	主要设备、器具的安装使用说明书	▲		▲	△	
5	进口的主要材料设备的商检证明文件	△		▲		
6	涉及消防、安全、卫生、环保、节能的材料、设备的检测报告或法定机构出具的有效证明文件	▲		▲	▲	△
7	其他施工物资产品合格证、出厂检验报告					
	进场检验通用表格					
1	钢材试验报告	▲		▲	▲	▲
2	水泥试验报告	▲		▲	▲	▲
3	砂试验报告	▲		▲	▲	▲
4	碎(卵)石试验报告	▲		▲	▲	▲
5	外加剂试验报告	△		▲	▲	▲
6	防水涂料试验报告	▲		▲	△	
7	防水卷材试验报告	▲		▲	△	
8	砖(砌块)试验报告	▲		▲	▲	▲
9	预应力筋复试报告	▲		▲	▲	▲
10	预应力锚具、夹具和连接器复试报告	▲		▲	▲	▲
11	装饰装修用门窗复试报告	▲		▲	△	
12	装饰装修用人造木板复试报告	▲		▲	△	

类别	归档文件	保存单位				
		建设单位	设计单位	施工单位	监理单位	城建档案馆
13	装饰装修用花岗石复试报告	▲		▲	△	
14	装饰装修用安全玻璃复试报告	▲		▲	△	
15	装饰装修用外墙面砖复试报告	▲		▲	△	
16	钢结构用钢材复试报告	▲		▲	▲	▲
17	钢结构用防火涂料复试报告	▲		▲	▲	▲
18	钢结构用焊接材料复试报告	▲		▲	▲	▲
19	钢结构用高强度大六角头螺栓连接副复试报告	▲		▲	▲	▲
20	钢结构用扭剪型高强螺栓连接副复试报告	▲		▲	▲	▲
21	幕墙用铝塑板、石材、玻璃、结构胶复试报告	▲		▲	▲	▲
22	散热器、供暖系统保温材料、通风与空调工程绝热材料、风机盘管机组、低压配电系统电缆的见证取样复试报告	▲		▲	▲	▲
23	节能工程材料复试报告	▲		▲	▲	▲
24	其他物资进场复试报告					
C5	施工记录文件					
1	隐蔽工程验收记录	▲		▲	▲	▲
2	施工检查记录			△		
3	交接检查记录			△		
4	工程定位测量记录	▲		▲	▲	▲
5	基槽验线记录	▲		▲	▲	▲
6	楼层平面放线记录			△	△	△
7	楼层标高抄测记录			△	△	△
8	建筑物垂直度、标高观测记录	▲		▲	△	△

类别	归档文件	保存单位				
		建设单位	设计单位	施工单位	监理单位	城建档案馆
9	沉降观测记录	▲		▲	△	▲
10	基坑支护水平位移监测记录			△	△	
11	桩基、支护测量放线记录			△	△	
12	地基验槽记录	▲	▲	▲	▲	▲
13	地基钎探记录	▲		△	△	▲
14	混凝土浇灌申请书			△	△	
15	预拌混凝土运输单			△		
16	混凝土开盘鉴定			△	△	
17	混凝土拆模申请单			△	△	
18	混凝土预拌测温记录			△		
19	混凝土养护测温记录			△		
20	大体积混凝土养护测温记录			△		
21	大型构件吊装记录	▲		△	△	▲
22	焊接材料烘焙记录			△		
23	地下工程防水效果检查记录	▲		△	△	
24	防水工程试水检查记录	▲		△	△	
25	通风(烟)道、垃圾道检查记录	▲		△	△	
26	预应力筋张拉记录	▲		▲	△	▲
27	有黏结预应力结构灌浆记录	▲		▲	△	▲
28	钢结构施工记录	▲		▲	△	
29	网架(索膜)施工记录	▲		▲	△	▲
30	木结构施工记录	▲		▲	△	
31	幕墙注胶检查记录	▲		▲	△	
32	自动扶梯、自动人行道的相邻区域检查记录	▲		▲	△	

类别	归档文件	保存单位				
		建设单位	设计单位	施工单位	监理单位	城建档案馆
33	电梯电气装置安装检查记录	▲		▲	△	
34	自动扶梯、自动人行道电气装置检查记录	▲		▲	△	
35	自动扶梯、自动人行道整机安装质量检查记录	▲		▲	△	
36	其他施工记录文件					
C6	施工试验记录及检测文件					
	通用表格					
1	设备单机试运转记录	▲		▲	△	△
2	系统试运转调试记录	▲		▲	△	△
3	接地电阻测试记录	▲		▲	△	△
4	绝缘电阻测试记录	▲		▲	△	△
	建筑与结构工程					
1	锚杆试验报告	▲		▲	△	△
2	地基承载力检验报告	▲		▲	△	▲
3	桩基检测报告	▲		▲	△	▲
4	土工击实试验报告	▲		▲	△	▲
5	回填土试验报告(应附图)	▲		▲	△	▲
6	钢筋机械连接试验报告	▲		▲	△	△
7	钢筋焊接连接试验报告	▲		▲	△	△
8	砂浆配合比申请书、通知单			△	△	△
9	砂浆抗压强度试验报告	▲		▲	△	▲
10	砌筑砂浆试块强度统计、评定记录	▲		▲	△	△
11	混凝土配合比申请书、通知单	▲		△	△	△
12	混凝土抗压强度试验报告	▲		▲	△	▲
13	混凝土试块强度统计、评定记录	▲		▲	△	△

类别	归档文件	保存单位				
		建设单位	设计单位	施工单位	监理单位	城建档案馆
14	混凝土抗渗试验报告	▲		▲	△	△
15	砂、石、水泥放射性指标报告	▲		▲	△	△
16	混凝土碱总量计算书	▲		▲	△	△
17	外墙饰面砖样板黏结强度试验报告	▲		▲	△	△
18	后置埋件抗拔试验报告	▲		▲	△	△
19	超声波探伤报告、探伤记录	▲		▲	△	△
20	钢构件射线探伤报告	▲		▲	△	△
21	磁粉探伤报告	▲		▲	△	△
22	高强度螺栓抗滑移系数检测报告	▲		▲	△	△
23	钢结构焊接工艺评定			△		△
24	网架节点承载力试验报告	▲		▲	△	△
25	钢结构防腐、防火涂料厚度检测报告	▲		▲	△	△
26	木结构胶缝试验报告	▲		▲	△	
27	木结构构件力学性能试验报告	▲		▲	△	△
28	木结构防腐剂试验报告	▲		▲	△	△
29	幕墙双组份硅酮结构胶混匀性及拉断试验报告	▲		▲	△	△
30	幕墙的抗风压性能、空气渗透性能、雨水渗透性能及平面内变形性能检测报告	▲		▲	△	△
31	外门窗的抗风压性能、空气渗透性能和雨水渗透性能检测报告	▲		▲	△	△
32	墙体节能工程保温板材与基层黏结强度现场拉拔试验	▲		▲	△	△
33	外墙保温浆料同条件养护试件试验报告	▲		▲	△	△
34	结构实体混凝土强度验收记录	▲		▲	△	△

类别	归档文件	保存单位				
		建设单位	设计单位	施工单位	监理单位	城建档案馆
35	结构实体钢筋保护层厚度验收记录	▲		▲	△	△
36	围护结构现场实体检验	▲		▲	△	△
37	室内环境检测报告	▲		▲	△	△
38	节能性能检测报告	▲		▲	△	▲
39	其他建筑与结构施工试验记录与检测文件					
	给水排水及供暖工程					
1	灌（满）水试验记录	▲		△	△	
2	强度严密性试验记录	▲		▲	△	△
3	通水试验记录	▲		△	△	
4	冲（吹）洗试验记录	▲		△	△	
5	通球试验记录	▲		△	△	
6	补偿器安装记录			△	△	
7	消火栓试射记录	▲		▲	△	
8	安全附件安装检查记录			▲	△	
9	锅炉烘炉试验记录			▲	△	
10	锅炉煮炉试验记录			▲	△	
11	锅炉试运行记录	▲		▲	△	
12	安全阀定压合格证书	▲		▲	△	
13	自动喷水灭火系统联动试验记录	▲		▲	△	△
14	其他给水排水及供暖施工试验记录与检测文件					
	建筑电气工程					
1	电气接地装置平面示意图表	▲		▲	△	△
2	电气器具通电安全检查记录	▲		△	△	
3	电气设备空载试运行记录	▲		▲	△	△

类别	归档文件	保存单位				
		建设单位	设计单位	施工单位	监理单位	城建档案馆
4	建筑物照明通电试运行记录	▲		▲	△	△
5	大型照明灯具承载试验记录	▲		▲	△	
6	漏电开关模拟试验记录	▲		▲	△	
7	大容量电气线路结点测温记录	▲		▲	△	
8	低压配电电源质量测试记录	▲		▲	△	
9	建筑物照明系统照度测试记录	▲		△	△	
10	其他建筑电气施工试验记录与检测文件					
	智能建筑工程					
1	综合布线测试记录	▲		▲	△	△
2	光纤损耗测试记录	▲		▲	△	△
3	视频系统末端测试记录	▲		▲	△	△
4	子系统检测记录	▲		▲	△	△
5	系统试运行记录	▲		▲	△	△
6	其他智能建筑施工试验记录与检测文件					
	通风与空调工程					
1	风管漏光检测记录	▲		△	△	
2	风管漏风检测记录	▲		▲	△	
3	现场组装除尘器、空调漏风检测记录			△	△	
4	各房间室内风量测量记录	▲		△	△	
5	管网风量平衡记录	▲		△	△	
6	空调系统试运转调试记录	▲		▲	△	△
7	空调水系统试运转调试记录	▲		▲	△	△
8	制冷系统气密性试验记录	▲		▲	△	
9	净化空调系统检测记录	▲		▲	△	△
10	防排烟系统联合试运行记录	▲		▲	△	△

类别	归档文件	保存单位				
		建设单位	设计单位	施工单位	监理单位	城建档案馆
11	其他通风与空调施工试验记录与检测文件					
	电梯工程					
1	轿厢平层准确度测量记录	▲		△	△	
2	电梯层门安全装置检测记录	▲		▲	△	
3	电梯电气安全装置检测记录	▲		▲	△	
4	电梯整机功能检测记录	▲		▲	△	
5	电梯主要功能检测记录	▲		▲	△	
6	电梯负荷试运行试验记录	▲		▲	△	△
7	电梯负荷运行试验曲线图表	▲		▲	△	
8	电梯噪声测试记录	△		△	△	
9	自动扶梯、自动人行道安全装置检测记录	▲		▲		
10	自动扶梯、自动人行道整机性能、运行试验记录	▲		▲	△	△
11	其他电梯施工试验记录与检测文件					
C7	施工质量验收文件					
1	检验批质量验收记录	▲		△	△	
2	分项工程质量验收记录	▲		▲	▲	
3	分部（子分部）工程质量验收记录	▲		▲	▲	▲
4	建筑节能分部工程质量验收记录	▲		▲	▲	▲
5	自动喷水系统验收缺陷项目划分记录	▲		△	△	
6	程控电话交换系统分项工程质量验收记录	▲		▲	△	
7	会议电视系统分项工程质量验收记录	▲		▲	△	
8	卫星数字电视系统分项工程质量验收记录	▲		▲	△	
9	有限电视系统分项工程质量验收记录	▲		▲	△	

类别	归档文件	保存单位				
		建设单位	设计单位	施工单位	监理单位	城建档案馆
10	公共广播与紧急广播系统分项工程质量验收记录	▲		▲	△	
11	计算机网络系统分项工程质量验收记录	▲		▲	△	
12	应用软件系统分项工程质量验收记录	▲		▲	△	
13	网络安全系统分项工程质量验收记录	▲		▲	△	
14	空调与通风系统分项工程质量验收记录	▲		▲	△	
15	变配电系统分项工程质量验收记录	▲		▲	△	
16	公共照明系统分项工程质量验收记录	▲		▲	△	
17	给水排水系统分项工程质量验收记录	▲		▲	△	
18	热源和热交换系统分项工程质量验收记录	▲		▲	△	
19	冷冻和冷却系统分项工程质量验收记录	▲		▲	△	
20	电梯和自动扶梯系统分项工程质量验收记录	▲		▲	△	
21	数据通信接口分项工程质量验收记录	▲		▲	△	
22	中央管理工作站及操作分站分项工程质量验收记录	▲		▲	△	
23	系统实时性、可维护性、可靠性分项工程质量验收记录	▲		▲	△	
24	现场设备安装及检测分项工程质量验收记录	▲		▲	△	
25	火灾自动报警及消防联动系统分项工程质量验收记录	▲		▲	△	
26	综合防范功能分项工程质量验收记录	▲		▲	△	
27	视频安防监控系统分项工程质量验收记录	▲		▲	△	
28	入侵报警系统分项工程质量验收记录	▲		▲	△	

类别	归档文件	保存单位				
		建设单位	设计单位	施工单位	监理单位	城建档案馆
29	出入口控制(门禁)系统分项工程质量验收记录	▲		▲	△	
30	巡更管理系统分项工程质量验收记录	▲		▲	△	
31	停车场(库)管理系统分项工程质量验收记录	▲		▲	△	
32	安全防范综合管理系统分项工程质量验收记录	▲		▲	△	
33	综合布线系统安装分项工程质量验收记录	▲		▲	△	
34	综合布线系统性能检测分项工程质量验收记录	▲		▲	△	
35	系统集成网络连接分项工程质量验收记录	▲		▲	△	
36	系统数据集成分项工程质量验收记录	▲		▲	△	
37	系统集成整体协调分项工程质量验收记录					
38	系统集成综合管理及冗余功能分项工程质量验收记录	▲		▲	△	
39	系统集成可维护性和安全性分项工程质量验收记录	▲		▲	△	
40	电源系统分项工程质量验收记录	▲		▲	△	
41	其他施工质量验收文件					
C8	施工验收文件					
1	单位(子单位)工程竣工预验收报验表	▲		▲		▲
2	单位(子单位)工程质量竣工验收记录	▲	△	▲		▲
3	单位(子单位)工程质量控制资料核查记录	▲		▲		▲

类别	归档文件	保存单位				
		建设单位	设计单位	施工单位	监理单位	城建档案馆
4	单位(子单位)工程安全和功能检验资料核查及主要功能抽查记录	▲		▲		▲
5	单位(子单位)工程观感质量检查记录	▲		▲		▲
6	施工资料移交书	▲		▲		
7	其他施工验收恩静					
竣工图(D 类)						
1	建筑竣工图	▲		▲		▲
2	结构竣工图	▲		▲		▲
3	钢结构竣工图	▲		▲		▲
4	幕墙竣工图	▲		▲		▲
5	室内装饰竣工图	▲		▲		
6	建筑给水排水及供暖竣工图	▲		▲		▲
7	建筑电气竣工图	▲		▲		▲
8	智能建筑竣工图	▲		▲		▲
9	通风与空调竣工图	▲		▲		▲
10	室外工程竣工图	▲		▲		▲
11	规划红线内的室外给水、排水、供热、供电、照明管线等竣工图	▲		▲		▲
12	规划红线内的道路、园林绿化、喷灌设施等竣工图	▲		▲		▲
工程竣工验收文件(E 类)						
E1	竣工验收与备案文件					
1	勘察单位工程质量检查报告	▲		△	△	▲
2	设计单位工程质量检查报告	▲	▲	△	△	▲
3	施工单位工程竣工报告	▲		▲	△	▲

类别	归档文件	保存单位				
		建设单位	设计单位	施工单位	监理单位	城建档案馆
4	监理单位工程质量评估报告	▲		△	▲	▲
5	工程竣工验收报告	▲	▲	▲	▲	▲
6	工程竣工验收会议纪要	▲	▲	▲	▲	▲
7	专家组竣工验收意见	▲	▲	▲	▲	▲
8	工程竣工验收证书	▲	▲	▲	▲	▲
9	规划、消防、环保、民防、防雷等部门出具的认可文件或准许使用文件	▲	▲	▲	▲	▲
10	房屋建筑工程质量保修书	▲				▲
11	住宅质量保证书、住宅使用说明书	▲		▲		▲
12	建设工程竣工验收备案表	▲	▲		▲	▲
13	建设工程档案预验收意见	▲		△		▲
14	城市建设档案移交书	▲				▲
E2	竣工决算文件					
1	施工决算文件	▲		▲		△
2	监理决算文件	▲			▲	△
E3	工程声像资料等					
1	开工前原貌、施工阶段、竣工新貌照片	▲		△	△	▲
2	工程建设过程的录音、录像资料(重大工程)	▲		△	△	▲
E4	其他工程文件					

注:表中符号"▲"表示必须归档保存;"△"表示选择性归档保存。

(二)施工资料填写、编制、审核及审批

施工资料的填写、编制、审核及审批应符合国家现行有关标准的规定;施工资料用表应符合《建筑工程资料管理规程》(JGJ/T 185)中"施工资料用表"的规定;未具体规定的,可自行确定。

（三）施工资料收集、整理与组卷

（1）施工资料应由施工单位负责收集、整理与组卷。

（2）施工资料应按单位工程组卷，并应符合下列规定：

①专业承包工程形成的施工资料应由专业承包单位负责，并应单独组卷。

②电梯应按不同型号每台电梯单独组卷。

③室外工程应按室外建筑环境、室外安装工程单独组卷。

④当施工资料中部分内容不能按一个单位工程分类组卷时，可按建设项目组卷。

⑤施工资料目录应与其对应的施工资料一起组卷。

（四）施工资料移交与归档

（1）施工资料移交与归档应符合国家现行有关法规和标准的规定；当无规定时，应按合同约定移交、归档。

（2）施工资料移交应符合下列规定：

①施工单位应向建设单位移交施工资料。

②实行施工总承包的，各专业承包单位应向施工总承包单位移交施工资料。

③工程资料移交时应及时办理相关移交手续，填写工程资料移交书、移交目录。

（3）施工资料归档保存期限应满足工程质量保修及质量追溯的需要。

二、施工资料编制的基本要求

（1）施工过程中形成的资料应按报验、报审程序，通过施工单位有关部门审核后，报送建设（监理）单位。

（2）施工资料的报验、报审应有时限性要求，工程有关各单位宜在合同中约定报验、报审时间，约定承担的责任。当无约定时，施工资料的申报、审批应遵守有关规定，并不得影响正常施工。

（3）工程有分包时，总承包单位应在与分包单位签订的分包合同中明确施工资料的提交份数、时间、质量要求等。分包方在工程完工时，将施工资料按约定及时移交总承包单位。

（4）施工资料用大写英文字母"C"表示，即 C 类，并按 C1 ~ C8 共 8 小类排列编号，见表10-1。

（5）施工资料按单位（子单位）工程、分部工程、专业、阶段等组卷。专业化程度高、施工工艺复杂、应用技术先进的子分部（分项）工程应分别单独组卷。

第十一章　有关施工管理规定和标准

第一节　主要施工质量标准和规范

一、建筑工程施工质量验收统一标准

（1）《建筑工程施工质量验收统一标准》（GB 50300—2013）是从 2014 年 6 月 1 日起实施的国家标准。其中，第 3.0.6、3.0.7、5.0.4、5.0.8、6.0.6 条为强制性条文，必须严格执行。修订中坚持了"验评分离、强化验收、完善手段、过程控制"的指导思想。原《建筑安装工程质量检验评定统一标准》（GB 50300—2001）同时废止。

（2）本标准共分 6 章和 8 个附录。主要技术内容包括：总则，术语，基本规定，建筑工程施工质量验收的划分、建筑工程施工质量验收、建筑工程施工质量验收的程序和组织。

（3）本次规范修订的主要内容包括：

①增加符合条件时，可适当调整抽样复验、试验数量的规定。

②增加制定专项验收要求的规定。

③增加检验批最小抽样数量的规定。

④增加建筑节能分部工程，增加铝合金结构、太阳能热水系统、地源热泵系统子分部工程。

⑤修改主体结构、建筑装饰装修、通风与空调等分部工程中的分项工程划分。

⑥增加计数抽样方案的正常检验一次、二次抽样判定方法。

⑦增加工程竣工预验收的规定。

⑧增加勘察单位应参加单位工程验收的规定。

⑨增加工程质量控制资料缺失时，应进行相应的实体检验或抽样试验的规定。

⑩增加检验批验收应具有现场检查原始记录的要求。

（4）本标准依据现行国家有关工程质量的法律、法规、管理标准和有关技术标准编制，建筑工程各专业工程施工质量验收规范必须与本标准配合使用。

二、建筑地基基础工程施工规范

（1）《建筑地基基础工程施工规范》（GB 51004—2015）自 2015 年 11 月 1 日起开始施行。其中，第 5.5.8、5.11.4、6.1.3、6.1.8 条为强制性条文，必须严格执行。

（2）本规范共分 10 章，主要技术内容是：总则、术语、基本规定、地基施工、基础施工、基坑支护施工、地下水控制、土方施工、边坡施工、安全与绿色施工。

三、砌体结构工程施工质量验收规范

（1）《砌体结构工程施工质量验收规范》（GB 50203—2011）自 2012 年 5 月 1 日起实施。

其中,第 4.0.1(1、2)、5.2.1、5.2.3、6.1.8、6.1.10、6.2.1、6.2.3、7.1.10、7.2.1、8.2.1、8.2.2、10.0.4 条(款)为强制性条文,必须严格执行。原国家标准《砌体工程施工质量验收规范》(GB 50203—2002)同时废止。

(2)本规范的主要技术内容包括总则、术语、基本规定、砌筑砂浆、砖砌体工程、混凝土小型空心砌块砌体工程、石砌体工程、配筋砌体工程、填充墙砌体工程、冬期施工、子分部工程验收。

(3)本次规范修订的主要内容是:

①增加砌体结构工程检验批的划分规定。

②增加"一般项目"检测值的最大超差为允许偏差值的 1.5 倍的规定。

③修改砌筑砂浆的合格验收条件。

④修改砌体轴线位移、墙面垂直度及构造柱尺寸验收的规定。

⑤增加填充墙与框架柱、梁之间的连接构造按照设计规定进行脱开连接或不脱开连接施工。

⑥增加填充墙与主体结构间连接钢筋采用植筋方法时的锚固拉拔力检测及验收规定。

⑦修改轻集料混凝土小型空心砌块、蒸压加气混凝土砌块墙体、墙底部砌筑其他块体或现浇混凝土坎台的规定。

⑧修改冬期施工中同条件养护砂浆试块的留置数量及试压龄期的规定,将氯盐砂浆法划入掺外加剂法,删除冻结法施工。

⑨附录中增加填充墙砌体植筋锚固力检验抽样判定,填充墙砌体植筋锚固力检测记录。

四、混凝土结构工程施工质量验收规范

(1)《混凝土结构工程施工质量验收规范》(GB 50204—2015)自 2015 年 9 月 1 日起实施。其中,第 4.1.2、5.2.1、5.2.3、5.5.1、6.2.1、6.3.1、6.4.2、7.2.1、7.4.1 条为强制性条文,必须严格执行。原《混凝土结构工程施工及验收规范》(GB 50204—2002)和《预制混凝土构件质量检验评定标准》(GB J321—90)同时废止。

(2)本规范共分 10 章、6 个附录,主要内容有总则、术语、基本规定、模板分项工程、钢筋分项工程、预应力分项工程、混凝土分项工程、现浇结构分项工程、装配式结构分项工程、混凝土结构子分部工程。

(3)本次规范修订的主要内容包括:

①完善了验收基本规定;

②增加了认证或连续检验合格产品的检验批容量放大规定;

③删除了模板拆除的验收规定;

④增加了成型钢筋等钢筋应用新技术的验收规定;

⑤增加了无粘结预应力全封闭防水性能的验收规定;

⑥完善了预拌混凝土的进场验收规定;

⑦完善了预制构件进场验收规定;

⑧增加了结构位置与尺寸偏差的实体检验要求;

⑨增加了回弹—取芯法检验结构实体混凝土强度的方法。

五、钢结构工程施工质量验收规范

(1)《钢结构结构施工质量验收规范》（GB 50205—2001）自 2002 年 3 月 1 日起施行。其中,第 4.2.1、4.3.1、4.4.1、5.2.2、5.2.4、6.3.1、8.3.1、10.3.4、11.3.5、12.3.4、14.2.2、14.3.3 条为强制性条文,必须严格执行。原国家标准《钢结构结构施工质量验收规范》（GB 50205—95）和《钢结构结构施工质量检验评定标准》（GB 50221—95）同时废止。

(2)本规范共有 15 章及 9 个附录,主要内容包括总则、术语、符号、基本规定、原材料及成口进场、焊接工程、紧固件连接工程、钢零部件加工工程、钢构件组装工程、钢网架结构安装工程、压型金属板工程、钢结构涂装工程、钢结构分部工程竣工验收等。

六、屋面工程质量验收规范

(1)《屋面工程质量验收规范》（GB 50207—2012）自 2012 年 10 月 1 日起实施。其中,第 3.0.6、3.0.12、5.1.7、7.2.7 条为强制性条文,必须严格执行。原国家标准《屋面工程质量验收规范》（GB 50207—2002）同时废止。

(2)本规范共有 9 章及 2 个附录,包括总则、术语、基本规定、基层与保护工程、保温与隔热工程、防水与密封工程、瓦面与板面工程、细部构造工程、屋面工程质量验收等内容。

七、地下防水工程质量验收规范

(1)《地下防水工程质量验收规范》（GB 50208—2011）自 2012 年 10 月 1 日起实施。其中,第 4.1.16、4.4.8、5.2.3、5.3.4、7.2.12 条为强制性条文,必须严格执行。原国家标准《地下防水质量验收规范》（GB 50208—2002）同时废止。

(2)本规范共有 9 章及 4 个附录,包括总则、术语、基本规定、主体结构防水工程、细部构造防水工程、特殊施工法结构防水工程、排水工程、注浆工程、子分部工程质量验收等内容。

八、建筑地面工程质量验收规范

(1)《建筑地面工程质量验收规范》（GB 50209—2010）自 2010 年 12 月 1 日起实施。其中,第 3.0.5、3.0.8、3.0.13、4.9.3、4.10.11、4.10.13、5.7.4 条为强制性条文,必须严格执行。原国家标准《建筑地面工程质量验收规范》（GB 50209—2002）同时废止。

(2)规范共有 8 章和 1 个附录,包括总则、术语、基本规定、基层铺设、整体面层铺设、板块面层铺设、木(竹)面层铺设、分部(子分部)工程验收等内容。

九、建筑装饰装修工程质量验收规范

(1)《建筑装饰装修工程施工质量验收规范》（GB 50210—2018）自 2018 年 9 月 1 日起实施。其中,第 3.1.4、6.1.11、6.1.12、7.1.12、11.1.12 条为强制性条文,必须严格执行。原《建筑装饰装修工程质量验收规范》（GB 50210—2001）同时废止。

(2)本规范共分 15 章。包括总则、术语、基本规定、抹灰工程、外墙防水工程、门窗工程、吊顶工程、轻质隔墙工程、饰面板工程、饰面砖工程、幕墙工程、涂饰工程、裱糊与软包工程、细部工程、分部工程质量验收等内容。

十、建筑节能工程质量验收规范

（1）《建筑节能工程施工质量验收规范》（GB 50411—2007）自 2007 年 10 月 1 日起实施。其中，第 1.0.5、3.1.2、3.3.1、4.2.2、4.2.7、4.2.15、5.2.2、6.2.2、7.2.2、8.2.2、8.3.11、9.2.3、9.2.10、10.2.3、10.2.14、11.2.3、11.2.5、11.2.11、12.2.2、13.2.5、15.0.5 条为强制性条文，必须严格执行。

（2）本规范共有 15 章及 3 个附录。主要内容包括墙体、幕墙、门窗、屋面、地面、采暖、通风与空气调节、空调与采暖系统冷热源及管网、配电与照明、监测与控制、建筑节能工程现场实体检验、建筑节能分部工程质量验收等。

第二节　主要安全生产技术标准

一、建筑施工安全检查标准

（1）《建筑施工安全检查标准》（JGJ 59—2011）自 2012 年 7 月 1 日起实施。其中，第 4.0.1、5.0.3 条为强制性条文，必须严格执行。原行业标准《建筑施工安全检查标准》（JGJ 59—99）同时废止。

（2）本标准共分为 5 章。主要技术内容包括总则、术语、检查评定项目、检查评分方法、检查评定等级以及相关附录。

（3）本次标准修订的主要技术内容：①增设"术语"章节；②增设"检查评定项目"章节；③将原"检查分类及评分方法"一章调整为"检查评分方法"和"检查评定等级"两个章节，并对评定等级的划分标准进行了调整；④将原"检查评分表"一章调整为附录；⑤将"建筑施工安全检查评分汇总表"中的项目名称及分值进行了调整；⑥删除"挂脚手架检查评分表"、"吊篮脚手架检查评分表"；⑦将"'三宝''四口'防护检查评分表"改为"高处作业检查评分表"，并新增移动式操作平台和悬挑式钢平台的检查内容；⑧新增"碗扣式钢管脚手架检查评分表""承插型盘扣式钢管脚手架检查评分表""满堂脚手架检查评分表""高处作业吊篮检查评分表"；⑨依据现行法规和标准对检查评分表的内容进行了调整。

二、建筑施工高处作业安全技术规范

（1）《建筑施工高处作业安全技术规范》（JGJ 80—2016）自 2016 年 12 月 1 日起实施。其中，第 4.1.1、4.2.1、5.2.3、6.4.1、8.1.2 条为强制性条文，必须严格执行。原《建筑施工高处作业安全技术规范》（JGJ 80—91）同时废止。

（2）本规范共分为 8 章。主要技术内容是总则、术语和符号、基本规定、临边与洞口作业、攀登与悬空作业、操作平台、交叉作业、建筑施工安全网。

（3）本次规范修订的主要内容包括：

①增加了术语和符号章节；

②将临边和洞口作业中对护栏的要求归纳、整理，统一对其构造进行规定；

③在攀登与悬空作业章节中，增加屋面和外墙作业时的安全防护要求；

④将操作平台和交叉作业章节分开为操作平台和交叉作业两个章节，分别对其提出了

要求;

⑤对移动操作平台、落地式操作平台与悬挑式操作平台分别作出了规定;

⑥增加了建筑施工安全网章节,并对安全网设置进行了具体规定。

三、建筑机械使用安全技术规程

(1)《建筑机械使用安全技术规程》(JGJ 33—2012)自2012年11月1日起实施。其中,第2.0.1、2.0.2、2.0.3、2.0.21、4.1.11、4.1.14、4.5.2、5.1.4、5.1.10、5.5.6、5.10.20、5.13.7、7.1.23、8.2.7、10.3.1、12.1.4、12.1.9条为强制性条文,必须严格执行。原行业标准《建筑机械使用安全技术规程》(JGJ 33—2001)同时废止。

(2)本规程共分为13章,主要技术内容包括总则、基本规定、动力与电气装置、建筑起重机械、土石方机械、运输机械、桩工机械、混凝土机械、钢筋加工机械、木工机械、地下施工机械、焊接机械、其他中小型机械等。

四、建筑拆除工程安全技术规范

(1)《建筑拆除工程安全技术规范》(JGJ 147—2016)自2017年5月1日起实施。其中,第5.1.1、5.1.2、5.1.3、5.2.2、6.0.3条为强制性条文,必须严格执行。原《建筑拆除工程安全技术规范》(JGJ 147—2004)同时废止。

(2)本规范共分为6章。主要内容有总则、术语、基本规定、施工准备、拆除施工、安全管理、文明管理等。

五、建筑施工扣件式钢管脚手架安全技术规范

(1)《建筑施工扣件式钢管脚手架安全技术规范》(JGJ 130—2011)自2011年12月1日起实施。其中,第3.4.3、6.2.3、6.3.3、6.3.5、6.4.4、6.6.3、6.6.5、7.4.2、7.4.5、8.1.4、9.0.1、9.0.4、9.0.5、9.0.7、9.0.13、9.0.14条为强制性条文,必须严格执行。原行业标准《建筑施工扣件式钢管脚手架安全技术规范》(JGJ 130—2001)同时废止。

(2)本规范共分为9章。主要内容包括总则、构配件、荷载、设计计算、构造要求、施工、检查与验收、安全管理等。

(3)本次规范修订的主要内容包括荷载分类及计算、满堂脚手架、满堂支撑架、型钢悬挑脚手架、地基承载力的设计、构造要求、施工、检查与验收、安全管理等。

六、建筑施工门式钢管脚手架安全技术规范

(1)《建筑施工门式钢管脚手架安全技术规范》(JGJ 128—2010)自2010年12月1日起实施。其中,第6.1.2、6.3.1、6.5.3、6.8.2、7.3.4、7.4.2、7.4.5、9.0.3、9.0.4、9.0.7、9.0.8、9.0.14、9.0.16条为强制性条文,必须严格执行。原行业标准《建筑施工门式钢管脚手架安全技术规范》(JGJ 128—2000)同时废止。

(2)本规范共分为9章。主要内容包括总则、术语和符号、构配件、荷载、设计计算、构造要求、搭设与拆除、检查与验收、安全管理等。

(3)本次规范修订的主要内容包括荷载分类及计算、满堂脚手架、满堂支撑架、模板支

架、地基承载力的设计、构造要求、搭设与拆除、检查与验收、安全管理等。

七、建筑施工碗扣式钢管脚手架安全技术规范

（1）《建筑施工碗扣式钢管脚手架安全技术规范》（JGJ 166—2016）自 2017 年 5 月 1 日起实施。其中，第 3.2.4、3.3.8、3.3.9、5.1.4、6.1.4、6.1.5、6.1.6、6.1.7、6.1.8、6.2.2、6.2.3、7.2.1、7.3.7、7.4.6、9.0.5 条为强制性条文，必须严格执行。

（2）本规范共分为 9 章。主要内容有总则、术语及符号、主要构、配件和材料、荷载、设计计算、构造要求、搭设与拆除、检查与验收、安全管理与维护等。

八、建筑施工模板安全技术规范

（1）《建筑施工模板安全技术规范》（JGJ 162—2008）自 2008 年 12 月 1 日起实施。其中，第 5.1.6、6.1.9、6.2.4 条为强制性条文，必须严格执行。

（2）本规范共分为 8 章。主要内容包括总则、术语及符号、材料选用、荷载及变形值的规定、设计、模板构造与安装、模板拆除、安全管理等。

第三节　主要安全生产管理规定

我国建设工程安全生产法律主要由《中华人民共和国建筑法》（以下简称《建筑法》）、《中华人民共和国安全生产法》（以下简称《安全生产法》）、《建设工程安全生产管理条例》以及相关的法律、法规、规章和工程建设强制性标准等构成。

一、法律

《建筑法》和《安全生产法》是我国建设工程安全生产法规体系的两大基础。

《建筑法》是我国第一部规范建筑活动的部门法律，它的颁布实行强化了建筑工程质量和安全的法律保障。《建筑法》总计八十五条，通篇贯穿了质量安全问题，具有很强的针对性，对影响建筑工程质量和安全的各方面因素作了较为全面的规范。

《安全生产法》是安全生产领域的综合性基本法，它是我国第一部全面规范安全生产的专门法律，是我国主要的安全生产法律，是各类生产经营单位及其从业人员实现安全生产所必须遵循的行为准则，是各级人民政府及其有关部门进行监督管理和行政执法的法律依据。

二、法规

《安全生产许可证条例》和《建设工程安全生产管理条例》是建设工程安全生产法规体系中主要的行政法规。

《安全生产许可证条例》是我国第一次以法律形式确立的企业安全生产的准入制度，是强化安全生产源头管理，全面落实"安全第一，预防为主"安全生产方针的重大举措。

《建设工程安全生产管理条例》是根据《建筑法》和《安全生产法》制定的一部关于建筑工程安全生产的专项法规。它确立了我国关于建设工程安全生产监督管理的基本制度，明确了参与建设活动各方责任主体的安全责任，确保了建设工程参与各方责任主体安全生产利益及建筑从业人员安全与健康的合法权益，为维护建筑市场秩序，加强建设工程安全生产

监督管理提供了重要的法律依据。

三、部门规章

（一）《建筑安全生产监督管理规定》

《建筑安全生产监督管理规定》共十五条，主要规定了各级人民政府建设行政主管部门及其授权的建筑安全生产监督机构对于建筑安全生产所实施的行业监督管理，贯彻"预防为主"的方针，确立了"管生产必须管安全"的原则。

（二）《建设工程施工现场管理规定》

《建设工程施工现场管理规定》共六章三十九条，制定的目的是加强建设工程施工现场管理，保障建设工程施工顺利进行，主要规定了建设工程施工现场管理的一般性规定，施工单位文明施工的要求以及施工单位对建设工程施工现场的环境管理。

（三）《实施工程建设强制性标准监督规定》

《实施工程建设强制性标准监督规定》共二十四条，主要规定了实施工程建设强制性标准的监督管理工作的政府部门，对工程建设各阶段执行强制性标准的情况实施监督的机构以及强制性标准监督检查的内容。

四、工程建设标准

（一）《建筑施工安全检查标准》

（1）《建筑施工安全检查标准》（JGJ 59—2011）是强制性行业标准，自2012年11月1日起实施。制定该标准的目的是科学地评价建筑施工安全生产情况，提高安全生产工作和文明施工的管理水平，预防伤亡事故的发生，确保职工的安全和健康，实现检查评价工作的标准化和规范化。

（2）本标准共分为5章。主要技术内容是：总则、术语、检查评定项目、检查评分方法、检查评定等级。

（3）本次标准修订的主要内容包括：

①增设"术语"章节；

②增设"检查评定项目"章节；

③将原"检查分类及评分方法"一章调整为"检查评分方法"和"检查评定等级"两个章节，并对评定等级的划分标准进行了调整；

④将原"检查评分表"一章调整为附录；

⑤将"建筑施工安全检查评分汇总表"中的项目名称及分值进行了调整；

⑥删除"挂脚手架检查评分表""吊篮脚手架检查评分表"；

⑦将"'三宝''四口'防护检查评分表"改为"高处作业检查评分表"，并新增移动式操作平台和悬挑式钢平台的检查内容；

⑧新增"碗扣式钢管脚手架检查评分表""承插型盘扣式钢管脚手架检查评分表""满堂脚手架检查评分表""高处作业吊篮检查评分表"；

⑨依据现行法规和标准对检查评分表的内容进行了调整。

（二）《施工企业安全生产评价标准》

《施工企业安全生产评价标准》（JGJ/T 77—2010）是一部推荐性行业标准。制定该标准的目的是加强施工企业安全生产的监督管理,科学地评价施工企业安全生产业绩及相应的安全生产能力,实现施工企业安全生产评价工作的规范化和制度化,促进施工企业安全生产管理水平的提高。

参 考 文 献

[1] 赵山. 施工员岗位知识与专业技能[M]. 郑州:黄河水利出版社,2013.

[2] 中国建筑科学研究院. GB 50010—2010 混凝土结构设计规范[S]. 北京:中国建筑工业出版社,2011.

[3] 中国建筑科学研究院. GB 50204—2015 混凝土结构工程施工质量验收规范[S]. 北京:中国建筑工业出版社,2015.

[4] 中国建筑科学研究院. JGJ 107—2010 钢筋机械连接通用技术规程[S]. 北京:中国建筑工业出版社,2010.

[5] 中国建筑科学研究院. JGJ 18—2012 钢筋焊接及验收规程[S]. 北京:中国建筑工业出版社,2012.

[6] 沈阳建筑大学. JGJ 162—2008 建筑施工模板安全技术规范[S]. 北京:中国建筑工业出版社,2008.

[7] 中国建筑科学研究院. GB 506666—2011 混凝土结构工程施工规范[S]. 北京:中国建筑工业出版社,2012.

[8] 中国建筑科学研究院. GB 50203—2011 砌体结构工程施工质量验收规范[S]. 北京:中国建筑工业出版社,2011.

[9] 上海市基础工程公司. GB 50202—2018 建筑地基基础工程施工质量验收规范[S]. 北京:中国建筑工业出版社,2018.

[10] 山西省住房和城乡建设厅. GB 50207—2012 屋面工程质量施工规范[S]. 北京:中国建筑工业出版社,2012.

[11] 中国建筑科学研究院. GB 50411—2007 建筑节能工程施工质量验收规范[S]. 北京:中国建筑工业出版社,2007.

[12] 郑伟. 施工员(土建)[M]. 北京:中国环境科学出版社,2012.

[12] 孙翠兰. 施工员专业管理实务[M]. 北京:中国电力出版社,2011.

[13] 危道军. 施工员(工长)专业管理实务[M]. 北京:中国建筑工业出版社,2007.

[14] 应惠清. 土木工程施工[M]. 北京:高等教育出版社,2009.

[15] 徐伟,苏宏阳,金福安. 土木工程施工手册[M]. 北京:中国计划出版社,2002.